Alter(n) und Gesellschaft

Herausgegeben von
Gertrud M. Backes, Vechta, Deutschland
Wolfgang Clemens, Berlin, Deutschland

Weitere Bände in dieser Reihe
http://www.springer.com/series/12423

Christiane Nakao

Käufliches Alter(n)

Konstruktionen subjektiven
Alterserlebens in der
Marketingkommunikation

 Springer VS

Christiane Nakao
Vechta, Deutschland

Zugl.: Dissertation, Universität Vechta, 2015

Alter(n) und Gesellschaft
ISBN 978-3-658-12647-6   ISBN 978-3-658-12648-3 (eBook)
DOI 10.1007/978-3-658-12648-3

Die Deutsche Nationalbibliothek verzeichnet diese Publikation in der Deutschen Nationalbibliografie; detaillierte bibliografische Daten sind im Internet über http://dnb.d-nb.de abrufbar.

Springer VS
© Springer Fachmedien Wiesbaden 2016
Das Werk einschließlich aller seiner Teile ist urheberrechtlich geschützt. Jede Verwertung, die nicht ausdrücklich vom Urheberrechtsgesetz zugelassen ist, bedarf der vorherigen Zustimmung des Verlags. Das gilt insbesondere für Vervielfältigungen, Bearbeitungen, Übersetzungen, Mikroverfilmungen und die Einspeicherung und Verarbeitung in elektronischen Systemen.
Die Wiedergabe von Gebrauchsnamen, Handelsnamen, Warenbezeichnungen usw. in diesem Werk berechtigt auch ohne besondere Kennzeichnung nicht zu der Annahme, dass solche Namen im Sinne der Warenzeichen- und Markenschutz-Gesetzgebung als frei zu betrachten wären und daher von jedermann benutzt werden dürften.
Der Verlag, die Autoren und die Herausgeber gehen davon aus, dass die Angaben und Informationen in diesem Werk zum Zeitpunkt der Veröffentlichung vollständig und korrekt sind. Weder der Verlag noch die Autoren oder die Herausgeber übernehmen, ausdrücklich oder implizit, Gewähr für den Inhalt des Werkes, etwaige Fehler oder Äußerungen.

Gedruckt auf säurefreiem und chlorfrei gebleichtem Papier

Springer Fachmedien Wiesbaden GmbH ist Teil der Fachverlagsgruppe
Springer Science+Business Media
(www.springer.com)

Geleitwort

Die Lebensphase Alter und der Prozess des (menschlichen) Alterns unterliegen einem breiten Spektrum verschiedenartigen gesellschaftlichen wie individueller Sichtweisen und Zuschreibungen. Je nach Gesellschaft und deren Entwicklung wandeln sich Einschätzungen zu diesem sozialen Tatbestand, werden Alter und Altern gesellschaftlich „konstruiert". Beides lässt sich u.a. als gesellschaftliche bzw. soziale Konstruktion verstehen; und dieses hat wiederum grundlegenden Einfluss auf individuelle Sichtweisen und Bewältigungsformen des Alter(n)s.

Dies betrifft nicht nur allgemeine Vorstellungen von Alter(n) sondern auch die Erfahrung des eigenen Älterwerdens, das subjektive Alter(n)serleben. Eine nicht zu unterschätzende Rolle für gesellschaftliche Konstruktionen von Alter(n) spielt das ökonomische Geschehen der jeweiligen Gesellschaft. Dabei ist ein unmittelbarer Berührungspunkt mit der persönlichen Erfahrung des Älterwerdens die Ansprache durch Marketing-Kommunikation für Produkte mit einem Bezug zum Alter(n).

Christiane Nakao untersucht in ihrer Arbeit, welche Konstruktionen des eigenen Älterwerdens durch Marketing transportiert werden, und zwar konkret bezogen auf Werbung als Teil von Marketingkommunikation. Dabei geht sie inhaltsanalytisch gemäß der dokumentarischen Methode vor. Im ersten Teil der Arbeit (Kapitel 1–4) erläutert die Autorin die dafür relevanten Hintergründe erläutert, aufbauend auf diese Ausführungen geht sie im empirischen Teil der Arbeit (Kapitel 5 und 6) anhand eines Samples von Werbeanzeigen der zentralen Frage nach, „wo und wie (...) subjektives Alterserleben ökonomisch konstruiert (wird)". Die dort gefundenen Konstruktionen des subjektiven Alter(n)serlebens typologisiert sie zunächst mittels rekonstruktiver Methodik, dann stellt sie Rückbindungen an die zuvor vorgestellten theoretischen Ansätze her und diskutiert diese. Durch einen Vergleich des Samples mit anderen Anzeigengruppen vertieft Frau Nakao schließlich ihre mehrdimensionale Typenbildung, und durch einen Abgleich der Ergebnisse mit den Wahrnehmungen der Zielgruppe rundet sie ihre Analyse ab.

Schließlich gelingt es Christiane Nakao in einer Zusammenfassung ihrer Ergebnisse überzeugend und – auch für eher Fachfremde – gut lesbar darzulegen, dass es Konstruktionen subjektiven Alter(n)serlebens in differenzierter und variabler Form gibt, es wird eine „plastische" Sicht auf die Eigenschaften der Kon-

struktionen der verschiedenen Typen möglich. Besonderes Merkmal dieser sorg-
fältig durchgeführten und differenzierten sowie in der Gesamtlektüre gut nach-
vollziehbaren Analyse ist, dass die Spezifität der Werbeanzeigen in den sozialgerontologischen Fachdiskurs sehr verständlich und inhaltlich produktiv eingebettet
ist. Die Relevanz der Thematik und der Ergebnisse – auch über das hier untersuchte Sample hinaus – werden deutlich.

Gertrud M. Backes

Danksagung

Die Arbeit an einer Dissertation als eine Wegstrecke anzusehen ist ein gängigiges Bild. Dass hier dieser Weg zu Beginn nicht genau vorgezeichnet war, gehört zur Vorgehensweise einer empirisch-rekonstruktiven Arbeit dazu. In der Rückschau ist es dessen ungeachtet interessant zu sehen, wie sich auch scheinbare Umwege und Hindernisse letztlich doch als bereichernde Streckenabschnitte erweisen.

An Frau Professor Gertrud M. Backes, die mir diese Erfahrung ermöglicht hat, richtet sich mein Dank an erster Stelle. Frau Professor Backes hat mir die Chance zu diesem Dissertationsvorhaben eröffnet und mich in meinem Promotionsverfahren betreut. Sie hat mich in der Themenfindung beraten, mich durch den Forschungsprozess hindurch begleitet und immer wieder Aspekte aufgezeigt, welche die Arbeit vorangebracht haben, und mir damit das Rüstzeug zum Weiterarbeiten gegeben. Sie hat mir auch in Zeiten des Zweifels Rückhalt gegeben, mich ermutigt und bestärkt.

Großzügige Unterstützung habe ich auch von den Mitarbeitern am Lehrstuhl für Altern und Gesellschaft der Universität Vechta erfahren. Dr. Ludwig Amrhein unterstützte auch bei kurzfristigen Anfragen, gab hilfreiche inhaltliche und methodische Hinweise. Dr. Andrea Weihrauch von der KU Leuven hat mich mit ihrer Expertise aus der Marketingforschung und ihrem klugen Blick für interdisziplinäre Fragestellungen unterstützt und ist mir auch freundschaftlich zur Seite gestanden. Der empirische Teil wäre ohne die Teilnehmerinnen der Umfrage und ohne die Perspektive Dritter auf die rekonstruktiven Daten so nicht möglich gewesen und ich danke allen, die sich Zeit genommen haben.

Auch mein privates Umfeld hat diese Arbeit mitgetragen. Mein Dank gilt neben vielen anderen, die ich leider nicht alle namentlich nennen kann, besonders Karin Kirschmann für Layout-Hinweise, Jasmin Bräuninger für kurzentschlossene organisatorische Unterstützung und Marinus Stark, dem das Kunststück gelang, allein durch Fragen zur Klärung offener Punkte dieser Arbeit beizutragen. Und nie wäre diese Arbeit denkbar gewesen ohne meine Familie, besonders Barbara und Helmut Weiser sowie Takumi und Tsunagu Nakao, die mich unterstützt und eigene Bedürfnisse zugunsten meines Dissertationsvorhabens zurückgestellt hat.

Christiane Nakao

Inhaltsverzeichnis

Abbildungsverzeichnis

Tabellenverzeichnis

Abkürzungsverzeichnis

AWA	Allensbacher Markt- und Werbeträgeranalyse
BMFSFJ	Bundesministerium für Familie, Senioren, Frauen und Jugend
GfK	Gesellschaft für Konsumforschung
IKW	Industrieverband Körperpflege- und Waschmittel e. V.
IVW	Informationsgemeinschaft zur Feststellung der Verbreitung von Werbeträgern
KA	Brigitte Kommunikationsanalyse
TMC	Thomson Media Control, Agentur zur
VA	Verbraucheranalyse
PRxxxxx	Nummerierung der Anzeigen im Sample, basierend auf den Angaben von TMC

1 Einleitung

1.1 Ziel der Arbeit und Grundannahmen

1.1.1 Konstruktionen des subjektiven Alterserlebens und Ökonomisierung des Alter(n)s

„Dass Menschen altern, ist natürlich, wie sie es tun, hingegen gesellschaftlich und kulturell geprägt. Sowohl die soziale Bedeutung und Bewertung des Alter(n)s als auch die sozialen, politischen, medizinischen, ökonomischen, kulturellen und technologischen Bedingungen, Möglichkeiten und Risiken des Alterungsprozesses unterscheiden sich je nach Epoche, Kultur und Gesellschaft." (Gugutzer 2008, S. 182 f.)

Alter und Altern und damit auch das subjektive Alterserleben sind gemäß dem vorangestellten Zitat einerseits durch biologische Prozesse und personenbedingte Faktoren, andererseits durch veränderliche, unter anderem auch ökonomische Bedingungen geprägt. In dieser Arbeit sollen die ökonomischen Bedingungen des Alterserlebens näher beleuchtet werden, indem der Frage nachgegangen wird, welche Konstruktionen des subjektiven Alterserlebens durch ökonomische Prozesse, hier beispielhaft am Phänomen Werbung dargelegt, vermittelt werden.

Fragen nach dem subjektiven Alterserleben, nach dem Gewahrwerden und nach der Interpretation des eigenen Älterwerdens spielen in der wissenschaftlichen Auseinandersetzung mit dem Alter(n) bislang eine eher untergeordnete Rolle. Das erstaunt, denn das subjektive Alterserleben kann als fundamentaler Bestandteil der Entwicklung im Erwachsenenalter angesehen werden (Wahl et al. 2013, S. 66).

Vielleicht gerade wegen seiner elementaren Bedeutung, möglicherweise sogar vermeintlichen Banalität, blieb es bislang zugunsten angrenzender Themen weitgehend unbeachtet. So wird bei Fragen nach dem Alter(n) nicht selten auf das SOK-Modell, das von selektiver Optimierung mit Kompensation ausgeht, Bezug genommen, ohne ausführlich auf die Grundvoraussetzung für die Selektion und Kompensation, nämlich die Erkenntnis, was selektiert und kompensiert werden muss, einzugehen.

Auch Diskussionen zu Altersbildern und -stereotypen fokussieren häufig stark Aspekte des Alter(n)s, die dem Alter(n) zugeschrieben werden, die aber nichts mit dem biologischen Prozess des Alter(n)s zu tun haben, sondern rein auf Traditionen und Interpretationen beruhen. Eine solche Konzentration auf Konstruktionen, Zuschreibungen, Stigmatisierungsprozesse usw. ist sicher eine berechtigte analytische Schwerpunktsetzung der Altersforschung, blendet aber unweigerlich solche Aspekte des Alter(n)s aus, die, auch ohne das unmittelbare Zutun von Konstruktionsprozessen, sprichwörtlich „am eigenen Leib" erlebt werden – wenngleich nicht immer, nicht immer gleich verlaufend und grundsätzlich verwoben mit Konstruktionsprozessen des Alter(n)s. Ohne eine Anerkennung des „am eigenen Leib" erlebten Alters kann ein weiterer analytischer Schritt nicht erfolgen. Es lassen sich auf diese Weise keine Fragen danach beantworten, wie dieses subjektiv Erlebte wiederum interpretiert und konstruiert wird. Es lässt sich ferner nicht darüber nachdenken, wie das subjektive Erleben biologischer Alterungsprozesse und Konstruktionen des Alter(n)s ineinander verschachtelt sind.

Insbesondere wenn eine binäre Konstruktion von Alter zur Grundlage genommen wird, die zwischen „alt" und „nicht alt" unterscheidet, gegebenenfalls angelehnt an Gender-Debatten, in denen häufig von den beiden Konstruktionen „weiblich" und „männlich" ausgegangen wird, kann das Älterwerden als Prozess, der ein Ineinander-Übergehen von „nicht alt" zu „alt" beinhaltet, nur schwer berücksichtigt werden. Das könnte einer der Gründe dafür sein, dass Analysen zu Verlaufsformen des Alterns, zu Übergängen im Alterungsprozess, deren Funktionen und Wirkungen bislang nur vereinzelt vorliegen (Backes und Clemens 2013, S. 197).

Diese Lücke ist inzwischen anerkannt und das subjektive Alterserleben findet in der wissenschaftlichen Auseinandersetzung mit dem Alter(n) vermehrt Beachtung. Allerdings wird die Debatte bislang schwerpunktmäßig in der verhaltenswissenschaftlichen Altersforschung geführt. Noch fehlt es an der Einbeziehung der oben zitierten „sozialen, politischen, medizinischen, ökonomischen, kulturellen und technologischen Bedingungen, Möglichkeiten und Risiken" (Gugutzer 2008, S. 182 f.), die ebenfalls zum subjektiven Alterserleben mit dazugehören.

Durch die Beschäftigung mit ökonomischen Konstruktionen des subjektiven Alterserlebens, hier in der Werbung als Teil der Marketingkommunikation, soll nach einem solchen Aspekt gefragt werden. Gerade ökonomischen Bedingungen wird eine wachsende Bedeutung für das Alter(n) beigemessen – wiederholt wird von einer „Ökonomisierung des Alter(n)s" (z. B. Schneiders 2012, Stand 03.10.2012) gesprochen.

Allgemein wird davon ausgegangen, dass die bisher gültigen gesellschaftlichen Alter(n)skonstruktionen mehr und mehr in der Auflösung begriffen sind (Backes 1997, S. 309). Auch wenn nach wie vor bisherige Vorstellungen vom Alter, etwa als Phase des Ruhestandes, wirksam zu sein scheinen, verschieben sich Konstruktionen vom Alter(n) hin zu solchen Konzepten, die Alter(n) als Kompetenz und zu nutzendes Potenzial deuten (Karl 1999, S. 21). Und wieder sind es die ökonomischen Bedingungen, denen eine wichtige Funktion als Mitkonstrukteur veränderter Konstruktionen des Alter(n)s zugeschrieben (Backes und Clemens 2001, S. 17). Die Sichtweise auf das Alter als Faktor für die Entstehung neuer kaufkräftiger Zielgruppen kann sogar als entscheidende Ursache für die Abkehr defizitorientierter Sichtweisen auf das Alter(n) beurteilt werden (Schneiders 2012, Stand 03.10.2012).

Aus Sicht der Marketingforschung wird im Zusammenhang mit der Ökonomisierung des Alter(n)s unter anderem von „Silber-Marketing" gesprochen. Es steht nicht mehr in Frage, dass auch Alternde als Konsumenten anzusprechen und ernst zu nehmen sind. Allerdings gibt es, obwohl die Bedeutung des Silber-Marketings inzwischen außer Zweifel steht, noch zahlreiche Diskussionen und Kontroversen darüber, wie Fragen nach dem Alter(n) in die Vermarktung zu integrieren sind.

Obwohl demnach das Phänomen Silber-Marketing kaum übersehbar ist und in diesem Kontext der Ökonomisierung des Alters eine große Tragweite für (Neu-)Konstruktionen des Alter(n)s und damit für das Alter(n) selbst zugeschrieben wird, ist es bislang ausgeblieben, die alter(n)sbezogenen ökonomischen Geschehnisse systematisch zu analysieren. Zwar hat Gilleard bereits 1996 Konsum als nicht nur mögliches, sondern zentrales zu bearbeitendes Feld für die Alterswissenschaften bezeichnet (Gilleard 1996, S. 496), doch noch ist der Blick auf Alterskonstruktionen im Kontext des Silber-Marketings selten. Dies gilt ebenso und gerade für den spezifischen Aspekt des subjektiven Alterserlebens.

1.1.2   *Forschungsfragestellung und Vorgehensweise*

Als Beitrag zur Schließung der Forschungslücke soll hier eine Frage für den Teilbereich der Ökonomisierung des Alter(n)s bearbeitet werden. Hierbei handelt es sich um die Silber-Marketingkommunikation, exemplarisch vorgeführt an einem Ausschnitt der Printwerbung: Werbeanzeigen des Kosmetikmarkts, die sich an Frauen ab dem mittleren Lebensalter richten. Die konkrete Fragestellung lautet: *Wo und wie wird subjektives Alterserleben ökonomisch – hier am Beispiel von Werbeanzeigen – konstruiert?*

Es soll folglich die Art und Weise von Konstruktionen subjektiven Alterslebens im Silber-Marketing sichtbar gemacht werden, um – wie z. B. von Twigg (2010, S. 474) gefordert – den Blick auf das Alter(n) als verhandelbare Konstruktion zu schärfen. Es soll ermittelt werden, wie eine Konstruktion – das Alterserleben – in einem bestimmten Kontext – der Werbung – beschaffen ist. Damit folgt die Fragestellung einem wissenssoziologischen Ansatz. Es geht darum, welche Arten des Umgangs mit dem eigenen Älterwerden von Anbietern von Waren und Dienstleistungen entworfen werden.

Durch die Wahl von Werbeanzeigen als Untersuchungsgegenstand handelt es sich bei dieser Arbeit um eine Inhaltsanalyse, genauer um eine Artefaktanalyse, eine Form der Dokumentenanalyse. Artefakte sind von Menschen geschaffene oder gestaltete Objekte und gleichzeitig Verdinglichungen von Diskursen, Werteordnungen, Sinnstrukturen und Ähnliches. Gesellschaftliche Konstruktionen werden in Artefakten ersichtlich (Schirmer 2009, S. 158). Besonders verbreitet ist die Artefaktanalyse im Kontext der ethnologischen Forschung. Das bedeutet jedoch nicht, dass sie für die sozialwissenschaftliche Analyse „vor der Haustür" weniger geeignet ist. Anders als in der Ethnologie geht es hier dann aber eben nicht darum, fremde Kulturen zu entdecken und zu beschreiben, sondern darum, Gesetzmäßigkeiten der vergleichsweise vertrauten Umgebung aufzudecken (Chevron 2005, S. 164).

Die Bearbeitung der Fragestellung orientiert sich an den methodologischen und methodischen Grundlagen der dokumentarischen Methode (z. B. Bohnsack et al. 2007a), einem Ansatz der rekonstruktiven Sozialforschung auf Basis der praxeologischen Wissenssoziologie.

Bevor das Thema weiter aufgespannt wird, erfolgen zuvor einige Anmerkungen zu den verwendeten Begrifflichkeiten und Formalien.

Als Erstes ist anzumerken, dass grundsätzlich jegliche Beschäftigung mit dem Alter(n) mit einem „gerontologischen Paradox" einhergeht, das darin besteht, dass alle Menschen altern, es aber keinen festgelegten Zeitpunkt gibt, ab dem sie als „alt" oder „älter" bezeichnet werden und ab dem die Lebensphase „Alter" beginnt. Es gibt keine objektiven Veränderungen in einem bestimmten Lebensalter, die einen solchen Einschnitt theoretisch begründen (Baars 2009, S. 87 f.), so dass eine Definition des Alter(n)s nie ganz treffend sein kann und immer von gesellschaftlichen Deutungsmustern mitgeprägt ist. Es ist anzuerkennen, dass die Übergänge zu anderen Lebensstufen fließend sind.

Es stellt sich deshalb die Frage, wie das Älterwerden begrifflich angemessen zu bezeichnen ist und wie älter gewordene Menschen zu benennen sind. Im Kontext von Werbung und Alter(n) lässt sich eine wahre „Benennungseuphorie" (Femers 2007, S. 22) beobachten: Best Agers, Woopies („well off older people"), Master Consumers, Mature Consumers, Grumpies („grown up mature people"), Golden Oldies, New Old, New Seniors, Oldies, goldenes Marktsegment oder Third Ager sind nur einige der verwendeten Begriffe, nicht zu vergessen die verschiedenen, am chronologischen Alter orientierten Kategorisierungen 40+, 50+, 60+ usw.

Diese „Benennungseuphorie" ist nicht nur stilistisch auffällig. Es ist sicher begrüßenswert, wenn versucht wird, durch die Wahl neuer Begrifflichkeiten defizitären Vorstellungen vom Alter(n) gegenzusteuern. Gleichzeitig deutet diese Fülle an Begriffen auf Unsicherheiten im Umgang mit dem Alter(n) hin (Wahl und Heyl 2004, S. 55). Ein Standardbegriff hat sich bisher nicht etabliert. Bezeichnungen wie „Alte" oder „Ältere" werden meist mit einem sehr hohen Lebensalter in Verbindung gebracht, beim Silber-Marketing jedoch beginnt Alter(n) relativ früh, in diesem Kontext wirken sie eher unpassend.

Deshalb wird im Rahmen dieser Untersuchung in der Regel die Bezeichnung „Alternde" gewählt, um älter gewordene Menschen zu beschreiben. Der Begriff „Alternde" ist hier eine Bezeichnung für Männer und Frauen gleichermaßen, nur dort, wo explizit geschlechtsspezifische Unterschiede hervorgehoben werden sollen, wird entsprechend begrifflich unterschieden. Bei anderen Begriffen, für die es eine männliche und eine weibliche Form gibt, wurde aus Gründen der Lesbarkeit die männliche Form gewählt, wenn beide Geschlechter gemeint sind. Die weibliche Form wird verwendet, wenn explizit auf Frauen verwiesen werden soll. Wenn auf die Gruppe der Männer abgezielt wird, erfolgt ein entsprechender Hinweis (z. B. „Leser von Zeitschriften" als allgemeine Variante vs. „Leserinnen von Zeitschriften" als Bezeichnung für eine weibliche Leserschaft vs. „männliche Leser einer Zeitschrift" nur für die Gruppe der Männer).

Der Ausdruck „Ältere" oder „ältere Frauen" und „ältere Männer" taucht dann auf, wenn es z. B. um die Abgrenzung älterer Bevölkerungsgruppen gegenüber jüngeren geht, hier wäre das Wort „Alternde" unpassend.

Geht es um Aspekte, die „das Alter" und „den Alterungsprozess" gleichermaßen betreffen, wird der Begriff „Alter(n)" verwendet, liegt der Schwerpunkt auf einem der beiden Aspekte wird „Alter" oder „Altern" gebraucht.

Als Zweites ist auf die Begrifflichkeiten im Zusammenhang mit den Bedingungen des Alter(n)s einzugehen. Wie bereits erläutert, wird zwischen sozialen, kulturellen, ökonomischen, gesellschaftlichen usw. Bedingungen unterschieden; gelegentlich wird „gesellschaftlich" oder „sozial" als Oberbegriff verwendet. Bisweilen wird auch von einer Spaltung zwischen den Konzepten Ökonomie und Kultur ausgegangen, die es zu überwinden gilt, da sie miteinander in Beziehung stehen (Slater 2006, S. 73 f.). Hier wird von einem Zusammenspiel dieser Bedingungen des Alter(n)s ausgegangen. Der Ausdruck „gesellschaftlich" wird im Rahmen dieser Untersuchung als Oberbegriff verwendet. Wenn die Betonung auf einen der Unteraspekte gelegt werden soll, werden dementsprechend ergänzende Begriffe verwendet, z. B. der später noch näher zu erläuternde Begriff der kulturellen Ökonomie.

Als Drittes ist auch der Ausdruck des subjektiven Alterserlebens variantenreich. Altersidentität, subjektives Altern, selbst wahrgenommenes Altern, das alternde Selbst, das Gewahrwerden des Älterwerdens, Altersselbstbilder – all diese Begriffe kreisen mit teilweise unterschiedlichen Schwerpunktsetzungen um das Thema des subjektiven Alterserlebens. Hier wird als Grundbegriff „subjektives Alterserleben" gewählt und in Analogie zu den anderen Begrifflichkeiten dann, wenn auf einen bestimmten Aspekt verwiesen werden soll, eine in diesem Zusammenhang gebräuchliche Bezeichnung angeführt.

Bei der Anwendung einer rekonstruktiven Methode kommen häufig Begriffe wie Dimension, Kategorie, Merkmal und Kodierungen zum Tragen – allerdings sind diese bisher nicht über die unterschiedlichen Methoden oder sogar über unterschiedliche Einzelprojekte hinaus definiert. Was jeweils darunter gefasst wird, muss deshalb aus dem jeweiligen Zusammenhang hervorgehen. Die Begriffsverwendung in Bezug auf das rekonstruktive Vorgehen wird in Kapitel 5.1.4.4 erläutert.

Bereits an dieser Stelle soll auf den Begriff der Dimension eingegangen werden, der sich in verschiedenen hier relevanten Kontexten großer Beliebtheit erfreut. Zum einen wird oft von der „Mehrdimensionalität" oder „Multidimensionalität" des Alterserlebens gesprochen, um seine verschiedenen Facetten darzustellen, zum anderen wird der Dimensionsbegriff auch im Kontext der rekonstruktiven Methoden häufig verwendet. Dabei ist er ein feststehender Begriff im Rahmen der dokumentarischen Methode, zudem wird allgemein in Verbindung mit Fallvergleichen und Fallkontrastierungen von Dimensionen und Vergleichsdimensionen gesprochen.

Um begriffliche Überschneidungen zu minimieren, wird der Ausdruck Dimension deshalb nur dort eingesetzt, wo er ein etablierter und kaum durch einen anderen Begriff ersetzbarer Fachbegriff ist: im Zusammenhang mit dem subjektiven Alterserleben und mit der Typenbildung als Teil der dokumentarischen Methode.

Um der Begriffsdopplung und damit der Verwechslungsgefahr zu entgehen, werden die Begriffe eindimensional und mehrdimensional nur im Zusammenhang mit der Typenbildung der dokumentarischen Methode angewandt. Der Begriff der Vergleichsdimension wird nicht verwendet, stattdessen wird der Begriff Kategorienausprägung gebraucht. Im Zusammenhang mit dem Alterserleben ist von multidimensional statt von mehrdimensional die Rede.

Auch Sammelbegriffe wie Gerontologie und Marketingwissenschaften können unterschiedlich ausgelegt werden. Auf den Begriff der Gerontologie und das Verständnis von Gerontologie wird in Kapitel 1.2.2 eingegangen. Unter Marketingwissenschaften sollen alle Fächer subsumiert werden, die sich mit Marketingfragestellungen auseinandersetzen: Ökonomie, Kommunikationswissenschaft, Konsumentenpsychologie oder andere, verwandte Fachrichtungen.

Die Bezeichnung Silber-Marketing als Abwandlung des Begriffs „silver marketing" mag zunächst wie ein der „Benennungseuphorie" geschuldeter halb eingedeutschter Anglizismus klingen, doch da er in der Marketingforschung zum Alter(n) gebräuchlich ist, wird er als ein im Feld verbreiteter Begriff verwendet.

Zu den verwendeten Quellen ist zu erwähnen, dass Zitationen im Text überwiegend in Form paraphrasierender Zitate erfolgen, das heißt, die jeweilige Fundstelle wird sinngemäß wiedergegeben. Auf die Quelle wird entweder im Anschluss in Klammern verwiesen oder sie ist in die Paraphrase eingefügt. Wörtliche Zitate sind durch Anführungszeichen gekennzeichnet. Die Quellen werden in der Regel durch Kurzbeleg mit Jahreszahl der Veröffentlichung und Seitenzahl angegeben.

Soll eine Quelle nicht auf eine Textstelle, sondern auf die Gesamtaussage einer Veröffentlichung verweisen, wird nur die Jahreszahl der Veröffentlichung genannt. Bei übersetzten Texten, die zu einem späteren Zeitpunkt als die eigentliche Veröffentlichung herausgegeben wurden, wird das Veröffentlichungsdatum des Originaltextes zusätzlich in eckigen Klammern eingefügt. Der jeweilige Vollbeleg erfolgt im Literaturverzeichnis.

Eine Artefaktanalyse, speziell eine Werbeanzeigenanalyse kann kaum ohne Materialien auskommen, die nicht dem üblichen Standard wissenschaftlicher Quellen entsprechen. Dazu gehören die Werbeanzeigen selbst, aber auch Publikumszeitschriften als Werbeträger und begleitendes PR-Material der herausgebenden Verlage, Nachrichten in Branchenzeitschriften und Statistiken zu Auflagenhöhen und Anzeigenpreisen. Diese Dokumente sind hier nicht als wissenschaftliche Quellen im engeren Sinne zu verstehen, es handelt sich vielmehr um das zu analysierende Material bzw. um Informationen dazu, nicht um wissenschaftliche Beiträge zum Thema. Gleichwohl liefern sie wertvolle Informationen. Die Publikumszeitschriften und die enthaltenen Anzeigen beinhalten die zu erhebenden und auszuwertenden Daten für die Fragestellung, ähnlich wie die Daten aus Interviewfragebögen bei anderen Analyseansätzen. Die ergänzenden Materialien helfen, die Stichprobe zu charakterisieren und einzuordnen, vergleichbar mit den üblicherweise erhobenen soziodemografischen Daten in einer Interviewsituation. Ihre Zitierwürdigkeit steht demnach im Zusammenhang mit der Fragestellung außer Frage. Allerdings bleibt zu klären, wie ein Beleg solcher nur bedingt zitierfähigen Quellen erfolgen kann. Hierfür wurden die für die Analyse verwendeten Materialien in Auszügen in einem Materialband archiviert. Darüber hinaus wurden einige Beispiele aus dem Material und Hintergrundinformationen dazu direkt in den empirischen Teil integriert. Viele der Hintergrundinformationen sind dem Internet entnommen, der inzwischen wohl gebräuchlisten Plattform z. B. für PR-Materialien. Sind bei Internetquellen keine Seitenzahlen oder Datumsangaben zur Veröffentlichung ausgewiesen, werden sie stattdessen mit dem Datum des letzten Abrufs versehen, ist das Jahr der Veröffentlichung bekannt oder bei tagesaktuellen Pressemitteilungen auch das genaue Datum, wird dieses dem Abrufdatum vorangestellt. Wenn der Autor nicht bekannt ist, wird das veröffentlichende Unternehmen oder die veröffentlichende Institution angeführt. Wenn eine Seitenzahl, z. B. in einer im Internet veröffentlichten Broschüre, vorhanden ist, aber keine weiteren Angaben vorliegen, erfolgt die Zitation nach dem Muster „Bayard Media GmbH & Co. KG, Stand 31.11.2006, S. 12". Andere Materialien, die Informationen zu den Anzeigen liefern, die aber nicht veröffentlicht und deshalb nicht unmittelbar zugänglich sind, z. B. Daten, die durch einen Mediendienstleister zur Verfügung gestellt wurden, werden durch einen Verweis auf den Urheber belegt. Eine Übersicht zu diesen Quellen findet sich im Anhang.

Im nächsten Abschnitt erfolgt eine inhaltliche Annäherung an die Fragestellung. Das Kernthema der Arbeit, das subjektive Alterserleben, wird an dieser Stelle einleitend umrissen, diese Einführung wird in Kapitel 3 weiter vertieft. Anschließend wird auf das Verständnis von Marketingkommunikation als Analysegegenstand eingegangen.

1.1.3 Forschungsfokus: subjektives Alterserleben

Es wurde bereits darauf hingewiesen, dass das subjektive Alterserleben erst seit kurzem als Forschungsthema Beachtung findet. Folglich ist es wenig erstaunlich, dass keine Einigkeit darüber herrscht, was unter dem subjektiven Alterserleben genau zu verstehen ist, und dass noch keine ausführliche empirische Bearbeitung der Thematik vorliegt. Einzig die Frage nach dem gefühlten subjektiven Alter in Jahren in Abweichung zum chronologischen Alter – ein Teilaspekt, aber nicht der einzige Gesichtspunkt des subjektiven Alterserlebens – wurde schon vergleichsweise ausführlich untersucht. Erst in letzter Zeit nimmt die über diesen Teilaspekt hinausgehende Forschung zum subjektiven Alterserleben zu. Einen dafür entwickelten theoretischen Rahmen stellt das Konzept „Awareness of age-related change" dar, das verschiedene für das subjektive Alterserleben relevante Dimensionen integriert (Diehl und Wahl 2010). Empirische Untersuchungen, die sich auf die Multidimensionalität des Alterserlebens stützen, sind die Arbeiten von Kleinspehn-Ammerlahn et al. (2008), Miche et al. (2013) und Montepare (2009).

Dass die Forschung zum subjektiven Alterserleben noch an ihren Anfängen steht, ist für diese Arbeit jedoch kein Nachteil: Zum einen geht es nicht darum, ein bereits vorliegendes klares Konzept vom subjektives Alterserleben im Material zu identifizieren, sondern darum, herauszuarbeiten, auf welche Art und Weise subjektives Alterserleben im Material konstruiert wird. Ob sich dies mit dem von Individuen erlebten subjektiven Alterserleben deckt, ist an dieser Stelle nicht von Relevanz. Zum anderen ist eine größtmögliche Offenheit gegenüber dem Forschungsgegenstand ein Grundgedanke der rekonstruktiven Forschung, so dass es nicht hilfreich wäre, dieser Arbeit ein klar definiertes Konzept darüber zugrunde zu legen, was das subjektive Alterserleben im Detail ausmacht. Genau mit dieser nicht von der Hand zu weisenden Unschärfe erfüllt der bisherige Forschungsstand zum subjektiven Alterserleben seinen Zweck als Ausgangskonzept, anhand dessen die Fragestellung bearbeitet werden soll. Schließlich ist es die Aufgabe der rekonstruktiven Forschung, vage Konzepte im Laufe des Forschungsprozesses mit Bedeutung zu versehen und auf diese Weise Stück für Stück herauszustellen, wofür die betrachteten Konzepte im untersuchten Zusammenhang stehen (Kelle und Kluge 2010, S. 29).

Allerdings muss das Konzept, das untersucht werden soll, vorab zumindest in Ansätzen greifbar gemacht werden, um als Arbeitsgrundlage für den rekonstruktiven Zugang eingesetzt werden zu können. Dass Alter(n) und damit auch das

Alterserleben innerhalb des Zusammenspiels von Biologie, Person und Gesellschaft zu verorten ist, wurde bereits dargelegt.

Eine Übersicht, die Verschachtelung von Konstruktionen des subjektiven Alterserlebens mit Konstruktionen vom Alter(n) auf anderen Ebenen aufzeigt, liefert die Übersicht zu verschiedenen Arten von Altersbildern von Staudinger (2012, S. 193, Abbildung 1).

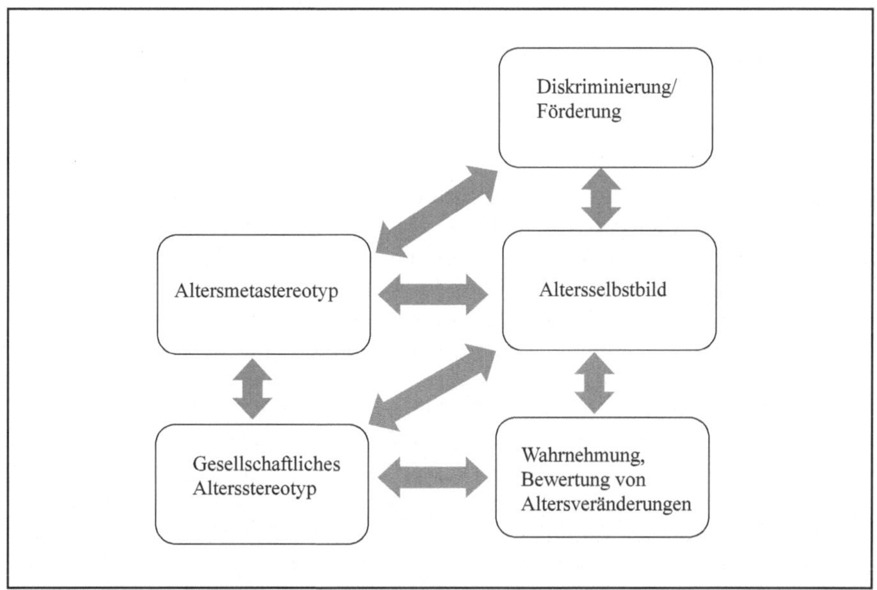

Abbildung 1: Wechselseitige Zusammenhänge verschiedener Arten von Altersbildern (Staudinger 2012, S. 193)

Hier wird mit der Frage nach dem subjektiven Alterserleben, da Konstruktionen des Alterserlebens in einem speziellen – ökonomischen – Kontext im Fokus stehen, im weitesten Sinne nach Vergesellschaftungsweisen des Alter(n)s gefragt. In Bezug auf die Vergesellschaftungsformen wird ermittelt, wie sich gesellschaftliche Ordnungen des Alters (neu) konstruieren (Backes und Clemens 2001, S. 12). Die Frage nach ökonomischen Konzepten vom subjektiven Alterserleben ist jedoch nicht eindeutig auf die Ebene gesellschaftlicher Ordnungen gerichtet, sondern vermischt sich mit der Ebene des individuellen Alterserlebens. Zum einen, weil Konstruktionen subjektiven Alterserlebens verschachtelt sind mit Konstruktionen des Alter(n)s auf anderer Ebene, was ausführlicher in Kapitel 2, besonders unter 2.3.1 behandelt wird. Zum anderen, weil der hier betrachtete Teilausschnitt

Werbung von einzelnen Unternehmen veranlasst wird und die Aufmerksamkeit von einzelnen Personen wecken soll. Sie ist jedoch immer mit übergeordneten ökonomischen Bedingungen verknüpft. Auch zielt die Fragestellung nicht direkt auf das individuelle Alter(n) und das Alterserleben von Personen, sondern auf das „Wissen" über Vorstellungen vom Alterserleben, wie es aus dem Artefakt „Werbeanzeigen" hervorgeht. Ginge es direkt um das Alterserleben auf individueller Ebene, wäre es naheliegender, die Zielgruppe selbst zu beobachten oder zu befragen, anstatt sich mit an diese gerichteten Werbeanzeigen zu befassen. Hier jedoch soll sichtbar gemacht werden, welche Angebote an das subjektive Alterserleben die Ökonomie bereithält, die sich nicht zwingend mit dem tatsächlichen Alterserleben der Zielgruppen decken.

1.1.4 Werbung als Teil der Ökonomisierung des Alter(n)s

Es gibt eine Reihe von alterswissenschaftlichen Fragestellungen, die mit der Ökonomisierung des Alter(n)s verknüpft werden könnten. So interessiert die ökonomische Situation einer Gesellschaft insgesamt und wie Alter darin verortet wird, genauso wie der finanzielle Spielraum des Einzelnen, der eine unterschiedliche Gestaltung des Alters zur Folge haben kann. Im Rahmen der vorliegenden Untersuchung liegt der Schwerpunkt auf dem Silber-Marketing, genauer auf der Silber-Marketingkommunikation, und hier speziell auf der Werbung.

Um den Zusammenhang zum subjektiven Alterserleben näher zu skizzieren, ist es hilfreich, ergänzend zur Beobachtung einer Ökonomisierung des Alters das theoretische Konzept der kulturellen Ökonomie des Alter(n)s einzuführen.

Es wurde vorher festgelegt, dass als Oberbegriff für die nicht biologischen oder personenbedingten Einflüsse auf das Alter(n) der Begriff der gesellschaftlichen Konstruktion verwendet wird. An dieser Stelle soll jedoch speziell auf die Einflüsse der Ökonomie auf das Alterserleben verwiesen werden. Hierfür hat sich der Begriff der kulturellen Ökonomie etabliert.

Die insbesondere von du Gay geprägte Bezeichnung der kulturellen Ökonomie (z. B. du Gay 2006) steht für das Hervorbringen von kulturellen Gütern durch den Markt, also etwa in Fabriken oder Einkaufszentren. Die Inhalte dieser kulturellen Güter werden z. B. durch Werbung oder Design transportiert. Kulturvermittler sind in diesem Sinne Journalisten, Werbegestalter oder Designer (Twigg 2012, S. 1034). Ergänzend argumentiert Warde, eine Trennung zwischen Kultur und ökonomischer Aktivität könne nur künstlich sein, denn schließlich seien etwa Märkte schon immer auch Orte kultureller Aktivität, wenn auch davon ausgegangen werden könne, dass sich die kulturelle Aufladung des ökonomischen Geschehens immer weiter verstärke (Warde 2006, S. 197 f.).

Weiter wird davon ausgegangen, dass die Wahl von Kleidung und anderen Konsumgütern die Funktion hat, soziale und persönliche Einstellungen und Vorlieben auszudrücken. Marketingkommunikation ist vor diesem Hintergrund nicht nur Kommunikation über Waren mit dem Ziel, diese zu verkaufen, sondern sie beinhaltet darüber hinaus Mutmaßungen und mögliche Anknüpfungspunkte über die Empfindungen, Vorstellungen, Wünsche und Ideale der gewünschten Zielgruppe (Wilk 2002, S. 21–24). Hintergrund hierfür ist die Entstehung einer Konsumgesellschaft, in der Waren allgegenwärtig verfügbar sind. Angesichts des Überflusses an verfügbaren Waren ist die Notwendigkeit von Waren als Mittel, um den Alltag zu meistern, zum Nebenaspekt geworden. Vielmehr dienen Waren als Repräsentant des Selbst, was die Auswahl von Konsumgütern zu Entscheidungen macht, die dazu dienen, Einstellungen und Lebensstil zu spiegeln bzw. herzustellen (Blaikie 1999, S. 86). Es wird auch davon ausgegangen, dass Alter(n) von Konsumprozessen mitgeprägt wird (Gilleard 1996, S. 496). Auch das subjektive Alterserleben ist damit verknüpft, wenn davon ausgegangen wird, dass Alter(n) ebenso wie die Zugehörigkeit zu einem Geschlecht oder zu einer sozialen Schicht als identitätsrelevante Kategorie angesehen werden kann und demgemäß die kulturelle Ökonomie auch individuelle und gesellschaftliche Bedingungen und Konstruktionen vom Alter(n) produziert (Twigg 2012, S. 1033).

Eine mögliche – und hier zugrunde gelegte – Auslegung von Werbung ist demnach, dass Werbung und andere Teile der Populärkultur mit dem Alter(n) als kulturelle Phänomene zusammengehören und somit auch das subjektive Alterserleben in diesem Feld mit austariert wird (Blaikie 1999, S. 26 f.).

Es wurde vorangestellt, dass mit der Beantwortung der Forschungsfrage nach dem subjektiven Alterserleben in der Werbung ein Beitrag zur Aufgabe der sozialen Gerontologie, die alter(n)srelevante Umwelt zu beschreiben (Baltes und Baltes 1992, S. 8), geleistet werden soll. Werbung kann auf verschiedene Weise als alter(n)srelevant angesehen werden. Für das subjektive Alterserleben ist Werbung vor allem dann bedeutsam, wenn Konsum und dementsprechend auch seine Ausdrucksform Werbung nicht nur allgemein als Faktor für die Konstruktion von Alter(n), sondern auch als ein Teil einer kulturellen Ökonomie verstanden werden, die eine Funktion für das Alterserleben innehaben.

Die immer weiter wachsende Auswahl an Konsumgütern zur Beeinflussung des Alter(n)sprozesses wird möglicherweise das Alterserleben als bewussten Prozess weiter in den Vordergrund rücken. Die Ökonomisierung des Alter(n)s in Konsumzusammenhängen erinnert ständig an die Möglichkeit und Aufgabe, am Alter(n) „zu arbeiten" (Slevin 2010, S. 1004). Wie diese Aufgabe derzeit mit Blick auf das subjektive Alterserleben ausgestaltet wird, soll in dieser Arbeit für einen Teilbereich der Ökonomisierung des Alter(n)s ermittelt werden.

1.2   Stand der Forschung und Forschungslücke

1.2.1   *Einbettung der Fragestellung in den Forschungskontext „Werbung und Alter(n)"*

1.2.1.1   Forschungsstränge „Werbung und Alter(n)"

Obwohl es, wie in den vorherigen Abschnitten gezeigt, noch vergleichsweise wenig Forschungstätigkeit zum subjektiven Alterserleben im Allgemeinen und noch weniger zum subjektiven Alterserleben im Kontext der Ökonomisierung des Alter(n)s gibt, herrscht kein Mangel an Forschungsarbeiten im Themenfeld „Werbung und Alter(n)". Dieser Umstand birgt keinen Widerspruch in sich, denn es handelt sich bei ähnlicher Terminologie um Untersuchungen unterschiedlichster alter(n)sbezogener Aspekte, denen verschiedenste Annahmen über das Alter(n) und unterschiedliche Annahmen zur Funktion von Werbung zugrunde liegen. Darüber hinaus differieren die fachlichen Ansätze und damit zusammenhängend die methodischen Zugänge und wissenschaftlichen Denktraditionen, auf denen aufgebaut wird, sowie die Ziele bzw. fachlichen Motive für die Beschäftigung mit dem Alter(n). Wenngleich zunächst der Eindruck eines einheitlichen Forschungsfeldes entstehen mag, wird bei genauer Betrachtung deutlich, dass innerhalb dieses Feldes ganz unterschiedliche Fragestellungen bearbeitet werden. Nur selten wird das subjektive Alterserleben fokussiert und entsprechend selten die Ökonomisierung des Alters als Faktor für das subjektive Alterserleben einbezogen.

Zur Systematisierung der unterschiedlichen Ansätze zum Thema Werbung und Alter(n) lassen sich zunächst drei übergreifende Forschungsstränge unterscheiden: „Werbung für Alternde", „Werbung mit Alternden" und die beiden Ansätze zusammenfassend „alter(n)srelevante Werbung" (Abbildung 2).

Eine Reihe von Untersuchungen fokussiert die Darstellung alternder Menschen in der Werbung, also den Forschungsstrang „Werbung mit Alternden". Hier wird z. B. deren Repräsentation in der Werbung oder die mediale Rolle, die von Alternden eingenommen wird, untersucht. Das Alter(n) der Zielgruppe, an die sich die werbliche Ansprache richtet, steht bei diesem Forschungsstrang meist im Hintergrund. Bisweilen werden aus den Befunden jedoch auch Schlüsse hinsichtlich der werblichen Ansprache Alternder gezogen. Häufig wird dabei das Alter der eingesetzten Werbefiguren als Indikator für das Alter der anzusprechenden Zielgruppe verstanden.

Im Unterschied dazu geht es im Forschungsstrang „Werbung für Alternde" nicht notwendigerweise um die Darstellung Alternder, sondern vor allem um eine gezielte Ansprache der alternden Zielgruppe – wie auch immer Alter(n) definiert wird. In diesem Forschungsstrang wird für solche Werbung, die alternde Zielgruppen im Blick haben oft die Empfehlung ausgesprochen, auf die Darstellung Alternder zu verzichten, indem etwa Sach- statt Personendarstellungen als Werbemotiv gewählt oder Personen als Werbefiguren eingesetzt werden, die etwas jünger sind als die eigentlich anvisierte Zielgruppe.

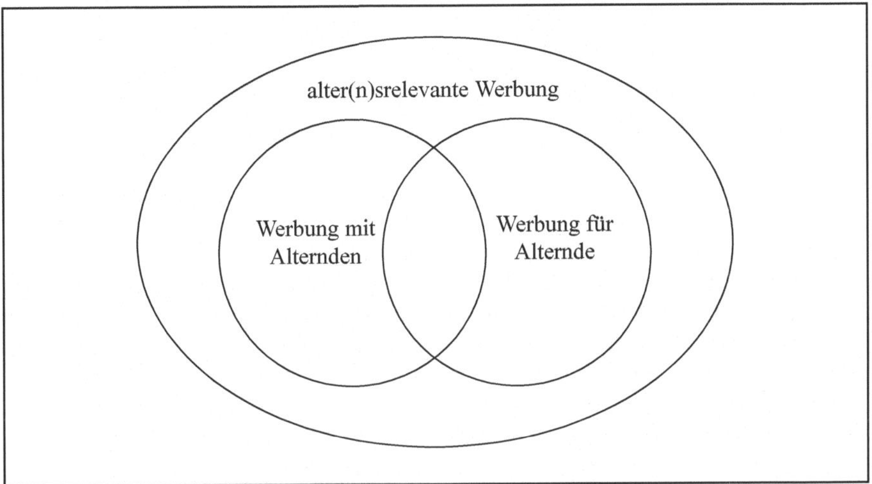

Abbildung 2:   Forschungsstränge „Werbung und Alter(n)"

Zur Kombination beider Forschungsstränge fassen einige Analysen die beiden Ansätze zur „alter(n)srelevanten Werbung" zusammen. Darunter wird Werbung verstanden, die in Bild, Sprache oder durch das beworbene Produkt Alter(n) relevant macht. Dabei wird zwischen den folgenden Varianten unterschieden:

- Alter(n)sexklusive Werbung: Werbung, die sich ausschließlich an Alternde richtet und bei der gleichzeitig ein alter(n)sspezifisches Produkt beworben wird.

- Alter(n)sinklusive Werbung: Werbung für Produkte, die schwerpunktmäßig für Alternde gedacht sind, und bei der Alternde vorzugsweise adressiert werden. Die Werbung richtet sich grundsätzlich auch an andere Zielgruppen.

- Alter(n)skontrastive Werbung: Werbung, die sich vor allem an Jüngere richtet. Alter(n) wird hier als Kontrastmittel zur Betonung der – wie auch immer zu verstehenden – Jugendlichkeit des Produkts verwendet.

- Werbung, die Alter(n) als Imagefaktor verwendet. Die Darstellung von Alter(n) dient hier dazu, die Seriosität des beworbenen Produktes zu betonen (Thimm 1998, S. 123).

Daraus ergibt sich, dass je nachdem, ob der Forschungsstrang „Werbung für Alternde", „Werbung mit Alternden" oder „alter(n)srelevante Werbung" bearbeitet wird, unterschiedliche alter(n)sbezogene Fragestellungen bearbeitet werden. Entsprechend werden auch bei der Auswahl des zu untersuchenden Materials uneinheitliche Kriterien angelegt.

1.2.1.2   Annahmen zur Funktion von Werbung

Weitere Unterschiede in den vorliegenden Untersuchungen zum Thema Alter(n) und Werbung lassen sich daran ausmachen, welche Vorstellung von der Funktion von Werbung für das Alter(n) im jeweiligen Fall zugrunde gelegt wird. Diese unterschiedlichen Funktionen von Werbung bilden verschiedenartige Ansatzpunkte für die Beschäftigung mit Werbung in den drei Forschungssträngen „Werbung für Alternde", „Werbung mit Alternden" und „alter(n)srelevante Werbung".

Im Wesentlichen gibt es zu den divergierenden Annahmen zur Funktion von Werbung die folgenden Ansätze: die Vorstellung von Werbung als Abbild von Wirklichkeit, als Hersteller von Wirklichkeit oder die Idee von Werbung als illusionäres Medienprodukt. Ebenso wie die drei oben nachgezeichneten übergreifenden Forschungsstränge lassen sich diese drei Perspektiven nicht jeweils einer fachlichen Disziplin zuordnen, die sich mit Alter(n) und Werbung beschäftigt, sondern sie werden unabhängig davon eingesetzt (Kessler 2009, S. 146 f.).

Wenn Werbung als Wirklichkeitsabbild verstanden wird, ergeben sich daraus etwa Fragestellungen nach der Repräsentation Alternder in der Werbung gemäß den demografischen Gegebenheiten. Weil Alternde in aller Regel in der Werbung unterrepräsentiert sind, kann gemäß der Annahme einer wirklichkeitsabbildenden Funktion von Werbung geschlossen werden, dass Alternde allgemein „unsichtbar" sind und nicht richtig wahrgenommen werden. Zudem ist anschließend davon auszugehen, dass bei einer an der „Realität des Alter(n)s" orientierten Werbegestaltung eine bessere Einbindung Alternder als Konsumenten erreicht werden kann (Kessler 2009, S. 147).

Wird die Werbung als Hersteller von Wirklichkeit angesehen, richtet sich der Blick häufig auf die Art der Darstellung Alternder in der Werbung, wobei meist ein bestimmtes Leitbild vom Alter(n) zugrunde gelegt wird. Eine positive Darstellung des Alter(n)s in der Werbung – im Sinne einer Darstellung nach diesem Leitbild – führt nach dieser Sichtweise auch zu einer positiven allgemeinen Einstellung dem Alter(n) gegenüber. Dagegen wird eine negative Darstellung häufig für negative Alter(n)sstereotype verantwortlich gemacht. Die Basis für die verwendeten Leitbilder von Werbung bilden zumeist die strukturfunktionalistischen Alter(n)stheorien, in denen dem Alter(n) eine bestimmte Funktion zugewiesen wird, etwa bei der Aktivitätstheorie (Kesser 2009, S.148 f.).

Wird Werbung vor allem als illusionäres Medienprodukt aufgefasst, stehen Fragestellungen nach der kulturellen Ökonomie des Alter(n)s oder nach den Möglichkeiten einer besseren Vermarktung alter(n)sbezogener Produkte im Zentrum. Es geht weniger darum, bestimmte Bezugspunkte wie die demografischen Verhältnisse oder bestimmte Vorstellungen vom Alter(n) mit der Werbung abzugleichen, sondern vielmehr darum, herauszufinden, welche Bezugspunkte und Gesetzmäßigkeiten innerhalb der Werbung bezüglich des Alter(n)s auszumachen sind. Im Fokus steht hier entweder der Zugang zum Alter(n) als primär gesellschaftliche Konstruktion oder der Zugang aus der Marketingperspektive, die Werbung als Mittel zur Gewinnung von Konsumenten versteht und sich mit der Frage, welche Vorstellungen vom Alter(n) dabei installiert werden können, nur nachrangig befasst (Kessler 2009, S. 149 f.).

Ganz trennscharf lassen sich die einzelnen Zugänge nicht voneinander abgrenzen. Sie ergänzen sich gegenseitig und beziehen sich aufeinander: Häufig werden auch die verschiedenen Gedankengänge miteinander kombiniert.

So kommt auch die Sichtweise auf Werbung als illusionäres Medienprodukt nicht ohne Bezüge auf z. B. demografische Trends aus. Die Vorstellung von Werbung als Konstrukteur von Alter(n)swirklichkeit stützt sich zunächst darauf, dass Werbung ein illusionäres Bild vom Alter(n) entwirft, das von den Rezipienten der Werbung übernommen und deshalb zu einer tatsächlichen Alter(n)svorstellung wird (Abbildung 3).

Konsum ist mehr als das, was von seinen Produzenten beabsichtigt wird, und entwickelt eine Art Eigendynamik im Wechselspiel von Vorstellungen und Wünschen der Konsumenten und Konsumangeboten (Wilk 2002, S. 21 f.). Ähnlich argumentieren Lipschultz et al. (2007, S. 770), welche die gegenseitige Beeinflussung von Produzenten von Produkten des Silber-Marketings, kulturellen Aspekten und der Zielgruppe selbst als eine Art Kreislauf verstehen. Speziell auf die Werbung bezieht sich z. B. Bytheway. Er sieht Werbung als Einladung zur Identifikation. Sie dient nach seiner Einschätzung weniger dazu, die Lebenswirklichkeit von Silber-Marketing-Zielgruppen zu skizzieren, sondern eher dem Zweck, die Wünsche dieser Personengruppe zu umreißen. Werbung ist eine Traumwelt, die aber in einem Zusammenhang steht mit dem Erleben der Zielgruppe und den Bedingungen des Alter(n)s (Bytheway 2011, S. 86).

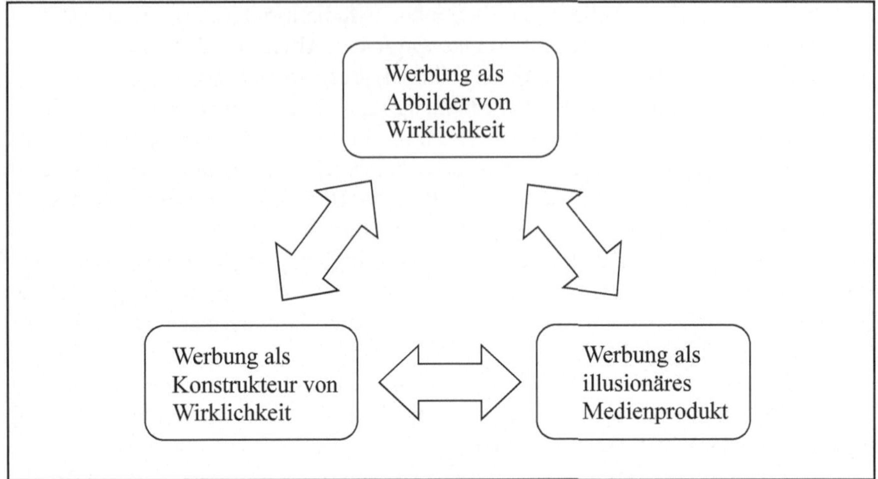

Abbildung 3:   Annahmen zur Funktion von Silber-Marketing-Werbung

1.2.1.3   Fazit und Konsequenz für die Fragestellung

An dieser Stelle gilt es, aus den unterschiedlichen Forschungssträngen zum Thema Werbung und Alter(n) (1.2.1.1) und aus den unterschiedlichen Annahmen zur Funktion von Werbung (1.2.1.2) diejenigen herauszuarbeiten, die für die Fragestellung nach der Konstruktion subjektiven Alterserlebens in der Werbung als Teil einer kulturellen Ökonomie passende Anhaltspunkte bieten.

Es liegt auf der Hand, dass sich hierfür der Forschungsstrang „Werbung mit Alternden" nicht anbietet. Grundvoraussetzung bei der Bearbeitung dieses Forschungsstranges ist es, dass die zu untersuchenden Werbeanzeigen Alternde abbilden. Das subjektive Alterserleben jedoch hat mit diesem äußerlich wahrnehmbaren Alter nur bedingt etwas zu tun.

Auch der Forschungsstrang „alter(n)srelevante Werbung" trifft die Fragestellung nicht. Er befasst sich mit Werbeinhalten, die im weitesten Sinn einen Altersbezug haben. Das kann zwar auch die Ansprache Alternder beinhalten, aber auch solche Werbeinhalte, die wie auch beim Forschungsstrang „Werbung mit Alternden", ganz andere, sich vielleicht sogar von Alternden abgrenzende junge Zielgruppen im Blick haben können.

Der Forschungsstrang „Werbung für Alternde", üblicherweise eher ein Ansatz der Marketingwissenschaften, liefert hingegen die für die Fragestellungen gewünschte Blickrichtung. Er erlaubt die notwendige Offenheit für mögliche Unterschiede bei der Konstruktion des subjektiven Alterserlebens. Dieser Blickwinkel eignet sich somit für die Aufgabe, die verschiedenen Facetten der Darstellung des subjektiven Alterserlebens zu ergründen und zu beschreiben, anstatt zu prüfen, ob das subjektive Alterserleben nach einer vorher festgestellten Vorstellung davon „richtig" in der Werbung dargestellt wird. Denn dass das Alterserleben – subjektiv – unterschiedlich ausgestaltet werden kann, macht bereit der Begriff des subjektiven Alterserlebens deutlich.

Was die Funktion von Werbung angeht, wird hier, die wechselseitigen Verknüpfungen von Werbung als Realitätsabbilder, Realitätshersteller bzw. als illusionäres Medienprodukt (Abbildung 3) anerkennend, entsprechend der Fragestellung die Funktion von Werbung als illusionäres Medienprodukt hervorgehoben. Gemäß den hier leitenden Grundannahmen (1.1.4) ist Alter(n) immer auch gesellschaftlich überformt. Auch das subjektive Alterserleben wird im Sinne einer kulturellen Ökonomie durch Konsum und damit verbunden durch Werbung verhandelt und mit konstruiert. Dies kann nur dann geschehen, wenn Werbung eben nicht die Realität abbildet oder herstellt, sondern an diese andockt und sie weiterverarbeitet.

Diese Sichtweise aufgreifend wird hier von werblichen Konstruktionen subjektiven Alterserlebens ausgegangen, die bestehende Vorstellungen und Erfahrungen des subjektiven Alterserlebens aufgreifen und zur Verfolgung ihrer eigenen Ziele teilweise neu zusammenstellen, ergänzen und modifizieren – im Sinne eines hauptsächlich illusionären Medienproduktes.

Nachdem der Zugang zum Thema innerhalb des Forschungskontextes „Alter(n) und Werbung" diskutiert wurde, stellt sich im Weiteren die Frage, welche wissenschaftliche Zugangsmöglichkeit zum subjektiven Alterserleben hier gewählt werden soll. Diese wird im folgenden Abschnitt bearbeitet.

1.2.2 *Zugangsmöglichkeiten zum subjektiven Alterserleben*

1.2.2.1 Gerontologische und andere Zugänge zum Alter(n)

Die Breite und der Facettenreichtum des in den vorausgegangenen beiden Abschnitten aufgespannten Rahmens des Themas Werbung und Alter(n) sind ein Hinweis darauf, dass es ein enormes Spektrum an fachlichen Zugangsmöglichkeiten im Zusammenhang mit dem Phänomen Alter(n) gibt. Wohl kaum ein anderes Gebiet – so lautet eine häufig zitierte Einschätzung – ist von so vielen Seiten zugänglich und berührt so viele Aspekte des Lebens wie das Alter(n) (Baltes und Mittelstraß 1992, S. IX). Folglich ist auch die wissenschaftliche Auseinandersetzung mit dem Alter(n) nicht auf die Gerontologie als einzelnes Fachgebiet begrenzt, sondern es befassen sich unterschiedliche Fachrichtungen mit alter(n)sbezogenen Fragestellungen.

Wissenschaftliche Beschäftigung mit dem Alter(n) findet z. B. in Medizin, Biologie, Politikwissenschaft, Architektur, Stadtplanung und Geografie statt. Die Aufzählung ließe sich beinahe beliebig fortsetzen – speziell für die Thematik Werbung und Alter(n) sind z. B. auch die Sprachwissenschaften und die Medien- und

Kommunikationswissenschaften sowie die Marketingwissenschaften zu nennen. Letztere sind speziell für die vorliegende Arbeit von Relevanz. Im Folgenden ist zu klären, welche Besonderheiten den gerontologischen Zugang, der hier grundlegend ist, gegenüber diesen Ansätzen auszeichnen.

Ein Punkt ist, dass sich die einzelnen Disziplinen – berechtigterweise – in aller Regel mit Teilaspekten von Alter(n), die für ihr Fachgebiet von Bedeutung sind, beschäftigen. Diese Spezialisierungen sind wichtig, doch Baltes und Mittelstraß weisen darauf hin, dass es angesichts des Umstandes der verschiedenen Facetten, die das Alter(n) beinhaltet, nicht ausreicht, dass es z. B. eine umfassende und gute Psychologie, Ökonomie, Soziologie oder auch Geisteswissenschaft des Alterns gibt, sondern dass es darüber hinaus bedeutsam ist, die unterschiedlichen Forschungslinien systematisch zu vernetzen und Wechselwirkungen gezielt zu fördern, indem sie in einem explizit gerontologischen Programm zusammengeführt werden. Nur so kann es gelingen, sich dem Phänomen Alter(n) in seiner Gesamtheit anzunähern (Baltes und Mittelstraß 1992, S. IX). Dementsprechend ist es charakteristisch für die Gerontologie, dass sie, ausgehend vom Phänomen Alter(n) und erst im zweiten Schritt von einer fachlichen Perspektive, unterschiedliche Sichtweisen auf das Alter(n) miteinander kombiniert. Auf diese Weise ist ein über Fachgrenzen hinausgehender Blickwinkel auf das Alter(n) realisierbar.

Es gibt jedoch kein Patentrezept dafür, wie diese Vernetzung im Detail aussehen soll und wie welche Wechselwirkungen in die Analyse einzufließen haben. Dies muss im Kontext der jeweiligen Fragestellung geklärt werden.

In den folgenden Abschnitten werden einige Grundzüge und Brennpunkte der Gerontologie, insbesondere der hier forschungsleitenden sozialwissenschaftlichen Gerontologie, dargestellt und gezeigt, wo die Berührungspunkte mit anderen Fachrichtungen bei der hier bearbeiteten Fragestellung liegen.

1.2.2.2 Grundlagen gerontologischer Fragestellungen

Die Verknüpfung und systematische Vernetzung unterschiedlicher fachlicher Zugänge zu Aspekten des Alter(n)s und die Berücksichtigung ihrer Wechselwirkung als Charakteristikum der Gerontologie eröffnen eine Fülle von Forschungsmöglichkeiten. Allerdings macht es gerade diese Breite der Forschungsoptionen schwierig, die Gerontologie definitorisch zu umreißen. Somit besteht die Herausforderung darin, sich der Tatsache der disziplinären Vielfalt zu stellen (Wahl und Heyl 2004, S. 36) und verschiedene parallele Zugänge zu akzeptieren. Es ist jedoch wichtig, den disziplinären Schwerpunkt mit Blick auf die zu bearbeitende Fragestellung im jeweiligen konkreten Forschungsvorhaben festzulegen (Backes 2003, S. 48).

Für das hier forschungsleitende Verständnis von Gerontologie ist der erste Ausgangspunkt die bereits eingangs erwähnte Definition von Baltes und Baltes: „Gerontologie beschäftigt sich mit der Beschreibung, Erklärung und Modifikation von körperlichen, psychischen, sozialen, historischen und kulturellen Aspekten der Alterns und des Alters, einschließlich der Analyse von altersrelevanten und altenskonstituierenden Umwelten und sozialen Institutionen" (Baltes und Baltes 1992, S. 8). Hierzu zählen auch ökonomische Einflüsse.

Als Ergänzung dient das dieses Konzept erweiternde Programm von Amann. Amann schlägt vor, dass Gerontologie

> „darauf ausgerichtet werden [muss], unter transdisziplinären Strategien die Voraussetzungen und Folgen menschlichen Alterns in interkulturell und historisch vergleichender Perspektive individuell und kollektiv nach von ihr selbst gesetzten Maßstäben zu erforschen, die beteiligten Prozesse zu verstehen und zu erklären, und dadurch Voraussetzungen für eine den Veränderungen entsprechende Gestaltung des Alterns für die Gesellschaft und für das Individuum zu schaffen" (Amann 2008, S. 46).

Nach Amanns Einschätzung ist Gerontologie kein Einzelfach, sondern multiparadigmatisch, und bezieht sich mit unterschiedlicher Tiefe auf die Paradigmen der beteiligten Einzelwissenschaften (Amann 2008, S. 49). Transdisziplinarität bedeutet die Verknüpfung zwischen einzelnen Fächern im konkreten Forschungsprojekt. Transdisziplinarität wird deswegen gegenüber der Interdisziplinarität im Konzept von Amann vorgezogen, weil der Versuch einer interdisziplinären Strategie, also der Versuch, mehrere Disziplinen in eine eigene, neue, übergeordnete Disziplin zu überführen, forschungspraktisch erhebliche Schwierigkeiten bereitet. Multidisziplinarität, das heißt die Parallelität verschiedener Disziplinen, wiederum verspricht nicht genug Möglichkeiten des Erkenntnisgewinns. Transdisziplinarität als Zusammenspiel verschiedener Fachrichtungen im Hinblick auf eine konkrete Fragestellung erscheint als praktikabler sowie gewinnversprechender Weg (Amann 2008, S. 51 f.).

Die Forderung nach einem transdisziplinären Zusammenspiel bedeutet nicht, dass eine Verankerung der Forschungstätigkeit in einer spezifischen Herkunftswissenschaft verzichtbar ist. Diese Herkunftswissenschaft dient als Leitdisziplin, andere Fächer kommen ergänzend hinzu.

Damit ein transdisziplinärer Erkenntnisgewinn möglich ist, müssen die verwendeten Konzepte, Methoden, Argumente und nicht zuletzt Ergebnisse für die jeweils anderen Disziplinen anschlussfähig sein. Mit anschlussfähig ist in diesem Zusammenhang gemeint, dass Konzepte, Methoden, Argumente und Ergebnisse über die Fachgrenzen der gewählten Herkunftswissenschaft hinaus für andere beteiligte Disziplinen nachvollziehbar sein sollen. Gleichzeitig soll der spezifische disziplinäre Beitrag erkennbar bleiben (Fürstenberg 2002, S. 75).

Bei der Frage nach ökonomischen Konstruktionen des subjektiven Alterserlebens, bei der es hier darum geht, wie im Gefüge Werbung die Erfahrung des eigenen Älterwerdens thematisiert wird, ist der disziplinäre Schwerpunkt die sozialwissenschaftliche Gerontologie und innerhalb dieser insbesondere die

Wissenssoziologie. Als ergänzender Ansatz im Sinne eines transdisziplinären Zugangs kommt die Marketingforschung hinzu, da sie sich mit der Produktion von Werbung beschäftigt. Hier gibt es sowohl wirtschaftswissenschaftliche als auch z. B. kommunikationswissenschaftliche Ansätze. Dazu kommen Fächer, die sich mit dem subjektiven Alterserleben als solchem beschäftigen, neben der sozialwissenschaftlichen Gerontologie also auch die verhaltenswissenschaftliche Gerontologie.

Im nächsten Abschnitt sollen zunächst einige Grundzüge der hier leitenden Wissenschaft, also der sozialwissenschaftlichen Gerontologie, vorgestellt werden. Anschließend wird näher auf die Wissenssoziologie als hier grundlegender Zugang eingegangen. Zudem werden gerontologische Strömungen vorgestellt, die sich auf wissenssoziologische Ansätze beziehen. Im Anschluss daran wird kurz auf die enge Verknüpfung von sozial- und verhaltenswissenschaftlicher Gerontologie eingegangen. Anschlüsse zu weiteren Disziplinen im Sinne des transdisziplinären Zugangs werden im weiteren Verlauf der Arbeit aufgezeigt, z.B. in Kapitel 4 zu den Silber-Marketing-Strategien.

1.2.2.3   Leitwissenschaft sozialwissenschaftliche Gerontologie

Die beiden wohl wesentlichsten Zweige der Gerontologie sind die Sozial- und die Verhaltenswissenschaften. Der sozialwissenschaftliche Zweig der Gerontologie, auch soziale Gerontologie oder Sozialgerontologie genannt, beschäftigt sich – allgemein ausgedrückt – mit dem Alter(n)sbezug im gesellschaftlichen und sozialen Handeln. Einer der wesentlichen Schwerpunkte der sozialwissenschaftlichen Gerontologie ist die Soziologie des Alter(n)s (Backes und Clemens 2013, S. 19). Die Soziologie befasst sich unter anderem mit der Untersuchung von Konstruktionen gesellschaftlicher Phänomene, Definitionen und Diskursen. Es wird davon ausgegangen, dass Alter(n) als biologische Tatsache und gesellschaftliche Konstruktion eng mit den übrigen zentralen Dimensionen der Gesellschaftsstruktur zusammenhängt (Prahl und Schroeter 1996, S. 20 f.). Ebenso kann man die Soziologie als Wissenschaft von der Vergesellschaftung des Menschen bezeichnen. Angesichts der Neuverhandlungen von Vergesellschaftung von Alter(n) bieten sich der Soziologie eine Fülle von Anlässen zur Analyse dieser Konstruktionsprozesse (Backes und Clemens 2001, S. 19). Konkrete Beispiele solcher Analysen stellen die Arbeiten von Backes (z. B. Backes 1997) dar.

Die Wissenssoziologie als ein soziologisches Theoriegerüst, das sich mit Konstruktionen auf gesellschaftlicher Ebene befasst und auf das sich auch diese Arbeit bezieht, baut auf der hermeneutischen Tradition auf. Erkenntnistheoretische Position ist der Konstruktivismus. Auf die hohe Relevanz wissenssoziologischer Ansätze für die Fragen der sozialwissenschaftlichen Gerontologie weist Amrhein im Zusammenhang mit Fragen nach der Lebensführung im Alter hin. Die wissenssoziologischen Ansätze stellen gemäß Amrhein theoretische, methodologische und methodische Werkzeuge dar, die Alter(n) als Produkt gesellschaftlicher Strukturen und Prozesse sichtbar machen. Denn darüber, dass Alter(n) nicht nur biologische Tatsache, sondern auch gesellschaftliche Konstruktion ist, besteht in der Gerontologie Konsens. Die wissenssoziologischen Traditionen bieten eine Möglichkeit, diesen Denkansatz sichtbar und begreifbar zu machen (Amrhein 2008, S. 15).

Die sogenannte praxeologische Wissenssoziologie ist eine wissenssoziologische Variante, die besonderes Augenmerk auf das Herausarbeiten des impliziten Sinns des jeweiligen Untersuchungsgegenstandes legt (Bohnsack 2011b, S. 138). Sie ist Grundlage der dokumentarischen Methode, die in dieser Arbeit als Analyseinstrument zum Einsatz kommt. In Abgrenzung zur sogenannten hermeneutischen Wissenssoziologie wird bei der praxeologischen Wissenssoziologie besonders auf den Wechsel der Analyseeinstellung vom „Was" zum „Wie" in der Praxis abgehoben.

Allerdings ist es fraglich, ob solche theoretischen Feinheiten für die Bearbeitung konkreter Fragestellungen eine allzu prominente Rolle spielen sollten. Eher scheint es geboten, die Gemeinsamkeiten anstatt der Unterschiede solcher Theorietraditionen zu betonen bzw. statt eine Abgrenzung vorzunehmen, die jeweiligen Stärken miteinander zu verknüpfen (Kelle und Kluge 2010, S. 8).

Es gibt mehrere Strömungen der sozialwissenschaftlichen Gerontologie, die implizit oder explizit Bezug auf wissenssoziologische Ansätze nehmen. Dabei sind vor allem die kritische Gerontologie, die „cultural gerontology", die postmoderne Gerontologie und die integrierte Gerontologie zu nennen. In allen diesen Strömungen finden Auseinandersetzungen mit der Ökonomisierung des Alters, häufig im Kontext von Alter(n) und Werbung, statt.

Nachfolgend werden diese gerontologischen Denktraditionen und ihre Schwerpunkte kurz skizziert.

Schwerpunkt der kritischen Gerontologie ist die Analyse von Macht- und Ungleichverhältnissen. Sie fragt danach, welche Interessen und Motive es gibt, die gesellschaftlichen Prozesse des Alter(n)s zu beeinflussen. Darüber hinaus hat es sich die kritische Gerontologie zur Aufgabe gemacht, auch die Folgen sozialgerontologischer Arbeit selbst zu hinterfragen (Amann und Kolland 2008, S. 14). Auch die Ökonomisierung des Alter(n)s ist – hier unter dem Stichwort der politischen Ökonomie – Gegenstand der kritischen Gerontologie (Estes et al. [1982] 2009).

Die integrierte soziale Gerontologie ist als gezielte Verbindung verschiedener sozialgerontologischer Theorieansätze entworfen. Ihr Hauptgewicht liegt darauf, die Verflechtungen zwischen sozialen Konstruktionen von Alter(n) und den konkreten individuellen Lebensbedingungen sowie den Bedingungen der Makroperspektive aufzuzeigen (Bass 2009). Selbstverständlich spielen auch ökonomische

Umstände des Alter(n)s, also auch Fragen nach Konsum und Marketing, eine wichtige Rolle.

Die cultural gerontology ist häufig mit Fragen nach Identitätskonstruktionen, Werbestrategien und Körper- und Gender-Themen befasst. Besonders charakteristisch ist es, dass sie häufig auf Einflüsse von Fächern wie Kunst, Literaturwissenschaft oder Ethnologie Bezug nimmt (Kondratowitz 2002).

Die postmoderne Gerontologie ist eine weitere mit der Wissenssoziologie verbundene Theorielinie. Auch sie verfolgt den Ansatz, Umstände des Alter(n)s zu beschreiben und Lupen zu entwickeln, um Alter(n)skonstruktionen zu entschlüsseln. Diese Theorielinie findet sich in der sozialgerontologischen Forschung im Bereich Werbung und Alter(n) vergleichsweise häufig, insbesondere in der angelsächsischen sozialgerontologischen Diskussion. Wegen des dominanten postmodernen Denkansatzes in der angelsächsischen Gerontologie bzw. wegen seines Fehlens in der deutschsprachigen Gerontologie wird sogar von einer Entkopplung der deutschsprachigen sozialen Gerontologie und der angelsächsischen Forschungstradition gesprochen (van Dyk und Lessenich 2009, S. 19).

Allerdings ist diese Sichtweise umstritten, denn die postmoderne Gerontologie kann ebenso als Variante der – in der deutschsprachigen sozialwissenschaftlichen Gerontologie durchaus gängigen – kritischen Gerontologie mit ihren Fragestellungen nach Macht- und Ungleichverhältnissen angesehen werden (Schroeter 2003, S. 57). Beide Theorielinien beziehen sich auf Traditionen der wissenssoziologischen Denkweise. Es lässt sich kaum klären, ob es sich jeweils eher um Varianten oder Fortführungen bestehender sozialgerontologischer Denkansätze handelt oder um einen jeweils eigenen Ansatz. Das Gleiche gilt für die cultural gerontology und für die integrierte Gerontologie, die sich ohnehin als Verbindungsglied zwischen verschiedenen Theorielinien begreift.

Verkürzt zusammengefasst verfolgen kritische Gerontologie, postmoderne Gerontologie, integrierte Gerontologie und cultural gerontology das gemeinsame Ziel, Alter(n)skonstruktionen sichtbar zu machen. Sie nehmen zu diesem Zweck in unterschiedlichen Ausprägungen Bezug auf wissenssoziologische Ansätze. All diese Theorielinien sind deshalb im weitesten Sinne passend zu einer Fragestellung im Kontext von Alter(n) und Werbung.

Der Vollständigkeit halber seien hier noch zwei andere Theorielinien der sozialwissenschaftlichen Gerontologie erwähnt, die weitere mögliche Ansatzpunkte für die Beschäftigung mit dem Thema Werbung und Alter(n) darstellen, allerdings mit anderen Akzentuierungen als die eben beschriebenen. Sie passen in ihrer Fundierung mit einer Fragestellung nach der Konstruktion des subjektiven Alterserlebens in der Werbung nicht unmittelbar zusammen.

Die erste Perspektive ist das nicht unübliche gerontologische Selbstverständnis, es sei Aufgabe gerontologischer Forschung, Anwaltschaft für das Alter(n) zu übernehmen. Ziel von Forschung ist dann häufig, als negativ wahrgenommene Altersvorstellungen durch andere, neue und als positiv verstandene Altersvorstellungen zu ersetzen (Saake 2006, S. 143). Im Vordergrund steht also weniger ein theoretischer gerontologischer Ansatz, sondern der Versuch, eine bessere Interessenvertretung für das Alter(n) zu erreichen. Eine Reihe von werbekritischen Ansätzen zum Thema Alter(n) und Werbung, welche die werbliche Darstellung des Alter(n)s häufig als negativ und verbesserungswürdig ansehen, beziehen sich theoretisch vor allem auf diese Motivation.

Eine zweite, damit verwandte Perspektive ist der Bezug zur Alter(n)sproduktivität. Mit Alter(n)sproduktivität wird eine Perspektive auf das Alter bezeichnet, welche die Potenziale des Alter(n)s im Blick hat, zu denen auch die ökonomische Produktivität in ihrer Ausprägung als Angebote auf privaten Konsumgüter- und Dienstleistungsmärkten gezählt wird (Naegele 2006, S. 153 f.). Zu solchen Angeboten gehört zudem die alter(n)sbezogene Werbung. Insbesondere die politische Diskussion zum demografischen Wandel wird unter dem Aspekt eines bislang zu wenig genutzten und in Zukunft besser zu realisierenden Potenzials des Alters geführt (Tesch-Römer 2006, S. 15), oft mit dem Hinweis auf die strukturfunktionalistische Argumentation des aktiven Alter(n)s.

Anders als die Wissenssoziologie und die in der Tradition wissenssoziologischer Ansätze stehenden Theorielinien liefern diese Perspektiven Informationen, aber keine direkten Bezugspunkte für die Bearbeitung der Fragestellung.

Im Weiteren gilt es, den Blick über die sozialwissenschaftliche Gerontologie hinaus zu erweitern. Im Sinne eines transdisziplinären Zugangs werden ergänzende Ansätze mit der Leitwissenschaft der sozialwissenschaftlichen Gerontologie verknüpft. Hierauf wird im folgenden Abschnitt eingegangen.

1.2.2.4 Ergänzende fachliche Ansätze

Bislang werden Fragen nach dem subjektiven Alterserleben vor allem in der verhaltenswissenschaftlichen Gerontologie, insbesondere in der Lebenslaufpsychologie bearbeitet. Dieser gerontologische Zweig ist deshalb auch für diese Arbeit ein wichtiger Lieferant von Informationen zum Thema. Es wird immer deutlicher, dass ohne die Expertise der sozialwissenschaftlichen Gerontologie das Themenfeld nicht umfassend bearbeitet werden kann, woran die Frage anschließt, worin der spezifische Zugang der sozialwissenschaftlichen Gerontologie in Ergänzung zur verhaltenswissenschaftlichen Gerontologie in Bezug auf die Fragestellung besteht. Um dieses Verhältnis zu klären, hilft es, schematisch zwischen dem Blick auf „Structure" und auf „Agency" zu unterscheiden. Die sozialwissenschaftliche Gerontologie übernimmt eher den Part, Fragen nach „Structure", also nach Bedingungen des subjektiven Alterserlebens zu beantworten. Die verhaltenswissenschaftliche Gerontologie ist naturgemäß eher auf das Verhalten fokussiert, darauf, wie sich subjektives Alterserleben äußert, welche „Agency" Menschen bezüglich ihres subjektiven Alterserlebens zeigen. Natürlich sind „Structure" und „Agency" miteinander verknüpft. Es lohnt sich folglich, auch wenn eher eine Frage nach der Struktur gestellt wird, den Blick auf die „Agency"-Perspektive zum subjektiven Alterserleben mit einzubeziehen. Deswegen ist es angezeigt, die sozialwissenschaftliche und die verhaltenswissenschaftliche Gerontologie als sich ergänzende Fächer anzusehen. Nicht ein Entweder-oder von verhaltenswissenschaftlicher Sichtweise, die vor allem handelnde Subjekte in den Fokus nimmt, und sozialwissenschaftlicher Sichtweise, die eher Strukturen fokussiert, erscheint angesichts der Komplexität des Alterserlebens zielführend, sondern die gegenseitige Zuarbeit (Settersten und Gannon 2005, S. 35 f.).

Auch das aus dem deutschsprachigen Raum stammende Lebenslagenkonzept greift diese Dialektik von „Verhältnissen und Verhalten" auf: Jeder Mensch und sein Handeln („Agency") ist eingebettet in die Weltbezüge – „Structure". Die Lebenslage ist verkürzt gesagt das, was sich für jeden Menschen aus diesem Zusammenspiel ergibt (Schulz-Nieswandt 2003, S. 130). Auch im Lebenslagenkonzept ist also das Zusammenspiel von individuellem (Alters-)erleben und anderen gesellschaftlichen Ebenen bereits angelegt.

Weiter spielt für die Fragestellung vor allem die Marketingforschung als Lieferant von Expertenwissen zum Thema Werbung eine Rolle. Beispielsweise ist es eine gängige Marketingstrategie, Produkte und Marken mit einer Markenidentität zu versehen, zu der auch Charakteristika gehören, die denen von Personen ähneln. Dazu kann auch das Alter(n) gezählt werden. Es wird hier davon ausgegangen, dass sich Hinweise auf die Konstruktionen subjektiven Alterserlebens auch aus der Marketingliteratur und -praxis erschließen lassen. Während sozial- und verhaltenswissenschaftliche Gerontologie als verwandte Disziplinen angesehen werden können, wirken Marketingforschung und Gerontologie erst einmal als Gegenpole mit wenigen Berührungspunkten. Bei allen Hindernissen, die sich daraus ergeben, etwa dass es keinen etablierten Austausch zwischen den Disziplinen gibt, die Terminologien und Forschungsmotivationen und -methoden unterschiedlich sind, erscheint doch gerade dieser Kontrast reizvoll und für den Erkenntnisgewinn vielversprechend.

1.2.2.5   Fazit und Konsequenzen für die Fragestellung

In diesem Abschnitt wurde auf eine umfassende Darstellung aller gerontologischen und nicht gerontologischen Zugangsmöglichkeiten zu Fragestellungen des Alter(n)s aus naheliegenden Gründen verzichtet: zu unterschiedlich sind die möglichen gerontologischen fachlichen Ansätze und Forschungstraditionen, um in der gebotenen Kürze mehr als eine Annäherung an diese komplexe Thematik zu wagen. Statt eines Versuchs einer solch umfassenden Darstellung wurde hier die für das Thema besonders relevante und gemäß der Fragestellung als Herkunftswissenschaft gewählte sozialwissenschaftliche Gerontologie als die aus der Vielzahl der Zugangswege ausgewählte Blickrichtung skizziert. Ansatzpunkt zur Bearbeitung der Fragestellung ist in erster Linie die Wissenssoziologie. Kritische Gerontologie, postmoderne Gerontologie, integrierte Gerontologie und cultural gerontology mit ihrem gemeinsamen Ziel, Alter(n)skonstruktionen zu entschlüsseln und so sichtbar zu machen, beziehen sich auf wissenssoziologische Grundlagen. Angesichts dieser gemeinsamen wissenssoziologischen Wurzeln erscheint es nicht notwendig, eine weitere Festlegung auf eine der genannten gerontologischen Theorielinien vorzunehmen. Ergänzend zu den wissenssoziologischen Ansätzen der verschiedenen Strömungen der sozialwissenschaftlichen Gerontologie, welche die hier leitende „Structure"-Perspektive vorgeben, kommt als weiterer disziplinärer Zugang die verhaltenswissenschaftliche Gerontologie hinzu, die das subjektive Alterserleben traditionellerweise vorrangig auf der Ebene von „Agency", betrachtet, also danach fragt, wie sich subjektives Alterserleben im Verhalten von Personen äußert.

Im Sinne eines für die Gerontologie charakteristischen transdisziplinären Zugangs ist hier auch auf die Marketingforschung zu verweisen. Dabei ist, wie von Fürstenberg gefordert, bei der Einbeziehung unterschiedlicher Disziplinen auf Anschlussfähigkeit zu achten, also darauf, dass die verwendeten Konzepte, Methoden, Argumente und Ergebnisse für die zur Lösung der Fragestellung zusätzlich einbezogenen Disziplinen nachvollziehbar sind (Fürstenberg 2002, S. 75). Für die sozialwissenschaftliche und verhaltenswissenschaftliche Gerontologie ist eine gegenseitige Nachvollziehbarkeit zwar nicht einfach, aber doch aufgrund zumindest ähnlicher Begrifflichkeiten, einer Tradition gemeinsamer Themen und der Zusammenarbeit vertraut. Anders verhält es sich mit der Marketingforschung, die häufig auf anderen Prämissen aufbaut als die Sozialwissenschaften, die andere Forschungstraditionen und eine andere fachliche Kultur pflegt als die klassischen gerontologischen Perspektiven, also Sozial- und Verhaltenswissenschaften, und für die Alter(n) nur ein Thema von vielen ist. Auch in der sozialwissenschaftlichen Gerontologie gängige Zugangswege, z. B. eine konstruktivistische Denkweise, sind in der klassischen betriebswirtschaftlichen Marketingforschung nur wenig verankert. Dieser Ansatz findet sich, wenn überhaupt, vor allem in der kommunikations- oder medienwissenschaftlich ausgerichteten Marketingforschung (Kothen 2007, S. 9). An manchen Stellen wird von einer Wende in der Marketingforschung auf der Basis konstruktivistischer Ansätze ausgegangen, die z. B. als „modern-kommunikativ" oder auch als „interpretativ" bezeichnet werden (Tropp 2011, S. 14 f.). In aller Regel aber herrscht in der Marketingforschung ein nomologisches Wissenschaftsverständnis vor. Zudem ist die Marketingforschung per se meist an Aufgabenstellungen aus der konkreten unternehmerischen Praxis orientiert. Um Anschlussfähigkeit zwischen diesen so unterschiedlichen und wenig miteinander vertrauten Disziplinen sicherzustellen, sollen deshalb grundlegende Konzepte, Methoden und Argumente so ausführlich dargestellt werden, dass die jeweils fachfremde Disziplin auch ohne vertieftes Vorwissen die Gedanken und Arbeitsschritte nachvollziehen kann.

Über die Frage der Anschlussfähigkeit hinaus ist zu klären, wie es im konkrete Fall ausgestaltet werden kann, dass dort, wo sozialwissenschaftlich relevante Kategorien in nicht-sozialwissenschaftlichen Kategorien sichtbar werden und analysiert werden sollen, eine angemessene Rückübersetzung der nicht-sozialwissenschaftlichen Kategorie in sozialwissenschaftliche Bezüge erfolgt. Nur so lässt sich vermeiden, unbeabsichtigt eine Analyse durchzuführen, die fachlich eher zu dieser Disziplin passt, die eigentlich nur als Ergänzung vorgesehen war (Fürstenberg 2002, S. 76). Hier geht es demzufolge konkret darum, dass bei einer Analyse von Werbung bei einem Zugang über die Herkunftswissenschaft sozialwissenschaftliche Gerontologie eine Rückübersetzung der Analyse des Marketinginstruments Werbung in die sozialwissenschaftliche Denkweise erforderlich ist. Es ist deshalb festzuhalten, dass das Ziel dieser Arbeit im Sinne des primär sozialwissenschaftlichen Zugangs nicht vorrangig ist, eine Basis für die Erweiterung von Silber-Marketing-Strategien zur Verfügung zu stellen, sondern vor allem, durch das verstehende Erschließen der in der Werbung entworfenen Konstrukte subjektiven Alterserlebens die alter(n)srelevante Umwelt unabhängig von deren eventueller Verwertbarkeit für Marketingzwecke zu beschreiben und besser greifbar zu machen.

Zusammenfassend lassen sich folgende Grundannahmen und -konzepte für die Beantwortung der Fragestellung „Wo und wie wird subjektives Alterserleben ökonomisch konstruiert?" aufstellen:

- Alter(n) ist nicht nur ein biologischer und personenbedingter Prozess und Zustand, sondern auch eine gesellschaftliche Konstruktion. Ein feststehender Beginn des Alter(n)s existiert nicht. Es lässt sich keine allgemeingültige Regel aufstellen, wer wann als „alt" oder „älter" bezeichnet werden soll, sondern dies ist abhängig vom Kontext und von der eingenommenen Perspektive.

- Das subjektive Alterserleben, also das Gewahrwerden des eigenen Älterwerdens, ist ein komplexer, multidimensionaler Prozess, der eingebettet ist in weitere gesellschaftliche Ebenen.

- Gesellschaftliche Konstruktionen des Alter(n)s, und damit verkettet das subjektive Alterserleben, hängen mit ökonomischen Prozessen zusammen. Auch die Marketingwissenschaft bezieht sich mit Fragen nach dem Alter(n) ihrer Zielgruppen und damit in Ansätzen auf das subjektive Alterserleben.

- Die Beantwortung der Forschungsfrage „Wo und wie wird subjektives Alterserleben in Werbeanzeigen konstruiert?" erfolgt auf Basis eines wissenssoziologischen Ansatzes im Kontext der sozialwissenschaftlichen Gerontologie. Dieser wird mittels der dokumentarischen Methode, einem Forschungsansatz der rekonstruktiven Sozialforschung, durch den integrierten Einsatz qualitativer und quantitativer Methoden bearbeitet.

■ Im Sinne eines transdisziplinären Zugangs werden hier als Ergänzung zum sozialwissenschaftlichen Zugang auch die verhaltenswissenschaftliche Gerontologie und die Marketingforschung berücksichtigt. Aufgrund unterschiedlicher fachlicher Traditionen gilt es, die Ansätze so ausführlich darzustellen, dass die Anschlussfähigkeit zwischen den Disziplinen gewährleistet ist.

Zur Ergänzung dieser Positionierung wird im nächsten Abschnitt am konkreten Beispiel bereits vorhandener Arbeiten zum Thema Werbung und Alter(n) der Stand der Forschung aus verschiedenen fachlichen und inhaltlichen Perspektiven dargestellt.

Leitende Fragestellungen bei der Durchsicht der Literatur waren, welcher Alter(n)saspekt, z. B. Altersbilder oder subjektives Alterserleben, untersucht wurde, wie der jeweils gewählte Begriff im Einzelfall interpretiert wird, welche Definition von Alter(n) der Arbeit zugrunde liegt, welche Funktion von Werbung angenommen wird (realitätsabbildend, realitätskonstruierend oder illusionär) und ob der Grundgedanke ist, Werbung für Alternde und Werbung mit Alternden zu behandeln, oder ob der Gedanke der alter(n)srelevanten Werbung aufgegriffen wird. Berücksichtigt werden sowohl im deutschsprachigen Kontext als auch international veröffentlichte Arbeiten. Weil beide Zugänge gängig sind, werden sowohl quantitative als auch qualitative bzw. rekonstruktive Ansätze berücksichtigt.

1.2.3 *Literaturübersicht: Inhaltsanalysen „Werbung und Alter(n)"*

1.2.3.1 Überwiegend quantitative Ansätze

Eine Vergleichsstudie von *Röhr-Sendlmeier und Ueing* (2004) geht der Frage nach, inwiefern sich in den letzten Jahren das Altersbild in der Werbung in Publikumszeitschriften verändert hat. Als Vergleichsgröße dient eine Analyse von Horn und Naegele aus dem Jahr 1976. Es wird in dieser Untersuchung davon ausgegangen, dass eine individuell-differenzierende Sichtweise auf das Alter(n) angemessener ist als eine defizitär-generalisierende. Solchermaßen positive bzw. negative Altersbilder wirken sich laut der Studie sowohl auf gesellschaftliche Altersbilder als auch auf individuelle Einstellungen zum Alter(n) aus. Es wird davon ausgegangen, dass das in den Werbeanzeigen erfasste Altersbild als Abbild der Realität und Indikator für sozialen Wandel angesehen werden kann. Entsprechend wird der Werbung sowohl eine realitätsabbildende als auch eine realitätskonstruierende Funktion zugeschrieben. Alter(n) wird in dieser Studie als mit dem 50. Lebensjahr beginnend definiert. Die Auswahl der Anzeigen wird anhand von textlichen Alter(n)sbezügen oder einer Einschätzung der Werbefiguren als über 50-jährig vorgenommen. Als Ergebnis wird die textliche Darstellung Alternder als negativ bewertet, die bildliche in aller Regel als positiv. Nach wie vor seien Alternde in der Werbung deutlich unterrepräsentiert, der Vergleich mit früheren Studien ergab, dass ihr Anteil seit den 1990er- Jahren noch gesunken ist.

In der an der Marketingforschung orientierten Studie von *Löffler* (2006) wird allgemein nach dem Vorkommen von Alter(n)selementen in Anzeigen gefragt, gleichfalls festgemacht an der Grenze des 50. Lebensjahres in der Text- oder Bilddarstellung. Werbung wird hier in seiner Funktion als Mittel zur Gewinnung von Konsumenten in Form eines illusionären Medienproduktes angesehen. Die Arbeit mit den Anzeigen wird als „Spurensuche" bezeichnet, es erfolgt also keine eindeutige Festlegung auf den Forschungsstrang „Werbung mit Alternden" oder „Werbung für Alternde" bzw. „alter(n)srelevante Werbung". Auch hier wird eine deutliche Unterrepräsentation Alternder festgestellt.

Burgert und Koch (2008) untersuchen ebenfalls die Repräsentation alternder Menschen in der Werbung von Publikumszeitschriften, auch sie beziehen sich auf die Darstellung über 50-Jähriger, festgemacht an bildlichen oder textlichen Merkmalen. Werbung bzw. allgemeiner Medien werden in ihrer Funktion als Wirklichkeitsabbilder verstanden. Von der zahlenmäßigen Unterrepräsentation von „Best Agern" in der Werbung wird auf die anhaltende Fokussierung auf jüngere Zielgruppen geschlossen.

Kessler et al. (2009) bieten einen Überblick zur Darstellung der sozialen Partizipation Alternder in deutscher Prime-Time-Fernsehwerbung mithilfe eines quantitativ-qualitativen Forschungsdesigns. Mit sozialer Partizipation wird zunächst das Vorkommen in der Fernsehwerbung überhaupt bezeichnet. Darüber hinaus wird gefragt, ob die Dargestellten als Berufstätige präsentiert werden, Offenheit für neue Erfahrungen ausstrahlen, einsam wirken oder in sozialer Interaktion dargestellt werden. Die Definition für Alter wird beim 60. Lebensjahr angesetzt, festgelegt wird dies durch die Schätzung der Kodierer. Für die Auswertung wird die Darstellung Alternder mit der Darstellung jüngerer Charaktere verglichen, so dass Unterschiede zwischen den Medienfiguren – nicht zur demografischen Realität – aufgezeigt werden können. Ergebnis ist, dass Alter(n) zwar seltener in Hauptrollen zu sehen ist und seltener als Jugend gezeigt wird, wohl aber werden Alternde als offene und aktive Charaktere, meist in einem intergenerationalen Kontext präsentiert (Kessler et al. 2009, S. 97).

Ein Beispiel aus dem US-Forschungskontext ist die Untersuchung von *Robinson* (1998), die allgemein nach dem Vorkommen von Alter(n) in der Werbung fragt sowie unter anderem danach, ob es vor allem in gesundheitsorientierten Anzeigen porträtiert wird und ob sich die Alter(n)sdarstellungen in Anzeigen, die sich an Alternde richten, von denen unterscheiden, die sich an Jüngere richten.

Alter ist auch hier als chronologisch mit dem 50. Lebensjahr beginnend definiert, Kodierungsgrundlage ist einmal mehr die Schätzung der Kodierer. Sowohl die realitätsabbildende als auch die realitätskonstruierende Funktion von Werbung wird berücksichtigt. Als Ziel der Studie wird sowohl die Frage nach der Stereotypisierung Alternder in ihrer Wirkung auf Jüngere als auch die bessere Ansprache Alternder genannt. Ergebnis der Untersuchung ist, dass es Unterschiede in der Porträtierung Alternder abhängig von der Alterskategorie der Zielgruppe gibt. Beispielsweise werden Alternde eher in Hauptrollen gezeigt, wenn sich die Anzeige direkt an Alternde als Zielgruppe wendet. Auch stellt die Studie eine allgemeine Unterrepräsentation Alternder, insbesondere alternder Frauen fest.

Eine Folgestudie von *Robinson und Callister* (2008) fragt nach den Körperbildern Alternder, die in der Werbung porträtiert werden. Die Alter(n)sdefinition wird hier nicht direkt chronologisch, sondern daran festgemacht, ob – nach Einschätzung der Kodierer – die Person wirkt, als sei sie im Ruhestand, ob sie grau- oder weißhaarig ist, ob sie in Begleitung eines erwachsenen Sohns oder einer erwachsenen Tochter ist oder Ähnliches. Der Begriff des Körperbildes steht hier für das Körpervolumen von „dünn" über „mittel" bis „übergewichtig". Der Werbung wird hier insofern eine wirklichkeitskonstruierende Funktion zugewiesen, als ein Druck durch die in der Werbung präsentierten Körperbilder auf die Rezipierenden hervorgerufen wird, diesen Idealen nahezukommen. Ergebnis ist, dass sich die Werbung sowohl bei jüngeren als auch bei alternden Werbefiguren eines idealisierten Körperbildes bedient.

In der UK-Forschung wird von *Carrigan und Szmigin* (1998) ebenfalls die Unterrepräsentation der Generation 50+, insbesondere von Frauen, in der Anzeigenwerbung festgestellt. In der Studie wird des Weiteren nach positiven/negativen Altersdarstellungen gefragt. Unter positive Darstellung fallen das Ausstrahlen von Kompetenz oder die Darstellung einer Aktivität, unter negative Darstellung werden die Ausstrahlung von Inkompetenz, Schwachheit oder die Darbietung körperlicher Einschränkungen subsumiert. Zur Identifikation des 50. Lebensjahres werden Merkmale wie Falten, graues bzw. ausgedünntes Haar oder schwacher Muskeltonus herangezogen. Entnommen wurden diese Anzeigen Publikationen, die ihre Leserschaft überwiegend im Segment 50+ haben, womit die Studie zwischen dem Forschungsstrang „Werbung mit Alternden" und „Werbung für Alternde" angesiedelt ist. Es wird von einer wirklichkeitskonstruierenden Funktion von Werbung ausgegangen. In einer Folgestudie werden die Befunde mit der Sichtweise der Werbetreibenden abgeglichen (Carrigan und Szmigin 2003), wobei deutlich wird, dass Werbetreibende, die in der Regel Werbung als illusionäres Medienprodukt ansehen, die Unterrepräsentation Alternder zwar wahrnehmen, diese aber als wenig problematisch erachten und nicht als mangelnde Ansprache Alternder werten.

Bei einer mit der von Carrigan und Szmigin (1998) vergleichbaren Studie aus dem Jahr 2006 von *Simcock und Sudbury* geht es um die britische Fernsehwerbung. Auch hier wird nach der Repräsentation alternder Menschen, den Unterschieden in der Repräsentation alternder Männer und alternder Frauen und nach der positiven bzw. negativen Altersdarstellung gefragt. Als Altersdefinition wird ebenfalls eine Altersgrenze von 50 Jahren angesetzt. Indikatoren dafür sind entweder die Nennung des Alters im Text, das tatsächliche chronologische Alter (wie es etwa bei prominenten Persönlichkeiten als bekannt vorausgesetzt werden kann) oder aus der Bilddarstellung zu erschließende Merkmalen (Falten, graues, dünner werdendes Haar). In dieser Studie wird anders als in anderen Studien nur eine geringfügige Unterrepräsentation alternder Menschen festgestellt, was auf die unterschiedlich gezogenen Altersgrenzen und -kodierungen in den einzelnen Studien zurückgeführt wird. Als Ergebnis wird festgestellt, dass alternde Modelle fast nie als ausschließlich „dekorative" Werbefiguren fungieren, sondern z. B. durch Schauspieler und andere berühmte Persönlichkeiten repräsentiert werden (Simcock und Sudbury 2006, S. 96 f.). Im Ausblick wird dafür plädiert, die Zielgruppe stärker in die Forschung einzubinden, und andere, aussagekräftige Kodiervariablen in die Forschung einzubeziehen, die über die grobe Einteilung des vom Kodierer wahrgenommenen chronologischen Alters hinausgehen (Simcock und Sudbury 2006, S. 103).

1.2.3.2   Überwiegend rekonstruktive Ansätze

Thimm (z. B. 1998) beschäftigt sich in mehreren Arbeiten mit der sprachwissenschaftlichen Perspektive auf das Altern, insbesondere mit den Zusammenhängen von Alter, Sprache und Werbung. Werbung wird hier als „Lieferant von Wirklichkeitsentwürfen" definiert. Sie bezieht sich zwar auf soziale Trends, (veränderte) Lebensweisen und ausdifferenzierte Zielgruppen, hat aber immer die Verkaufsabsicht im Blick (Thimm 1998, S. 117). Es wird also von einer wirklichkeitsbeeinflussten und auch beeinflussenden, aber trotzdem illusionären Funktion von Werbung ausgegangen. In dieser Studie wird die Differenzierung in altersexklusiv, altersinklusiv oder alterskontrastiv eingeführt und als altersrelevante Werbung zusammengefasst. Thimm kombiniert auf diesem Weg die beiden Forschungsstränge „Werbung für Alternde" und „Werbung mit Alternden" zur „alter(n)srelevanten Werbung" (1998, S. 122 f.). Dieser wird eine hohe Relevanz für das vorherrschende Altersbild in der Gesellschaft zugeschrieben. Der Begriff Altersbild ist damit als eine Bezeichnung einer gesellschaftlich geteilten Vorstellung vom Alter(n) zu verstehen. Ein dezidiertes definitorisches Konzept von Alter(n) wird nicht verwendet, sowohl implizite als auch explizite Alter(n)sargumente in Texten sowie in Werbebildern dienen als Alter(n)sindikator. Das Ergebnis der Analyse aus dem Jahr 1998 ist, dass es bislang keine Bilder von Alternden gibt, die eine

Eigenständigkeit entfalten anstatt bestehende Alters- bzw. Jugendklischees nachzuahmen. Eine Normalität des Alters als eine selbstverständliche Lebensphase ohne essenzielle Defizite ist in der Werbung laut Thimm bislang nicht auszumachen (Thimm 1998, S. 138).

Willems und Kautt (2002) verwenden die sogenannte Framinganalyse als Mittel der Werbeanzeigenanalyse. Die Auswahl der Werbeanzeigen erfolgt nach der Vorgabe, dass Alter(n) explizit als Werbeinhalt identifizierbar sein soll, es wird auf die Festlegung einer bestimmten chronologischen Altersgrenze verzichtet. Es wird gezeigt, dass das Alter(n) des Körpers das Zentralmerkmal für die werbliche Konstruktion von Alter(n) ist. Körperliche Zeichen des Alter(n)s etwa an Haut, Haaren, Haltung usw. fungieren als ein auf Lebensjahre beziehbares Normalschema, das die jeweiligen Akteure identifizierbar macht bzw. machen soll. Eine herausragende Rolle spielt das Gesicht, so dass gar von einem alter(n)sspezifischen „Gesichtsrahmen" gesprochen wird. In ihm zeigen sich gemäß Willems und Kautt allgemein gebräuchliche Vorstellungen davon, wie Menschen mit 30, 50 oder 80 Jahren typischerweise aussehen. Diese Konstruktion des sichtbaren Alters läuft sozusagen als Kode bei der Konstruktion anderer Alter(n)seigenschaften wie Grad der körperlichen Aktivität usw. mit. Alter(n) ist in diesem Sinne in der Werbung immer mit einer Doppelbedeutung versehen: als Erscheinungs- bzw. Erkennungsalter und als Eigenschaftsalter (Willems und Kautt 2002, S. 642).

Bei einer semiotischen Betrachtung zweier Werbebilder von *Kühne* (2005) geht es um Werbung als Zeichensystem, das mehr ist als ein an ökonomischen Interessen ausgerichteter Dialog zwischen Produzent und Konsument – aber auch kein eindeutiger Spiegel oder Produzent von Wirklichkeit. Eher wird eine Mischfunktion angenommen: Die Bilder der Werbung lassen Aussagen über kollektive Wünsche und Ideale zu. An der Art und Weise ihrer Darstellung werden gesellschaftliche Einstellungen, Anschauungen und Werthaltungen sichtbar (Kühne 2005, S. 253). Werbung wird als illusionäres Medienprodukt verstanden, das Rückschlüsse darüber zulässt, welche Illusionen als verkaufsfördernd angesehen werden. Eine explizite Altersdefinition für die Auswahl der Werbebilder wird nicht angelegt, was jedoch bei der bei einer semiotischen Analyse niedrigen Fallzahl – hier von zwei Werbebildern – kaum erwartbar ist. Die Analyse kommt zu dem Ergebnis, dass der Blick auf das Altern in der Werbung nicht mehr den üblichen Stereotypen entspricht, bislang sei aber nicht mehr als ein Anfang auf dem Weg zu einer eigenen werblichen Altersästhetik gemacht (Kühne 2005, S. 272).

Femers (2007) fragt nach Altersbildern und werbesprachlichen Inszenierungen von Alter und Altern in Werbeanzeigen in Publikumszeitschriften. Dabei liegt der Schwerpunkt auf der textlichen Darstellung von Alter(n), auf der Frage nach sprachlichen Stereotypen sowie nach der Angemessenheit der vorgestellten Altersbilder. Darunter werden „realistische" Altersbilder, „positive" Altersbilder und „nicht-stereotype" Altersbilder verstanden. Eine konkrete Alter(n)sdefinition zur

Auswahl der zu analysierenden Anzeigen wird bewusst nicht angelegt. Damit wird versucht, den verschwommenen Grenzen des Alter(n)s gerecht zu werden (Femers 2007, S. 73). Es wird sowohl „Werbung für Alternde" als auch „Werbung mit Alternden" analysiert. Damit wird auch hier eine Zwischenposition zwischen den Forschungssträngen Werbung mit Alternden und Werbung für Alternde eingenommen. Die Untersuchung kommt zu dem Schluss, dass Alter(n) zwar über Branchengrenzen hinweg breit und kreativ, allerdings nicht realitätsangemessen gezeigt wird. Es bleibt offen, ob dies als Mangel der alter(n)sbezogenen Werbung anzusehen ist, da ausdrücklich keine Spiegelfunktion von Werbung angenommen wird, was diese Kritik relativiert (Femers 2007, S. 214).

Reichertz (2010) bearbeitet einen Einzelfall des Altersbildes in der Autowerbung für eine Luxusmarke, methodisch orientiert an der hermeneutischen Wissenssoziologie. Alter(n) wird als biologisch fundierte soziale Konstruktion (Reichertz 2007a, S. 119 f.) aufgefasst. Aufgrund der Arbeit an einem Einzelfall erfolgt ebenso wenig wie bei der semiotischen Analyse von Kühne eine Festlegung auf bestimmte Alter(n)skriterien zur Anzeigenauswahl. Altersbild als Analyseschlüssel wird hier definiert als die Art, wie über das Alter(n) gesprochen wird. Werbung wird als kulturelle Technik verstanden, die eigene Sinnwelten, Bedeutungen und Handlungsanschlüsse beschreibt, indem sie sich vorhandener Werte bedient, jedoch auswählt, was sie zeigt und was sie auslässt. Werbung wird hier folglich vor allem als illusionäres Medienprodukt aufgefasst. Das Ergebnis der Analyse besagt, dass Alter(n) in der Werbung als eine eigenständige, lohnenswerte Lebensphase skizziert wird. Da es sich um eine Einzelfallanalyse handelt, wird das Ergebnis nicht als ein genereller Befund zum Alter(n) aufgefasst, sondern als eine Ausnahme, die nicht automatisch den Beginn eines neuen Umgangs mit dem Alter(n) in der Werbung signalisiert (Reichertz 2010, S. 130).

In der US-Forschung beschäftigt sich *Calasanti* (2007) mit Ageismus in Inhalten von Internetseiten, die für Anti-Ageing-Produkte werben. Werbung wird als Indikator für Ageismus in einem breiteren gesellschaftlichen Kontext begriffen, es wird demnach eine Spiegelfunktion der Werbung angenommen. Mit dieser Arbeit wird der Forschungsstrang „Werbung für Alternde" bedient. Es spielt folglich keine Rolle, ob in den untersuchten Werbeanzeigen Alternde abgebildet oder textlich benannt werden oder nicht. Analysierte Punkte sind, wie in den Anzeigen das Älterwerden thematisiert wird, über Körper geredet wird, Probleme des Alter(n)s definiert und welche Lösungen dafür angeboten werden (Calasanti 2007, S. 340). Als Ergebnis wird festgehalten, dass auf den analysierten Internetseiten Altern als lösbares und zu lösendes Problem bewertet wird. Obwohl das Alter(n) in allen Anzeigen thematisiert wird, tauchen keine bildlichen Darstellungen von alternden Menschen auf. Die alter(n)sbezogene Ansprache ist gender-spezifisch unterschiedlich: bei Frauen wird insbesondere die Bewahrung der sexuellen Attraktivität als Kaufargument für die beworbenen Produkte in den Vordergrund gestellt, während für Männer das „Mithaltenkönnen" mit – jüngeren – Männern betont wird. Auf einigen Internetseiten wird Alter(n) auch positiv konnotiert, jedoch ist diese als positiv dargestellte Art zu altern immer das Ergebnis des Konsums bestimmter Produkte mit dem Ziel der Verzögerung oder sogar Abschaffung des Alters. Calasanti geht davon aus, dass damit, trotz einer vordergründig positiven Einstellung zum Alter(n), altersdiskriminierende Strukturen letztendlich bewahrt werden (Calasanti 2007, S. 351 f.).

Auch *Hurd Clarke* (2010) bezieht sich mit ihrer Inhaltsanalyse von an Frauen gerichteten Print-Werbeanzeigen auf die Fragestellung nach dem Anti-Ageing. Werbung wird hier als Diskurs, also als illusionäres Medienprodukt bewertet, das aber auch Schnittmengen aufweist mit der Realität des Alter(n)s und den Wünsche und Vorstellungen Alternder. Es wird – im weitesten Sinne – der Forschungsstrang „Werbung für Alternde" bearbeitet, hier in Form von Anzeigen, die das Alter(n) bzw. das Nicht-Alter(n) zum Inhalt haben. Die Festlegung einer Alter(n)sdefinition als Aufgreifkriterium für die zu untersuchenden Anzeigen erübrigt sich deshalb. Hurd Clarke kommt zu dem Ergebnis, dass in den Anzeigentexten in aller Regel nicht das Alter(n), sondern die Jugend thematisiert wird. Dies wird durch die Bilddarstellung von Werbefiguren, mit denen eher Jugend als Alter(n) assoziiert wird, weiter bekräftigt. Obwohl diese Werbefiguren wirken, als seien sie zwischen 20 und 30 Jahre alt, wird in den Anzeigen ein wesentlich höheres Alter suggeriert, als ob das beworbene Produkt über das chronologische Alter hinwegtäuschen könnte (Hurd Clarke 2010, S. 106). Sogar dann, wenn im Text das Alter(n) nicht direkt thematisiert wird, etwa durch die Betonung des jugendlichen Aussehens als „brillant", „strahlend" usw., lässt sich daraus die Botschaft ableiten, dass das Alter(n) diesem Aussehen eben entgegensteht und Alter(n) das Produkt ungenügender oder falscher Konsumaktivitäten ist.

Williams et al. (2010a) fragen in ihrer Inhaltsanalyse danach, welche Stereotypen über alternde Menschen in der Werbung verwendet werden. Dafür ausgewählt werden solche Anzeigen, die Menschen darstellen, die aufgrund körperlicher Merkmale als über 60-jährig klassifiziert werden können. Die Anzeigen sind sowohl Zeitschriften entnommen, die sich gezielt an Alternde richten, als auch solchen, die sich an ein allgemeines Publikum wenden, das heißt, es wird der Forschungsstrang „Werbung mit Alternden" verfolgt. Werbung wird in dieser Studie als eine soziale Ressource gedeutet, anhand der etwas über alternde Menschen, aber auch über das eigene (zukünftige) Alterserleben gelernt werden kann, das heißt, die Spiegelfunktion von Medien wird in den Vordergrund gestellt. Die Analyse kommt zu dem Resultat, dass es eine Bandbreite von Darstellungsformen des Alter(n)s gibt, mit Eigenschaften wie schwach und gebrechlich, aber auch aktiv und freizeitorientiert oder in einer Mentorenrolle befindlich (Williams et al. 2010a, S. 83).

In einer Folgestudie von *Williams et al.* (2010b) wird ein Magazin, das sich spezifisch an Alternde richtet (das „50+"-Magazin Sage), mit zehn anderen Zeitschriften, die sich nicht an eine altersabhängige spezifische Zielgruppe richten, verglichen, um zu ermitteln, ob die Anzeigenwerbung des Sage-Magazins sich von der anderer Zeitschriften unterscheidet und ob es so etwas wie eine spezifische Werbung in einem 50+Magazin gibt (Williams et al. 2010b, S. 8). Die Altersdefinition wurde dementsprechend beim 50. Lebensjahr angelegt. Die Studie verfolgt ein qualitativ-quantitatives Forschungsdesign. Die Untersuchung verknüpft bewusst die beiden Forschungsstränge „Werbung mit Alternden" und „Werbung für Alternde", indem danach gefragt wird, wie Alternde (Werbung mit alternden Menschen) in Medien für alternde Menschen porträtiert werden. Als Ergebnis wird festgehalten, dass Darstellungen von Alter(n) in Zeitschriften, die sich an eine alternde Leserschaft richten, häufiger zu finden sind als in anderen Zeitschriften. Zudem werden sie im „50+"-Segment eher in Hauptrollen gezeigt als in anderen Zeitschriften. Auch Anzeigen, die sich ausschließlich an Alternde richten, kommen am häufigsten in den Magazinen vor, die sich ebenfalls spezifisch an Alternde richten. Anzeichen für eine Unterrepräsentation alternder Frauen gegenüber alternden Männern, wie sie in anderen Untersuchungen festgestellt werden, gab es in keiner der beiden Zeitschriftengruppen.

Ebenfalls von *Williams et al.* stammt eine rekonstruktive Fallstudie zu einer mehrjährigen Werbekampagne der Marke Bertoli (Williams et al. 2007). Es wird die Frage aufgeworfen, welches Bild vom Alter(n) die Kampagne entwirft, ob stereotypisiert wird und ob diese Stereotype negativ sind. Es wird der Forschungsstrang „Werbung mit Alternden" verfolgt. Ein interessantes Detail der Kampagne ist, dass mit ihr die Verkaufszahlen gesteigert werden konnten, vor allem in der Gruppe der unter 35-Jährigen, trotz expliziter Thematisierung und Darstellung von Alter(n) nicht in darüberliegenden Altersgruppen. Auf eine Altersdefinition wird verzichtet bzw. eine solche ist in diesem Fall nicht notwendig, weil in allen Anzeigenmotiven der Kampagne Hochaltrigkeit und der Lebensstil Hochaltriger thematisiert werden. In dieser Untersuchung wird eine Spiegelfunktion von Werbung angenommen, denn es wird davon ausgegangen, dass Werbetexte immer Einstellungen und Meinungen über das gesellschaftliche Geschehen beinhalten. Die Untersuchung kommt zu dem Ergebnis, dass, während die Anzeigen der ersten Jahre der Kampagne eher traditionell, stereotyp und teilweise leicht negativ erscheinen, in späteren Motiven etwas mutigere Entwürfe des Alter(n)s ohne Negativassoziationen erkennbar sind. Als zentrale Botschaft der Kampagne werden die Wahlmöglichkeiten, das Alter(n) zu gestalten, interpretiert, deren Kehrseite allerdings eine Überspitzung der Alter(n)sselbstverantwortung ist. Zudem sind die neuen Entwürfe des Alterns im „fernen" Italien angesiedelt, das heißt, eine direkte Beziehung zum Alter(n) der angesprochenen Konsumenten ist wahrscheinlich nicht beabsichtigt (Williams et al. 2007, S. 18 f.).

Abschließend sollen drei weitere Studien vorgestellt werden, die zwar nicht direkt oder nicht ausschließlich dem Themengebiet Werbung und Alter(n) zuzuordnen sind, aber an einzelnen Stellen thematische Parallelen aufweisen.

In einer Studie von *van Dyk et al.* (2010b) werden mittels einer diskursanalytischen Betrachtung von über 1000 Dokumenten, unter anderem Zeitungs- und Zeitschriftenartikeln und Parteiprogrammen, aber auch Werbeanzeigen, zwei vorherrschende „Storylines" des Alter(n)s ausgemacht: „Unruhestand" und „Produktivität im Alter". Bei der Storyline Unruhestand werden tradierte Wissensordnungen über das Alter(n), etwa über den alternden Körper, auf neue Art miteinander verbunden und so von der tradierten Wissensordnung des „wohlverdienten Ruhestandes" als Zeit der Muße und Entpflichtung abgegrenzt. Daraus ergibt sich eine neue Wertschätzung von Aktivität in dieser Lebensphase. Diese Wertschätzung geht einher mit einer starken Betonung negativer Folgen eines weniger aktiven Lebensstils. Aktivität im Alter steht für geistige und körperliche Gesundheit bis ins hohe Alter, die es durch eigenverantwortliches, aktives Handeln sicherzustellen und zu fördern gilt. Zwar fallen gesellschaftliche, mit Aktivität verbundene Pflichten im Alter, z. B. durch die Entbindung von der Arbeit in Form des Ruhestands, weg, doch dieser Wegfall wird durch Aktivitäten zum Erhalt der körperlichen Gesundheit legitimiert.

Die Storyline Produktivität im Alter ist eine Fortschreibung der Storyline Unruhestand. Der aktive Lebensstil wird als Selbstverständlichkeit vorausgesetzt, denn der leistungsfähige Körper ist die Grundlage der Produktivität im Alter. Die Storyline kommt, weil Fitness als selbstverständlich vorausgesetzt wird, ohne explizite Bezüge zur Körperlichkeit aus. Im Vordergrund stehen vielmehr die gesellschaftliche Alterung und deren Struktur- und Entwicklungsprobleme. In der Folge wird die Nutzung der Potenziale des Alter(n)s in Form von Altersproduktivität als gesellschaftliche Notwendigkeit angesehen. Gegenüber der Storyline des Unruhestandes ergibt sich eine neue Akzentuierung: der Erhalt der körperlichen und geistigen Beweglichkeit ist nicht Selbstzweck, sondern dient dazu, für das Gemeinwohl tätig zu werden. Die Möglichkeit des alter(n)sbedingten Nachlassens von Fähigkeiten wird ausgeblendet, die Storyline Produktivität im Alter ist demzufolge eine Art Nicht-Altern.

Twigg (2010) geht der Frage nach, wie die Zeitschrift „Vogue" in redaktionellen Beiträgen das Thema Alter(n) verhandelt, auf Grundlage der Annahme einer Verbindung zwischen Konsum, Alter und Identität. Twigg betont die identitätsstiftende Funktion von Medien – hier von Frauenzeitschriften. Dabei wird laut Twigg den Aspekten Alter(n) und Alterserleben anders als z. B. Gender-Fragen noch nicht ausreichend Aufmerksamkeit geschenkt. Die Arbeit basiert auf einer qualitativen Inhaltsanalyse mehrerer Ausgaben der Vogue, verknüpft mit qualitativen Interviews mit Frauen, die älter als 55 Jahre sind, sowie Interviews mit

Medien- und Modeschaffenden. Ein klar definierter Altersbegriff wird nicht angelegt, als Richtwert wird jedoch benannt, dass die Verantwortlichen von Vogue mit einer Altersvorstellung beginnend mit dem 40. Lebensjahr arbeiten. Besonderes Augenmerk wird auf die Rolle der Bekleidung für die Verkörperung des Alter(n)s in der üblicherweise jugendzentrierten Modewelt gelegt. Für Magazine wie Vogue birgt das Thema Alter(n) laut Twigg einen Konflikt: Medien- und Modeschaffende wissen um die Kaufkraft und das modische Interesse alternder Leserinnen, aber sie wissen auch, dass Mode in aller Regel mit Jugend und jugendlicher Schönheit assoziiert ist. Aus dieser Spannung und der Analyse, wie Vogue sich ihr stellt, ergibt sich eine Gelegenheit, etwas darüber zu erfahren, wie Alter(n) erlebt, definiert und imaginiert wird. Twigg identifiziert drei Strategien des Umgangs mit dem Alter(n) in der Vogue: Lokalisierung, Dilution und Personalisierung. Unter Lokalisierung wird verstanden, dass alternde Frauen nur in bestimmten Teilen des Magazins auftauchen, typischerweise im Zusammenhang mit Anti-Ageing-Strategien unter der Rubrik Schönheit. Im Hauptteil, insbesondere im Modeteil, bleibt Alter(n) weitestgehend unsichtbar. Als Dilution wird die Strategie verstanden, Darstellungen vom Alter(n) mit Darstellungen von Jugend zu mixen. Typisch dafür ist es, Generationen gemeinsam zu porträtieren und alternde Frauen mit einzubeziehen oder einen Dekadenansatz zu wählen, also für jedes Lebensjahrzehnt passende Angebote zu machen, wobei auch höhere Lebensalter berücksichtigt werden. Dabei werden erst seit Neuestem auch höhere Dekaden als das vierte Lebensjahrzehnt einbezogen. Personalisierung bedeutet, dass die Darstellung von Alter(n) mit einem Namen und einer persönlichen Hintergrundgeschichte einhergeht. Bei der Darstellung jüngerer Personen bedarf es einer solchen Hintergrundgeschichte in der Regel nicht.

Lumme-Sandt (2011) geht nach den Prinzipien der Diskursanalyse den Fragen nach, wie Alter(n)sidentität in redaktionellen Beiträgen in einem „50+"-Magazin konstruiert wird, was als der ideale Weg zu altern angesehen wird und welche Aktivitäten als wünschenswert gelten. Die Zeitschrifteninhalte werden als Instrumente von Identitätskonstruktionen, ebenfalls im Sinne einer kulturellen Ökonomie des Alter(n)s, ausgelegt. Die Studie soll dazu dienen, herauszufinden, welche „Identitätswerkzeuge" der Leserschaft bezüglich des Alter(n)s an die Hand gegeben werden. Analysiert werden zwei Jahrgänge eines finnischen „50+"-Magazins (ET-Magazin). Auswahlkriterium für die zu untersuchenden Artikel ist es, dass darin Alter, das Älterwerden, Großelternschaft, die Stellung alternder Menschen in der Gesellschaft oder Ähnliches thematisiert werden. Das tatsächliche chronologische Alter wird bewusst nicht als Analysekriterium verwendet. Als Ergebnis werden vier Hauptaspekte alter(n)sbezogener Identitätskonstruktionen herausgearbeitet: „physische Aktivität und äußere Erscheinung", „(Eintritt in den) Ruhestand", „neue Herausforderungen", „Weiterentwicklung und Selbstbewusstsein".

Kumlehn (2011) schließlich setzt sich mit redaktionellen Inhalten der deutschen Frauenzeitschrift „Brigitte Woman", die sich an Frauen ab dem 40. Lebensjahr richtet, interpretatorisch in Form „dichter Beschreibungen" auseinander. Sie identifiziert als auffälligstes Stilmittel zum Transport des Themas Alter(n) im redaktionellen Teil die Orientierung an Biografieverläufen, die einen Angebotscharakter als Referenzmöglichkeit in Bezug auf das Alter(n) der Leserinnen haben (Kumlehn 2011, S. 199).

1.2.3.3 Fazit und Konsequenzen für die Fragestellung

Bei einer Gesamtschau der zusammengetragenen Studien fällt auf, dass bei den quantitativen Zugängen in aller Regel der Forschungsstrang „Werbung mit Alternden" bedient wird. Eine weitere augenfällige Gemeinsamkeit besteht darin, dass zur Identifikation der zu analysierenden Werbeanzeigen fast immer eine chronologische Altersdefinition, festgemacht am 50. Lebensjahr, angelegt wird. Vordergründig handelt es sich um ein eindeutiges Kriterium, wie es in der quantitativen Forschung gefordert ist. Tatsächlich lässt es sich jedoch aus den Informationen der Werbeanzeigen kaum eindeutig ermitteln, schließlich enthalten nur wenige Werbeanzeigen Informationen zum Alter ihrer Werbefiguren. Die Festlegung auf dieses Kriterium kann deshalb nur auf eher rekonstruktiven Interpretationsleistungen der Kodierenden beruhen. Auch die häufige Fragestellung nach einer „positiven" oder „negativen" Alter(n)sdarstellung oder „aktiven Rolle" ist kaum an eindeutig überprüfbare Kriterien zu knüpfen. Die in der quantitativen Forschung geforderte Exaktheit und Eindeutigkeit der Kodierung lassen sich damit nur schwer erreichen und der Vergleich der einzelnen Studien ist – trotz strenger quantitativer Vorgehensweise – schwierig.

Zu diesen methodischen Schwierigkeiten und Unschärfen kommt, dass in der Gesamtschau deutlich wird, dass über die Repräsentation eines bestimmen chronologischen Alters in der Werbung oder die Abfrage der Darstellung bestimmter Altersrollen hinausgehende Fragen zum Alter(n) in der Werbung mit den Mitteln der quantitativen Analyse kaum zu beantworten sind. Ohne den Beitrag quantitativer Ansätze zum Forschungsgebiet in Frage stellen zu wollen, ist festzustellen, dass mit dieser Herangehensweise nur ein Teilbereich des Forschungsgebietes bearbeitet werden kann. Weil oftmals die Visualisierung von Alter in den Werbeanzeigen der Ansatzpunkt für die Stichprobenbildung ist, bleiben insbesondere Fragen nach dem Forschungsstrang „Werbung für Alternde" weitgehend offen. Es mag Anhaltspunkte dafür geben, dass aus der Repräsentation Alternder Schlüsse auf die Ansprache einer entsprechenden Zielgruppe gezogen werden können, was aber nicht bedeutet, dass eine Gleichsetzung der Forschungsstränge möglich ist.

Williams et al. merken ferner an, dass die quantitative Vorgehensweise, Items zu entwickeln und deren Häufigkeit dann statistisch auszuwerten, dazu geführt hat, dass zwar bereits relativ viel über die werbliche Darstellung alternder Menschen in Form von Listen und Aufzählungen vorliegt, aber wenig über die Zusammenhänge zwischen den einzelnen Items. Bekannt ist z. B., wie häufig Alternde krank/aktiv/in der Großelternrolle/positiv/negativ usw. dargestellt werden, die Komplexität und der Herstellungsprozess der verwendeten Alter(n)sdarstellungen werden aber nicht berücksichtigt. Es wird nicht analysiert, wie diese Darstellungen zustande kommen, weil das Instrument der quantitativen Inhaltsanalyse sich nicht dafür eignet, solche Strukturen zu erfassen (Williams et al. 2010a, S. 87).

Saake ergänzt diesen Gedanken, indem sie feststellt, dass es in der Forschung zum Alter(n) häufig ein Interesse an einer umfassenden Bewertung von Alter(n) gibt. Dies steht im Kontrast zu anderen Fächern, etwa zur Jugendforschung, die häufig bestrebt ist, z. B. Differenzen zwischen verschiedenen Jugendkulturen herauszuarbeiten anstatt „die Jugend" kategorisieren zu wollen. Würde auch in der Altersforschung vom Versuch einer globalen Bewertung häufiger Abstand genommen, entstünden neue Forschungsperspektiven auf das Alter(n) (Saake 2006, S. 158).

Solche Ansätze lassen sich in der rekonstruktiven Perspektive eher erkennen, doch auch in den vorher genannten Beispielen wird nicht immer mit der für die rekonstruktive Forschung typischen Offenheit gefragt. Geht es etwa um die Frage nach Altersdiskriminierung, lässt sich die Problematik einer vorherigen Festlegung auf „richtige" oder „falsche" Alter(n)skonzepte oder -bilder auch bei einer rekonstruktiven Vorgehensweise kaum auflösen.

Hartung und Schorb stellen dementsprechend fest, dass der derzeitige Forschungsstand noch Lücken aufweist und an manchen Stellen fragliche Alter(n)skonstruktionen und Erkenntnisinteressen erkennbar sind. Medial erwünschte Alterskonstruktionen müssen ebenso hinterfragt werden wie die Rolle Alternder als Objekt medialer Interessen. Zudem gilt es, auch den Kontext, in dem Medien entstehen, stärker in den Blick zu nehmen (Hartung und Schorb 2009, S. 103–105).

Ferner ist es auffällig, dass der Blick auf unterschiedliche Varianten des Alterserlebens, die von gesellschaftlichen Faktoren, wie eben auch der Ökonomie, mitkonstruiert werden, bislang kaum Beachtung im Themenfeld Werbung und Alter(n) gefunden hat. Trotz der engen Verknüpfung des Alterserlebens mit ökonomischen Einflüssen in Form der kulturellen Ökonomie des Alters wird dieser Analyseaspekt bislang nur selten aufgegriffen. Die wenigen dazu vorliegenden Arbeiten sind bislang fast ausschließlich im UK-Kontext erarbeitet worden (z. B. Twigg 2010; Williams et al. 2010b).

Die Beobachtung, dass Fragen nach dem subjektiven Alterserleben als Werbethema bislang gleichsam übersprungen worden sind, passt zum Forschungsstand subjektiven Alterserlebens im Allgemeinen. Wie einleitend beschrieben und in Kapitel 3 ausführlich dargestellt, stehen bislang solche Fragen im Vordergrund, etwa nach Altersstereotypen, die zwar auf das subjektive Alterserleben aufbauen, dieses aber nicht direkt thematisieren. Vielmehr erscheint es, als gäbe es in der Werbung eine „junge" und eine „alte" Befindlichkeit, Übergänge und Schattierungen spielen kaum eine Rolle.

An diese Beobachtungen soll hier mit der Bearbeitung der Fragestellung „Wo und wie wird subjektives Alterserleben in Werbeanzeigen konstruiert?" angeknüpft werden. Es wird der Forschungsstrang „Werbung für Alternde" verfolgt. Der dafür verwendete rekonstruktive Ansatz ergibt sich notwendigerweise daraus, dass die Arbeit einem konstruktivistischen Ansatz auf Basis der praxeologischen Wissenssoziologie folgt, bei dem Alter(n) und subjektives Alterserleben als gesellschaftlich mitkonstruiert betrachtet werden. Für die Werbung wird eine Funktion als illusionäres Produkt von Medienschaffenden angenommen, das jedoch Anleihen macht bei bestehenden Konstruktionen des Alterserlebens. Im folgenden Abschnitt wird der Analyseablauf vorgestellt, die Ausgangspunkte für Konstruktionen des Alterserlebens werden in den nächsten Kapiteln erläutert.

1.3 Aufbau der Arbeit

Die Arbeitsweise der rekonstruktiven Sozialforschung kann als eine Suchstrategie verstanden werden, mit dem Ziel, gesellschaftliche Konstrukte aufzuspüren und zu beschreiben. Es ist bezeichnend für eine Suchstrategie, dass der Weg, wie diese ablaufen soll, vorab nicht in jedem Detail festgelegt werden kann. Die Verfahren der rekonstruktiven Sozialforschung müssen ausreichend Offenheit aufweisen und Änderungsmöglichkeiten am eingeschlagenen Forschungsweg während des Forschungsprozesses zulassen (Schirmer 2009, S. 78), andernfalls wären es keine Suchstrategien, sondern eher Projektpläne zum Erreichen – oder Verwerfen – eines gesteckten Ziels: bei den quantitativen Verfahren üblicherweise in Form der Überprüfung einer Hypothese. Um diesem Anspruch gerecht zu werden, werden anders als bei den quantitativen hypothesenprüfenden Verfahren (siehe Abbildung 4) bei den rekonstruktiven Verfahren die verschiedenen Arbeitsschritte erst im Laufe des Forschungsprozesses etappenweise entwickelt. Auch können eingeschlagene Lösungswege wieder verworfen oder verändert werden. Auch das zu untersuchende Sample konkretisiert sich in aller Regel erst im Forschungsprozess. Man spricht entsprechend bei der rekonstruktiven Sozialforschung in Abgrenzung zur linearen Vorgehensweise der quantitativen Sozialforschung von einer zirkulären Vorgehensweise. Dabei sind im Forschungsverlauf immer wieder neue Entscheidungen über das weitere Vorgehen erforderlich. Die Bezeichnung „zirkulär" ist geläufiger und wird deshalb hier auch verwendet, daneben gibt es noch das doch – eigentlich treffendere – Schlagwort der Iterativität, das eine spiralförmige

Vorgehensweise im Forschungsprozess bezeichnet. Thesen, Ergebnisse und Material werden immer wieder in Bezug gesetzt und beeinflussen sich gegenseitig. Es geht nicht darum, immer wieder denselben Prozess zu durchlaufen und sich damit sprichwörtlich im Kreis zu drehen, sondern dem Ziel durch Abwandlungen des Lösungswegs spiralförmig immer näher zu kommen (Schirmer 2009, S. 87 f.).

Strauss benutzt für die dafür notwendigen Entscheidungsprozesse im Forschungsverlauf den Begriff „Schließen der Lücke". Diese Formulierung beinhaltet, dass es ein Teil des Forschungsprozesses ist, alternative theoretische Konzepte gegeneinander abzuwägen und erst später diejenigen herauszugreifen, die als zentrales Thema und als Schlüsselkategorien am passendsten erscheinen, um die gewählte Thematik in Form einer konkreten Fragestellung zu bearbeiten (Strauss 1991, S. 221 f.).

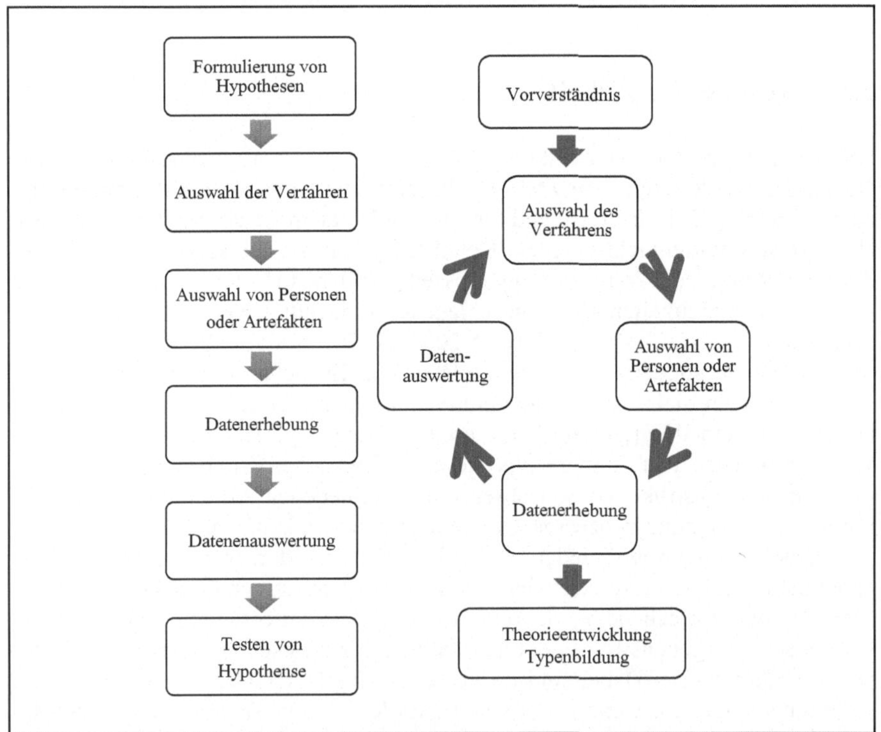

Abbildung 4:   Quantitative und rekonstruktive Forschungsstrategien
(Witt 2001, Stand 08.03.2013)

Das Schließen der Lücke hier war unter anderem die Fokussierung auf den Aspekt des subjektiven Alterserlebens im Kontext der kulturellen Ökonomie des Alter(n)s als besonders pointierter Aspekt der Ökonomisierung des Alter(n)s. Auch die Charakteristika des Samples – Werbeanzeigen des Kosmetikmarkts für Frauen ab dem mittleren Lebensalter – ergaben sich erst im Forschungsverlauf.

Diese immer wieder zu überprüfende zirkuläre Forschungsstrategie macht den Forschungsprozess zwar offener, gleichzeitig aber auch weniger planbar als die lineare Vorgehensweise. Auch stellt sich die Frage, wie der Forschungsprozess abschließend zu dokumentieren und diese Dokumentation zu gliedern ist.

Es bietet sich nicht an, den zirkulären Forschungsprozess 1:1 nachzubilden. Die einzelnen Abzweigungen und Überlegungen, z. B. zur Präzisierung der Fragestellung und zur Konstruktion des Samples, sind zwar forschungslogisch notwendige Schritte, tragen aber im Nachhinein nur zum Teil zum Zustandekommen des letztendlichen Forschungsergebnisses bei. Für diejenigen, die nicht direkt in den Forschungsprozess involviert sind, sind sie nur von untergeordnetem Interesse. In aller Regel stellt die schriftliche Dokumentation des Forschungsprozesses gleichzeitig einen Neuaufbau des Forschungsprozesses dar. Zwar wird der Prozess beschrieben, doch es werden vor allem die theoretischen Konzepte und empirischen Schritte vorgestellt, die für das Schließen der Lücke eine Rolle gespielt haben.

Im Zuge einer solchen Neustrukturierung werden in den nun folgenden, dem empirischen Teil vorangestellten Kapiteln zuerst Rahmenbedingungen der Ökonomisierung des Alter(n)s vorgestellt, die grundlegend für die Fragestellung sind. Dabei wird das Phänomen Alter(n) allgemein skizziert. Anschließend wird auf Alter(n)saspekte eingegangen, die einen besonderen Bezug zur Ökonomisierung des Alter(n)s aufweisen, hier auf die Punkte demografischer Wandel, die Perspektive auf Generationen und Kohorten und auf den Strukturwandel des Alter(n)s und der Gesellschaft. Danach werden Alter(n)skonstruktionen vorgestellt, erst auf der symbolischen Ebene als Vergesellschaftungsformen von Alter(n), später auf der damit verschachtelten interaktiven und individuellen Ebene. Dabei ist dem subjektiven Alterserleben, insbesondere den Aspekten subjektives chronologisches Alterserleben, subjektives Alterserleben und Körper und subjektives Alterserleben in Verhandlung mit der Umwelt ein eigenes Kapitel gewidmet (Kapitel 3). Anschließend wird die Perspektive der Anbieter von Produkten und Dienstleistungen, also die Silber-Marketing-Perspektive, insbesondere die Sichtweise der Marketingforschung auf das Alter(n) und auf das subjektive Alterserleben dargestellt (Kapitel 4). Insbesondere wird auf solche Gesichtspunkte eingegangen, die für das später bearbeitete Sample, also Werbeanzeigen der Kosmetikbranche, die sich an Frauen ab dem 40. Lebensjahr richten, Hinweise geben. Es handelt sich im Sinne einer Neustrukturierung des Forschungsprozesses nicht um eine vollumfängliche Darstellung der Suchstrategie. Hierzu wären noch weitaus mehr Überlegungen zum Alter(n), zum Silber-Marketing und zu Branchen und Zielgruppen erforderlich, von denen nur diejenigen herausgegriffen werden, die letztlich für die Analyse relevant sind.

Mit dieser Präsentation der relevanten theoretischen Konzepte im ersten, dem empirischen Teil vorangestellten Teil der Arbeit wird das Leitprinzip der rekonstruktiven Forschung, sich dem Material mit größtmöglicher Offenheit zu nähern, nicht beeinträchtigt. Zum einen, weil es neben Offenheit dem Material gegenüber auch theoretischer Sensibilität bedarf, im Sinne eines „Zangengriffs" (Kelle und Kluge 2010, S. 25), bei dem theoretisches Vorwissen und Informationen, die aus dem untersuchten Material hervorgehen, verzahnt werden. Zum anderen, weil es sich bei den vorgestellten Konzepten im Sinne des Schließens der Lücke nicht um eine erschöpfende Darstellung der möglichen theoretischen Ansatzpunkte – ein Anspruch, der bei einer alter(n)sbezogenen Thematik wohl auch kaum zu erfüllen wäre – handelt. Lediglich eine Auswahl der Themen, die sich im Forschungsprozess als für die Thematik besonders aufschlussreich erwiesen haben, wird dargestellt.

Der konkrete Forschungsprozess steht im empirischen Teil ab dem fünften Kapitel im Mittelpunkt. Nach der Vorstellung der Konzeption der Studie steht am Anfang die Erläuterung der wissenschaftstheoretischen Grundlagen, insbesondere der praxeologischen Wissenssoziologie. Darauf folgt die Darstellung der dokumentarischen Methode und ihrer methodologischen und methodischen Grundlagen. Dabei geht es auch um die Gemeinsamkeiten und Unterschiede zwischen rekonstruktiver und quantitativer Forschung. Wie in der Literaturübersicht dargestellt, finden im Themenfeld Werbung und Alter(n) sowohl quantitative als auch rekonstruktive Konzepte ihre Anwendung. Überdies soll der Anspruch der Anschlussfähigkeit von sozial- und verhaltenswissenschaftlicher Gerontologie und Marketingwissenschaften gewährleistet werden. Gerade die Marketingwissenschaften arbeiten in aller Regel auf Grundlage quantitativer Methoden. Im Sinne des gegenseitigen Verständnisses ist es deshalb geboten, die jeweiligen forschungstheoretischen Grundlagen zu skizzieren.

Deshalb wird die hier angewandte rekonstruktive Vorgehensweise ausführlich erläutert und mit quantitativen Verfahren, im Besonderen mit den quantitativen inhaltsanalytischen Verfahren, in einen Zusammenhang gestellt. So soll der Forschungsprozess auch für die nicht-rekonstruktiv arbeitenden Disziplinen nachvollziehbar gemacht werden, da auch Konzepte, Theorien und empirische Ergebnisse aus beiden Denktraditionen in diese Arbeit einfließen. Der darauf folgende Schritt ist es, zu zeigen, wie das Sample nach Maßgaben theoretischer Überlegungen konstruiert wird. Anschließend wird beschrieben, wie das ausgewählte Datenmaterial strukturiert wird und wie Unterschiede zwischen den Werbeanzeigen durch die Bildung von Subkategorien gemäß der dokumentarischen Methode herausgearbeitet werden.

Im sechsten Kapitel schließlich werden die Ergebnisse vorgestellt: zuerst die durch die Analyse inhaltlicher Sinnzusammenhänge erarbeiteten Typen, in der Terminologie der dokumentarischen Methode die sogenannte eindimensionale Typenbildung. Im Anschluss daran werden die Typen im Zuge der mehrdimensionalen Typenbildung in einen umfassenderen Zusammenhang gesetzt. Hierbei handelt es sich um den Vergleich mit Werbeanzeigen, die anders als das Sample nicht explizit an eine alternde Zielgruppe adressiert sind. Den Abschluss bildet die Diskussion der Ergebnisse im Abgleich mit dem Forschungsstand. In diesem Zusammenhang werden erneut die Limitationen und der Geltungsbereich dieser Arbeit verdeutlicht, Ansatzpunkte für weitere Forschungsaktivitäten aufgezeigt und die Relevanz der Ergebnisse herausgearbeitet.

2 Bedingungen ökonomischer Alter(n)skonstruktionen

2.1 Alter(n) – Allgemeines

2.1.1 Zum Phänomen „Alter(n)"

Ohne das Phänomen Alter(n) gäbe es kein subjektives Alterserleben und in der Konsequenz keine Ökonomisierung von Alter(n) und keine Konstruktionen subjektiven Alterserlebens in der Werbung. Doch was macht Alter(n) aus? Die Beantwortung dieser Frage ist keineswegs trivial, sondern angesichts der Verschränkungen von biologischen, psychologischen und gesellschaftlichen Faktoren, objektiv unterschiedlicher Bedingungen des Alter(n)s und subjektiv unterschiedlichem Alterserleben vermutlich nur in Ansätzen zu bewältigen (Jansen et al. 1999, S. 10).

Anhaltspunkte zum Erfassen des Phänomens Alter(n) bilden die „zwölf Essentials der Gerontologie" von Wahl und Heyl (2004). Hervorgehoben werden hier die Punkte „Altern als dynamischer Prozess zwischen Verlust und Gewinn", „Altern als biologisch und medizinisch bestimmter Prozess", „Altern als lebenslanger und biografisch verankerter Prozess", „Altern als sozial bestimmter Prozess", „Altern als Produkt von Person und räumlicher Umwelt", „Altern als ökonomisch bestimmter Prozess, „Altern als geschlechtsspezifischer Prozess", „Altern als differentieller Prozess", „Altern als multidimensionaler Prozess", „Altern als multidirektionaler Prozess", „Altern zwischen Objektivität und Subjektivität", „Altern als plastischer Prozess mit Grenzen" (Wahl und Heyl 2004, S. 41 f.).

Weiter kann Alter(n) sowohl als eine eigene Lebensphase als auch aus einer Lebenslaufperspektive heraus angesehen werden. Beide Sichtweisen haben ihre Berechtigung und bieten spezifische Analysemöglichkeiten von Alter(n). So lässt sich z. B. nur aus der Abgrenzung der Altersphase von anderen Lebensphasen heraus über Altersbilder und Altersstereotype reden. Die Lebenslaufperspektive eignet sich besonders dafür, alter(n)sbedingte Veränderungen darzustellen, die im Zeitverlauf entstehen. So bietet die Lebenslaufperspektive Hinweise darauf, wie geschlechtsspezifische Unterschiede im Alter entstehen. Diese können als Resultat (noch) typischerweise unterschiedlicher Lebensläufe von Männern und Frauen erklärt werden (Backes und Clemens 2013, S. 84).

Nicht zu vergessen ist überdies, dass Alter(n) kein rein individuelles Phänomen ist, sondern auf ganze Gesellschaften bezogen werden kann. Dabei sind die beiden Ebenen gesellschaftliches und individuelles Alter(n) miteinander verknüpft: Gesellschaftliches Alter(n) hat Auswirkungen auf individuelles Alter(n) und umgekehrt (Saake 2006, S. 70).

Staudinger beschreibt Alter(n) als Ergebnis des Zusammenspiels von Biologie, Gesellschaft und Person. Entsprechend ist die Plastizität des Alter(n)s Ergebnis der jeweils für die Bereiche zur Verfügung stehenden Ressourcen, die in einer Wechselbeziehung zueinander stehen (Staudinger 2008, S. 84).

2.1.2 Chronologisches Alter(n) und weitere Altersdimensionen

Scheinbare Orientierung in diesem „überkomplexen Feld" (Jansen et al. 1999, S. 10) schaffen Zahlen: 40, 50, 80 oder 100 Jahre – das Alter einer Person in Jahren, das chronologische Alter, ist die wohl populärste Maßzahl für das Alter(n). Mit umfassenden Auswirkungen: Unter anderem ist das chronologische Alter in vielen Ländern der entscheidende Faktor für den Eintritt in den Ruhestand, häufig ein weitreichender Einschnitt in der Biografie. Auch im Privaten sind Altersgrenzen präsent, insbesondere sogenannte „runde" Geburtstage werden häufig als persönliche Meilensteine gewertet, mit denen selbst gesetzte Ziele verknüpft werden, und nicht zuletzt ist es üblich, diese im größeren Stil zu feiern. Ferner spielt das chronologische Alter der Bevölkerung eine wichtige Rolle bei der Analyse der demografischen Situation eines Landes (dazu genauer Kapitel 2.2.1). So häufig benutzt und so vordergründig eindeutig der Parameter chronologisches Alter(n) ist, seine Aussagekraft ist begrenzt. Vielmehr kann das chronologische Alter als Deckvariable bezeichnet werden, die als Platzhalter für die mit dem Vergehen der Zeit einhergehenden Prozesse steht (Staudinger 2012, S. 187). Gäbe es diese Prozesse und Einflüsse nicht, würde das chronologische Alter aller Wahrscheinlichkeit nach weit weniger im Fokus stehen. Es stünde nicht als relevanter Faktor oder gar als Dreh- und Angelpunkt von Veränderungsprozessen im Zentrum. Ein Blick auf die Länder, in denen Geburtsdaten und damit das chronologische Alter(n) der Bevölkerung nicht selbstverständlich gemessen und flächendeckend erfasst werden, führt die Relativität dieser Maßzahlen vor Augen.

Für den Anfang des Lebens ist ein Zusammenhang von chronologischem Alter und Entwicklung gegeben, doch beginnend mit dem frühen Erwachsenenalter nimmt sein Informationsgehalt ab (Staudinger 2012, S. 197).

Stehen statt der Maßzahl des chronologischen Alters die damit einhergehenden Prozesse und Einflüsse im Fokus, gestaltet sich Alter(n) nicht mehr linear, sondern veränderlich und multidimensional. Von Person zu Person stellt sich die Frage „Was ist Alter(n)?" dann unterschiedlich dar, selbst für einzelne Personen gibt es nicht eine allgemeingültige Antwort. Es kommt ganz darauf an, welches Verhalten, welche Fähigkeiten, welche körperlichen Kompetenzen oder Veränderungen oder welche Kombination von Faktoren als relevant für das Alter(n) definiert werden (Staudinger und Häfner 2008, S. 34). Hinzu kommt die hohe Plastizität von Alterungsprozessen.

Ein Versuch der Visualisierung und Systematisierung eines breiten Spektrums von Alter(n)saspekten auf den Ebenen der individuellen Interaktion sowie auf der organisatorischen und gesellschaftlichen Strukturebene und deren Verknüpfung, findet sich bei Bass im Modell der integrierten sozialen Gerontologie (Bass 2009, S. 362, siehe Abbildung 5).

Das Modell der integrierten sozialen Gerontologie sieht das Individuum (in diesem Modell symbolisiert mit dem Buchstaben F), dessen Alter(n) und dessen Umgang mit dem eigenen Älterwerden, also sein subjektives Alterserleben, als Mittelpunkt eines Netzes von alter(n)srelevanten Faktoren wie Familie, Kultur oder ökonomische Umstände. Diese Faktoren beeinflussen das Alter(n) und das Alterserleben des Individuums, werden von diesem aber gleichzeitig mitgeprägt.

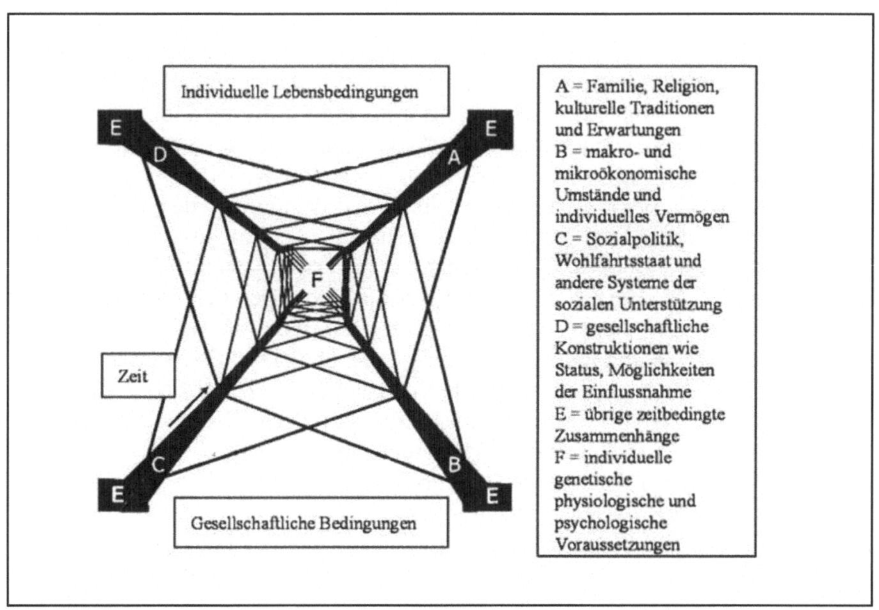

Abbildung 5: Individuelle und gesellschaftliche Faktoren des Alter(n)s (Baas 2009, S. 362)

In den nun folgenden Abschnitten werden solche Alter(n)sfaktoren vorgestellt, die für die Ökonomisierung des Alter(n)s besonders gewichtig sind. Dabei werden, wo angezeigt, im jeweiligen Abschnitt die Verbindungen zur Ökonomisierung des Alter(n)s herausgestellt.

2.2 Faktoren der Ökonomisierung des Alter(n)s

2.2.1 Demografischer Wandel

Das Schlagwort „demografischer Wandel", das insbesondere für das steigende Durchschnittsalter der Bevölkerung eines Landes steht, hat das Alter(n) in vielen Ländern, gerade in Deutschland, aber auch z. B. in Japan oder den USA, in die öffentliche Diskussion gerückt. Zur Illustration der Veränderungen wird häufig auf die sogenannte Alterspyramide verwiesen, die inzwischen aufgrund ihrer sich verändernden Form häufig als „Urne" bezeichnet wird. In Deutschland und anderen Industrienationen sind zwei gleichzeitig auftretende Entwicklungen maßgeblich für diese Veränderung der Alterspyramide: eine niedrige Geburtenrate auf der einen Seite und ein immer größerer Anteil immer älter werdender Bevölkerungsgruppen auf der anderen Seite. Diese zahlenmäßige Zunahme älterer Bevölkerungsgruppen im Vergleich zu jüngeren im Zuge des demografischen Wandels ist der wohl direkteste und augenscheinlichste Faktor für die Ökonomisierung des Alter(n)s, denn es gibt schlicht und einfach eine zahlenmäßige Zunahme alternder Zielgruppen.

So augenfällig die Veränderungen durch den demografischen Wandel auch sein mögen, ist doch anzumerken, dass entsprechende Prognosen zur weiteren Bevölkerungsentwicklung trotz allem nicht einfach sind. Schlussfolgerungen von der aktuellen Bevölkerungsstruktur auf die zukünftige tragen Fehlerrisiken in sich. Wenngleich sich z. B. statistisch Prognosen zur Lebenserwartung entwickeln lassen, können nicht alle möglichen Einflussfaktoren berücksichtigt werden. So können etwa Naturkatastrophen, klimatische Verschiebungen, politische Veränderungen oder unerwartete medizinische Entwicklungen Veränderungen der Sterblichkeit, der Geburtenrate oder Migration nach sich ziehen, so dass mögliche Folgen der demografischen Alterung immer nur unter Vorbehalt diskutiert werden können (Kelle 2008a, S. 12 f.). Zudem orientieren sich demografische Maßzahlen in erster Linie am chronologischen Alter(n), einer Messgröße, deren Unbestimmtheit im vorangegangenen Abschnitt skizziert wurde und die ebenfalls für zukünftige Entwicklungen nicht zwingend aussagekräftig ist. Beispielsweise ist die Lebenserwartung in letzter Zeit statistisch gesehen gestiegen, gleichzeitig aber auch die Anzahl der Jahre, die in einem guten Gesundheitszustand verlebt werden können. Neuere Messinstrumente versuchen deshalb, über das chronologische Alter(n) hinausgehende Alter(n)sfaktoren, wie etwa die angenommene Entwicklung des gesundheitlichen Zustandes, für die Entwicklung von Szenarien zum demografischen Wandel mit zu berücksichtigen. Damit können differenziertere Zukunftsvorstellungen entwickelt werden als allein auf der Basis des chronologischen Alter(n)s (z. B Sanderson und Scherbov 2010). Doch selbstverständlich können auch so nicht alle Fehlerrisiken ausgeschlossen werden.

Selbst wenn die zukünftige Entwicklung der Bevölkerungsstruktur nicht exakt vorausgesehen werden kann, ist bereits die jetzige Zusammensetzung der Bevölkerung Anlass genug für Unternehmen, sich mit den wachsenden alternden Zielgruppen zu beschäftigen. Bereits seit einigen Jahren ist die Gruppe der über 50-Jährigen für annähernd die Hälfte der Konsumausgaben in vielen Bereichen verantwortlich. Und vieles spricht dafür, dass der Einfluss Alternder als Konsumenten noch weiter wachsen wird, in besonderem Maße in Branchen wie Gesundheit und Tourismus (Schaible et al. 2007, S. 2).

Die Frage nach dem Silber-Marketing, bis vor kurzem eine Nischenthematik, hat sich deshalb allein durch die zahlenmäßige Zunahme des Anteils Alternder an der Bevölkerung zu einem Thema entwickelt, für das ein breites Interesse von Seiten der Unternehmen besteht. Zwar wird der demografische Wandel weiterhin als große Herausforderung für die Wirtschaft angesehen, doch ebenso wird davon ausgegangen, dass es die Chance gibt, vom Bevölkerungswandel zu profitieren, wenn sich die Unternehmen auf die demografischen Veränderungen einstellen (Langguth und Kolz 2007, S. 272). Deshalb wird z. B. vom „Konsummotor Alter" gesprochen (Schaible et al. 2007, S. 2). Unternehmen scheinen sich des demografischen Wandels bewusst zu sein und geben darauf – ganz im Zeichen einer Ökonomisierung des Alter(n)s – Antworten.

2.2.2 Generationen und Kohorten

Neben dem demografischen Wandel sind auch die Konsumerfahrungen und -muster von Generationen und Kohorten ein Faktor, der für die Ökonomisierung des Alter(n)s eine Rolle spielt. Mit dem Kohortenbegriff werden meist alle in einem Zeitraum Geborenen bezeichnet. Der Generationenbegriff wird einerseits im Kontext verwandtschaftlicher Beziehungen verwendet, kann aber auch – hier relevant – auf Gemeinsamkeiten chronologisch ähnlich alter Menschen bezogen werden.

Zeitgeschichtliche Ereignisse, z. B. ökonomische Krisen oder Wachstumszeiten, Kriegserfahrungen oder gesellschaftliche Strömungen wie das Aufkommen der Konsumkultur, beeinflussen Gruppen von Menschen in einer bestimmten Phase ihres Lebenslaufs. Diese gemeinsamen Erfahrungen prägen und führen zu einem zumindest teilweise gemeinsamen Bewusstsein. Es wird hier mit den Begrifflichkeiten von Mannheim von einer gemeinsamen „Lagerung" der Generationen gesprochen, deren bewusste Wahrnehmung eine „Generationseinheit" schafft und die Denkmuster der Mitglieder einer Generation bis zu einem gewissen Grad standardisiert (Kelle 2008a, S. 17).

Von einer besonders konsumorientierten Generationenlagerung wird bei der Baby-Boomer-Generation der USA ausgegangen, also bei den geburtenstarken Jahrgängen der USA, worunter in der Regel die Kohorte der zwischen 1943 und 1960 Geborenen verstanden wird. Deren Lebensstil unterscheidet sich – auch im Konsumverhalten – von Jugend an von dem vorheriger Generationen, denn in die Jugendphase dieser Generation fällt das Aufkommen der Konsumkultur. Konsumkultur und Baby-Boomer-Generation gehören dementsprechend zusammen. Darüber hinaus kann die Baby-Boomer-Generation als die erste „branded generation" (Dann 2007, S. 429) bezeichnet werden: die erste Generation, deren Lebensgefühl explizit in Marketingkampagnen für die damaligen Teenager aufgegriffen und mitkonstruiert wurde. Es ist kaum verwunderlich, dass diese Generation nun an anderer Stelle im Lebenslauf so stark als Konsumierende umworben wird wie keine Generation vorher (Lipschultz et al. 2007, S. 767) und dass von Silber-Marketing-Anbietern versucht wird, die damaligen Teenager-Konstrukte in eine spezielle Ansprache der heute in einem anderen Lebensabschnitt stehenden Baby-Boomer zu transformieren (Dann 2007, S. 430).

Zeitgleich mit einem generationentypischen Konsumverhalten, beginnend mit der Baby-Boomer-Generation, weichen die typischen Abgrenzungen der Generationen voneinander auf. Es wird beobachtet, dass die Grenzen zwischen Kindheit, Jugend, mittlerem und hohem Alter verschwimmen (Katz 2003, S. 4). Auf diese Entwicklung wird später unter dem Stichwort der Dekonstruktion des Lebenslaufs ausführlicher eingegangen (Kapitel 2.3.3.1). Im Kontext der Ökonomisierung des Alter(n)s ist diese Entwicklung bei der Betrachtung von Kohorten und Generationen deswegen von Interesse, weil sie Unternehmen neue Möglichkeiten für Produkt- und Dienstleistungsangebote an Alternde eröffnet. Auch typischerweise als „jung" wahrgenommene Produkte können an Alternde vermarktet werden, weil es eine Vielfalt von Wegen und Wahrnehmungen des eigenen Alter(n)s gibt und kein eindeutiges generationenspezifisches Verhalten mehr vorliegt (Katz 2003, S. 5).

2.2.3   *Strukturwandel der Gesellschaft und des Alter(n)s*

Zahlreiche sozialwissenschaftliche Denkansätze, seien es soziologische Modernisierungstheorien, etwa in Anlehnung an Georg Simmel, Norbert Elias oder Wolfgang Zapf, oder Denkansätze, die im Allgemeinen als postmodern bezeichnet werden wie die von Pierre Bourdieu oder Michel Foucault, beziehen sich auf die Annahme eines gesellschaftlichen Strukturwandels. Dieser liegt die Auffassung zugrunde, dass die Gesellschaft vielfältiger geworden ist, mehr Risiken birgt, dem Einzelnen aber auch mehr Gestaltungsmöglichkeiten anbietet.

Alter(n) kann als eines der zentralen Elemente des Strukturwandels der Gesellschaft angesehen werden. Gleichzeitig hat der gesellschaftliche Strukturwandel das Alter(n) verändert, was wiederum auf die Gesellschaft und auf die Lebensbedingungen anderer Altersgruppen zurückwirkt (Backes et al. 2004, S. 7).

Zu den alter(n)srelevanten Veränderungen der gesellschaftlichen Struktur gehören etwa die Veränderungen familiärer Strukturen, Veränderungen von Lebensläufen und Lebensstilen und damit verbunden veränderte Bedingungen für die bestehenden sozialen Sicherungssysteme (Backes 1997, S. 13). Durch die gestiegene Lebenserwartung bei immer weniger alter(n)sbedingten gesundheitlichen Einschränkungen kommt es zu einer Ausweitung der Alter(n)sphase, was zu gesellschaftlichen Veränderungen, z. B. einer anderen Wahrnehmung der Ruhestandsphase, führt.

Zu den bekanntesten und fast schon klassischen Thesen des Strukturwandels des Alters gehören die Untersuchungen von Tews (1993). Bei diesen werden die Aspekte Verjüngung, Entberuflichung, Feminisierung und Singularisierung des Alters sowie die Zunahme der Hochaltrigkeit als Zeichen des Strukturwandels des Alter(n)s herausgestellt. Diese Stichpunkte liefern Anhaltspunkte für das an sich eher abstrakte Phänomen. Zwar mögen diese Thesen zum Teil vereinfachend sein, denn unter anderen gehen sie wenig auf die wechselseitige Beziehung zwischen demografischem Wandel und allgemeinem Wandel der Sozialstruktur ein (Amrhein 2004, S. 62), doch sie bieten gerade für die Ökonomisierung des Alter(n)s im Kontext des Strukturwandels des Alter(n)s wichtige Hintergrundinformationen.

Das Stichwort der Verjüngung steht für mehrere Aspekte des Alter(n)sstrukturwandels. Zum einen wird damit ausgedrückt, dass die Selbsteinschätzung als alt sich in ein immer höheres Alter verschiebt, zum anderen aber auch, dass z. B. in der Arbeitswelt die Zuschreibung als alt immer früher geschieht. In manchen Bereichen beginnt die Lebensphase alt also früher als bisher, in anderen später.

Entberuflichung beinhaltet, dass aufgrund der gestiegenen Lebenserwartung eine immer länger werdende Phase „im Ruhestand" verbracht wird, eine Tendenz, die durch nach wie vor übliche Vorruhestandsregelungen und eine teilweise frühe Berufsaufgabe noch verstärkt wird.

Da die Lebenserwartung älterer Frauen und Männer unterschiedlich ist und es zahlenmäßig mehr ältere Frauen als ältere Männer gibt, wird von der Feminisierung des Alters gesprochen.

Der Begriff der Singularisierung beschreibt den Trend zu Einpersonenhaushalten unter älteren Menschen. Das Schlagwort Hochaltrigkeit bezieht sich darauf, dass die Anzahl chronologisch sehr alter Menschen, etwa die der über 100-Jährigen, in den letzten Jahren stark gestiegen ist (Tews 1993, S. 23–32).

Zur Feminisierung des Alter(n)s lassen sich noch die über die zahlenmäßigen Unterschiede zwischen Männern und Frauen hinausgehenden geschlechtsspezifisch unterschiedlichen Lebenslagen von Männern und Frauen als weiterer Aspekt der Feminisierung des Alter(n)s ergänzen, die sich durch die unterschiedlich verlaufenden Lebensläufe von Männern und Frauen (siehe Kapitel 2.1.) ergeben. So erleben Frauen typischerweise häufiger als Männer den Verlust für sie lebenslauf- und lebenslagenbestimmender Aufgaben. Es wird davon ausgegangen, dass der Übergang zum Ruhestand für Frauen, da sie typischerweise zeitlebens für den familiären Bereich eher zuständig waren als Männer, in manchen Punkten einfacher sein kann, andererseits aber ein größeres Risiko darstellt, z. B. finanzieller Art. Bislang typische weibliche Risikolagen verlieren, etwa durch die verstärkte Berufstätigkeit von Müttern, an Bedeutung, doch es kommen andere hinzu, die sich etwa aus der durch den Arbeitsmarkt geforderten Mobilität ergeben. In diesem Zusammenhang wird auch von der Pluralisierung und Individualisierung (weiblicher) Lebensformen gesprochen. Diese haben auch Konsequenzen für die Alter(n)schancen (Backes 2007, S. 155–157).

Die Verbindungen dieser Beobachtungen mit der Ökonomisierung des Alter(n)s sind unübersehbar. Es lässt sich herleiten, dass die Verjüngung des Alters zu möglichen neuen Konsumangeboten an eine gesundheitlich nicht oder wenig eingeschränkte Klientel geführt und dass die Entberuflichung neue zeitliche Möglichkeiten für Konsumaktivitäten geschaffen hat, zumal in der nachberuflichen Zeit für immer mehr Menschen die finanzielle Situation nicht nur gesichert ist, sondern diese im Vergleich mit anderen Bevölkerungsgruppen häufig über eine gute finanzielle Ausstattung verfügen (siehe auch Abbildung 10 und Kapitel 4.3). Ein weiterer Punkt ist, dass durch die Veränderungen familiärer Strukturen, etwa durch die Pluralisierung und Individualisierung der Lebensläufe von Frauen, Raum und Notwendigkeit für neue kommerzielle Angebote z. B. im Bereich der Pflege und haushaltsnahen Dienstleistungen entstanden ist.

Allerdings wird der derzeitige mediale Diskurs eher von der Prognose einer massenhaften Altersarmut bestimmt, anstatt von den ökonomischen Möglichkeiten des Strukturwandels des Alter(n)s. Eine Zeit lang standen Konsumfreude und Kaufkraft der Alternden hoch in der medialen Gunst, bisweilen wurde sogar ein Leben der Alten auf Kosten der Jungen oder eine „Gier" der Älteren angenommen. Inzwischen wird eher auf diskontinuierliche Erwerbsverläufe und prekäre Arbeitsverhältnisse, die in eine geringe Altersversorgung münden, verwiesen. Dies hat zum einen mit der Schwierigkeit zu tun, gesicherte Prognosen abzugeben, aber auch mit der Bandbreite von Möglichkeiten, Chancen und Risiken des Alter(n)s und der Spannbreite physischer, psychischer und gesellschaftlich konstruierter Alterungsprozesse, die die Plastizität des Alter(n)s ausmachen und damit zu einer Heterogenität des Alter(n)s führen (Backes et al. 2004, S. 8).

Das Feld der Verknüpfung von Alter(n)sstrukturwandel und Ökonomisierung des Alter(n)s spannt sich noch weiter auf, wenn weniger die konkreten „Symptome" des Strukturwandels des Alter(n)s, wie in den Thesen Tews' beschrieben, sondern mehr auf die Wechselwirkung von Alter(n) und Gesellschaft fokussiert werden. Es wird davon ausgegangen, dass als eine Folge des gesellschaftlichen Strukturwandels und damit verknüpft des Strukturwandels des Alter(n)s Alter(n) mehr und mehr zur gesellschaftlichen Konstruktion wird, mit immer mehr Variationen von Konstruktionen, die ein einheitliches Alter(n)smodell ablösen (Backes und Clemens 2001, S. 12 f.). Bislang akzeptierte Alter(n)svorstellungen werden zunehmend in Frage gestellt (Backes et al. 2004, S. 7).

Diese sich aus der Wechselwirkung von Alter(n) und Gesellschaft ergebene Entwicklung neuer Alter(n)skonstrukte ist auch durch ökonomische Prozesse mitgeprägt. Der folgende Abschnitt beschäftigt sich deshalb mit dem Phänomen der Alterskonstruktionen, dabei wird auch weiterhin auf Querverbindungen zur Ökonomisierung des Alter(n)s eingegangen.

2.3 Alter(n)skonstruktionen

2.3.1 Ebenen von Alter(n)skonstruktionen

Eine der Grundlagen dieser Arbeit ist es, dass Alter(n) nicht nur eine biologische Tatsache, sondern auch eine gesellschaftliche Konstruktion ist, die sich, unter anderem im Wechselspiel mit dem Strukturwandel des Alter(n)s, immer weiter verästelt. Doch wie gestalten sich diese Konstruktionen?

Konstruktionen des Alter(n)s können auf unterschiedlichen Ebenen zum Vorschein kommen. Schroeter (2008b) schlägt eine Unterscheidung zwischen symbolischer, interaktiver, materiell-somatischer und der leiblich-affektiver Ebene vor. Unter der symbolischen Ebene werden etwa Alter(n)ssemantiken, Alter(n)sdefinitionen, Alter(n)sgrenzen und symbolische Alter(n)sordnungen verstanden. Auf der interaktiven Ebene geht es um Themen wie die Inszenierung des eigenen Alter(n)s, die materiell-somatische Ebene fragt nach Körperstrategien des Alter(n)s und die leiblich-affektive Ebene beschäftigt sich mit dem individuell empfundenen Alter (Schroeter 2008b, S. 236, siehe Abbildung 6). Schroeter geht in Analogie zu Setzweins Modell von körper- und leibbezogenen Aspekten der gesellschaftlichen Konstruktion von Geschlecht (2004, S. 54) davon aus, dass Alter(n) in einem umfassenden symbolischen Verweisungszusammenhang konstruiert wird. Es wird in der gesellschaftlichen Organisation als Vergesellschaftungsform sichtbar, zeigt sich aber auch im Alterserleben einzelner Personen. Bei den Alter(n)sordnungen auf symbolischer Ebene handelt es sich eher um übergreifende gesellschaftliche Alter(n)skonstruktionen, während die nachfolgenden Ebenen

Stück für Stück eher auf der Ebene des individuellen Alterserlebens hinführen (Schroeter 2008b, S. 236).

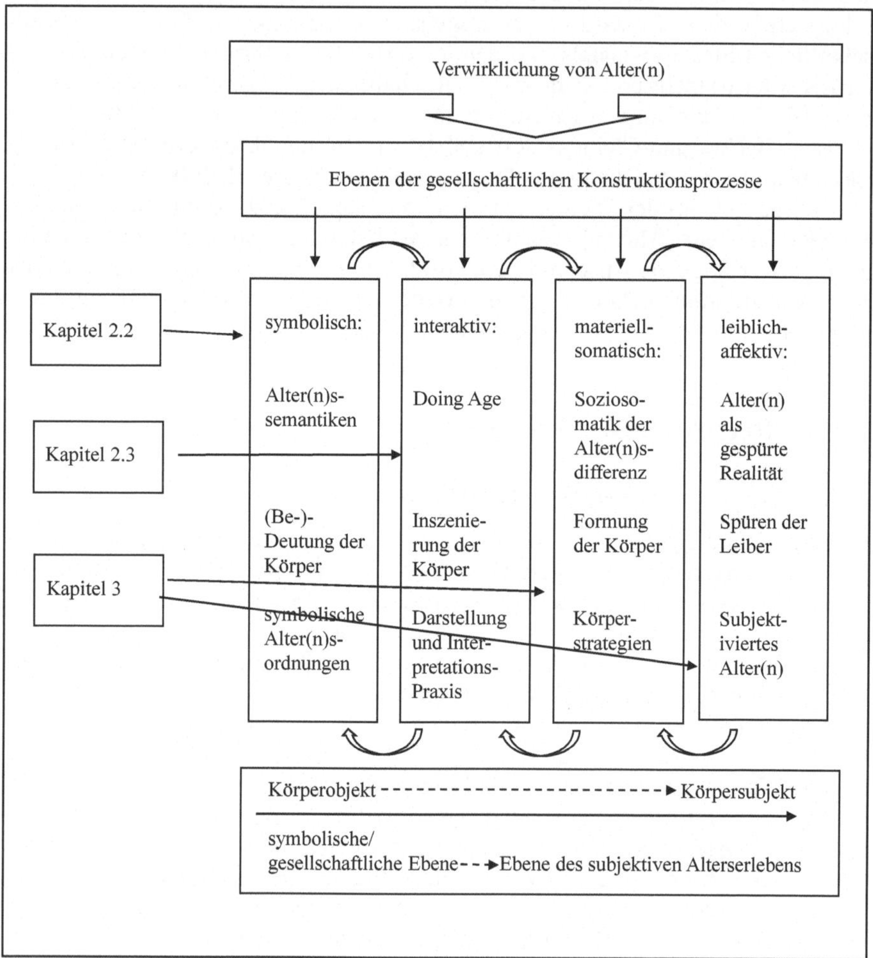

Abbildung 6:   Ebenen von Konstruktionen des Alter(n)s
(Schroeter 2008b, S. 237, eigene Ergänzungen)

Je weiter man Konstruktionen des Alter(n)s auf der Ebene des individuellen Alterserlebens verortet, umso brüchiger werden die Parallelen zur Konstruktion von Geschlecht, weil biologische Begleiterscheinungen des Alters unübersehbar sind.

Dass, wie die häufig zitierte Aussage von de Beauvoir lautet, Frauen nicht geboren, sondern gemacht werden, ist beinahe Allgemeingut, wenngleich diese Aussage unterschiedlich ausgelegt wird und nach wie vor zum Widerspruch reizt. Doch auch, wenn – je nach Auslegung – vom Geschlecht als reine gesellschaftliche Konstruktion ausgegangen wird, entstehen Schwierigkeiten, diese Denkweise direkt auf das Alter(n), geschweige denn auf das eigene Alterserleben zu übertragen. Einer der Gründe dafür ist, dass Alter(n) ein Prozess ist am Ende von Phasen der Kindheit, Jugend und einer mehr oder weniger langen Erwachsenenphase. Wer alt ist, war zu einem anderen Zeitpunkt einmal jung. Ein solcher Übergang ist für die binär konstruierten Geschlechterrollen ungewöhnlich. Zumal es erheblicher Abstraktion bedarf, sich etwa die Kindheit als reine gesellschaftliche Konstruktion vorzustellen. Das Gleiche gilt für das Alter. Lebenserfahrung, die in fortgeschrittenem Alter manches in einem anderen Licht erscheinen lässt als in der Jugend, kann kaum ausschließlich als gesellschaftlicher Konstruktionsprozess verstanden werden. Diese Annahme könnte sogar als eine Abwertung des Alter(n)s verstanden werden. Dasselbe gilt, wenn altersbedingte gesundheitliche Beeinträchtigungen ins Spiel kommen. Auch diese können nicht als reine gesellschaftliche Konstruktionen angesehen werden. Spätestens auf der Ebene des subjektiven Alterserlebens gilt es also, die Verschachtelung von gesellschaftlichen und biologischen Bedingungen des Alter(n)s zu bedenken, während auf den übergeordneten Ebenen eine stärkere Konzentration auf die gesellschaftlichen Faktoren möglich ist.

In den folgenden beiden Abschnitten werden Alter(n)skonstruktionen auf symbolischer und interaktiver Ebene – Vergesellschaftungsformen des Alter(n)s und die idealtypischen Möglichkeiten des Umgangs mit dem Alter(n)s im Lebenslauf sowie die Präsentation des eigenen Alter(n)s (Doing Age) – skizziert. Im Fokus stehen die Aspekte mit direktem Bezug zur Fragestellung.

Unter dem Stichwort des subjektiven Alterserlebens werden in Kapitel 3 solche Aspekte vorgestellt, die der dritten und vierten Ebene des Alterserlebens zuzuordnen sind. Hier wird erneut auf Doing Age, diesmal auf konkrete empirische Befunde dazu, eingegangen. Weil es sich bei dieser vierten Ebene um die Ebene von Alterskonstruktionen handelt, auf welche die Forschungsfragestellung direkt abzielt, wird sie ausführlicher als die anderen beiden Ebenen vorgestellt. Beiträge aus anderen Disziplinen werden berücksichtigt.

2.3.2 Alter(n)skonstruktionen auf symbolischer Ebene

2.3.2.1 Entwicklungstendenzen klassischer Konstruktionen des Alter(n)s auf symbolischer Ebene

Unter Konstruktionen des Alter(n)s auf symbolischer Ebene werden, wie darge-stellt, Alter(n)ssemantiken, Alter(n)sdefinitionen, Alter(n)sgrenzen und symboli-sche Alter(n)s-ordnungen verstanden. Es wurde bereits ausgeführt, dass diese ver-änderbar und kontextabhängig sind. Hier soll nun auf gesellschaftliche Konstruktionen des Alter(n)s als Leitbild gesellschaftlicher Ordnungsmuster (Schroeter 2008b, S. 244), anders ausgedrückt auf Vergesellschaftungsmodelle vom Alter(n), eingegangen werden. Mit Vergesellschaftung ist

> „der Prozeß gemeint, der die soziale Teilhabe am gesellschaftlichen Leben und damit die Lebenslagen und individuellen Lebenslaufchancen ebenso sichert wie Bestand und Entwicklung der gesellschaftlichen Normen und Werte, der ökonomischen und politi-schen Systeme, der Institutionen und Interaktionsgefüge. (…) Der Vergesellschaftungs-prozeß umfaßt im wesentlichen – als Dimensionen des wert- oder zweckrational auf andere bezogenen sozialen Handelns – Arbeit bzw. sonstige Formen der Beschäftigung und Pflege sozialer Kontakte mit dem rationalen Ziel der Sicherung von Lebenslagen und Sozialstruktur auf einem für die jeweilige Gesellschaft legitimierbaren und typi-schen Niveau." (Backes 1997, S. 139)

Ziel von Vergesellschaftung ist die Vermittlung zwischen Individuum und Gesell-schaft. Die für unsere Gesellschaft typische Vergesellschaftungsinstanz ist die Er-werbsarbeit, darüber hinaus z. B. Familie und sonstige soziale Netze sowie zuneh-mend wichtiger werdend Freizeit und Konsum (Backes 1997, S. 139 f.).

Für das Phänomen „Alter(n)" gibt es in fast allen Gesellschaften ein beson-deres charakteristisches Vergesellschaftungsmodell mit gewissen Variationsbrei-ten. Das für unsere Gesellschaft typische Vergesellschaftungsmodell ist – noch – die Konstruktion von Alter(n) als Ruhestand. Damit ist Alter(n) ein Vergesell-schaftungsmodell mit Besonderheiten, denn typisch dafür ist ja, dass gerade die typische Vergesellschaftungsinstanz wegfällt (Backes 1997, S. 142).

Deutlich wird dies auch in der Alltagssprache: Der sprichwörtliche „wohl-verdiente Ruhestand" spielt wahrscheinlich auf genau diesen Zusammenhang an, der Ruhestand wird dadurch legitimiert, dass er vorher erarbeitet bzw. verdient wurde.

Nach wie vor scheint das Ruhestandsmodell „normal" zu sein, tatsächlich hat es sich erst im Zuge des modernen Wohlfahrtsstaates entwickelt und ist somit trotz seiner scheinbaren Selbstverständlichkeit eine vergleichsweise neue Erscheinung.

Mehr und mehr scheinen sich aber Vergesellschaftungsmodelle und -instan-zen außerhalb von Erwerbsarbeit und Ruhestand durchzusetzen. Im vorangegan-genen Abschnitt wurde am Beispiel der Thesen von Tews bereits vorgestellt, dass der Strukturwandel des Alter(n)s neue Vergesellschaftungsmodelle des Alter(n)s bedingt (Backes et al. 2004, S. 7 f.).

Alles in allem wird von einem sich durch den gesellschaftlichen Strukturwandel stark im Wandel befindlichem Verhältnis zwischen Alter(n) und Gesellschaft ausgegangen. Immer stärker wird Alter(n) sozial bestimmt und die Gesellschaft steht vor der Aufgabe, neue Vergesellschaftungsweisen des Alter(n)s zu entwickeln. Noch immer dient zwar die klassische Konstruktion des Alter(n)s als Ruhestandsmodell als Orientierung, doch andere, neue Alter(n)skonstruktionen treten immer offensichtlicher zu Tage (Backes und Clemens 2001, S.7 f.).

Gerade im Kontext einer Ökonomisierung des Alter(n)s drängt sich der Blick auf den Konsum als Vergesellschaftungsinstanz auf. Eine der Grundannahmen dieser Arbeit ist die z. B. von Blaikie vertretene These, dass Waren als Repräsentanten und Mitgestalter von Identität dienen, eine Funktion, die bislang der Erwerbstätigkeit vorbehalten war (Blaikie 1999, S. 86). Es liegt deshalb nahe, im Konsum auch eine wichtiger werdende Rolle bei der Konstruktion von neuen Vergesellschaftungsformen des Alter(n)s zu sehen.

Dieses vergleichsweise neue „Konsumentenmodell" des Alter(n)s kann auch als Variante des Ruhestandsmodells verstanden werden. Zwar hat der Eintritt in den Ruhestand erst einmal eine „Entmarktlichung" des Alter(n)s zur Folge, denn wer sich im Ruhestand befindet, ist nicht mehr direkt am Erwerbsleben beteiligt. Gleichzeitig wird dieser Personenkreis aber zum Zielobjekt von Angeboten für alter(n)sbezogene Produkte und Dienstleistungen und damit wieder zu einem Teil des Konsumkreislaufs (Kolland und Kahri 2004, S. 168).

Im nächsten Abschnitt werden einige Beispiele aufgeführt, die als Symptome veränderter Alter(n)skonstruktionen auf symbolischer Ebene verstanden werde können, insbesondere solche, die im Kontext der Vergesellschaftungsinstanz Konsum stehen, und damit mittelbar Hinweise auf die Konstruktion des subjektiven Alterserlebens in der Werbung geben. Hierzu gehören das inzwischen in der Populärkultur häufig aufgegriffene Konzept des aktiven Alter(n)s oder der Trend zu Anti-Ageing-Praktiken. Über diese Einzelbeispiele hinaus werden ferner die Alter(n)skonstruktionen des dritten Lebensalters beschrieben. Das dritte Lebensalter kann als neue Form der gesellschaftlichen Integration Alternder interpretiert werden (Backes 1997, S. 310). Das Konzept des dritten Lebensalters stellt eine Art Klammer dar, die die beschriebenen Einzelaspekte zusammenfasst.

2.3.2.2 Neuere Ansätze für Alter(n)skonstruktionen auf symbolischer Ebene

2.3.2.2.1 Aktives Alter(n)

Das populär gewordene Schlagwort vom „aktiven Alter(n)" wird häufig als eine Umschreibung für die von vielen als „erstrebenswert" angesehene Art des Alter(n)s verwendet.

Es hat seinen Ursprung in den strukturfunktionalistischen Alter(n)sthesen. Neben der Aktivitätsthese zählen hierzu die Disengagement- und die Kontinuitätsthese. Diese drei Thesen sehen den Zeitpunkt der Ausgliederung aus dem Erwerbsleben als Wendepunkt und untersuchen, wie Alter(n) daraufhin befriedigend und sozial integriert gestaltet werden kann. Dies soll entweder in Form eines Rückzuges (Disengagementthese), durch die größtmögliche Aufrechterhaltung von Aktivität, auf die sich das Schlagwort vom aktiven Alter(n) bezieht (Aktivitätsthese), bzw. durch eine kontinuierliche Fortführung bisheriger Aufgaben und Beziehungen auf dem bisherigen Aktionsniveau (Kontinuitätsthese) erreicht werden (Backes und Clemens 2013, S. 128).

Das SOK-Modell (Selektive Optimierung durch Kompensation), das für ein differenzielles Alter(n) steht und das ebenfalls zu den auch in der Allgemeinheit populären Alter(n)smodellen zählt, lässt sich als Unterform der Aktivitätsthese begreifen. Der Grundgedanke des SOK-Modells ist eine Konzentration auf die Tätigkeiten, die von Kompetenzen und Ressourcen geprägt sind und somit Kompetenzverluste an anderer Stelle ausgleichen, womit das Aktivitäts- bzw. Produktivitätsniveau gleichbleibend hoch gehalten werden kann. Auch hier wird der Leitgedanken eines aktiven Alter(n)s im Sinne der Aktivitätsthese deutlich (Amann et al. 2010, S. 92 f.).

Allen drei beschriebenen Thesen liegt eine systemtheoretische Denkweise zugrunde, nach der soziale Strukturen zu einem funktionalen Gleichgewicht zwischen individuellen und gesellschaftlichen Bedürfnissen tendieren. Auf Basis dieses Gleichgewichtskonzepts werden die drei genannten Thesen als normative Idealbilder des Alter(n)s entworfen, und zwar unter dem Aspekt des sozial nützlichen Alter(n)s. Abweichende Alter(n)sformen werden als Fehlentwicklungen interpretiert. Der Unterschied zwischen den einzelnen Thesen besteht darin, welches Verhalten als dem funktionalen Gleichgewicht dienlich angesehen wird: die Bereitschaft zum Rückzug, eine aktive Lebensweise oder das Aufrechterhalten bewährter Verhaltensweisen (Amrhein 2008, S. 18).

Obwohl die Disengagement-, Kontinuitäts- und Aktivitätsthese innerhalb der gerontologischen Theorie an Bedeutung verloren haben, spielen sie in der Praxis, z. B. in der Alter(n)spolitik oder in der sogenannten Altenhilfe weiterhin eine nicht zu unterschätzende Rolle. Besonders die Aktivitätsthese ist fest in entsprechenden Programmen verankert (Backes und Clemens 2013, S. 128).

Auch im Alltag ist die Aktivitätsthese wirksam. Die Alltagspopularität der Aktivitätsthese ist so dominant, dass schon von einem öffentlichen Altersaktivierungsdiskurs gesprochen wird. Dieser Diskurs fußt auf vermeintlich vorherrschenden negativen Stereotypen über das Alter(n) und entwirft ein Gegenbild des Zusammenhangs von Alter(n) mit Ressourcen und Potenzialen, die es zu nutzen und zu entwickeln gilt (van Dyk et al. 2010a, S. 16).

Van Dyk et al. gehen weiter von einer analytisch kaum zu entwirrenden „öffentlich-privaten Ko-Produktion" aus, bei der institutionelle und individuelle Ansprüche an und Vorstellungen vom Alter(n) mitspielen. Der Altersaktivierungsdiskurs steht für Selbstentfaltung im Alter, gleichzeitig aber auch für die – scheinbar damit konform gehende – gesellschaftliche Verpflichtung, das Alter(n) als Ressource zu nutzen. Es wird davon ausgegangen, dass damit eine neue allgemein geteilte Vorstellung über das „richtige" Alter(n) entsteht (van Dyk et al. 2010b, S. 209).

Im Gegensatz dazu wird die Disengagementthese häufig als veraltetes Erklärungsmodell, das auf einer defizitären Vorstellung vom Alter(n) beruht, aufgefasst. In der Tat spricht vieles dafür, dass der Alterungsprozess gestaltbar und Aktivität ein Mittel zur Erhaltung der körperlichen Leistungsfähigkeit im Alter ist. Trotzdem eignet sich die Aktivitätsthese ebenso wenig wie die anderen strukturfunktionalistischen Alter(n)sthesen als allgemeingültige Lehre des „richtigen" Alter(n)s (Kelle 2008a, S. 26 f.).

Schon die der Aktivitätsthese und auch den anderen strukturfunktionalistischen Thesen zugrunde liegende Annahme eines altersbedingten Rollenverlusts orientiert sich an bestimmten Lebensbedingungen, nämlich an der Gleichsetzung von Alter(n) und Ruhestand (Backes und Clemens 2013, S. 139), die wie beschrieben eine bestimmte soziale Ordnung bzw. Vergesellschaftungsform des Alter(n)s darstellt. Diese Gleichsetzung gilt nicht in gleichem Maße für jeden Lebenslauf und wird zugleich mehr und mehr von neuen Vergesellschaftungsformen ersetzt.

Ebenso ist zu bemerken, dass die Annahme zu bekämpfender negativer Alter(n)sstereotype, die der Altersaktivierungsdiskurs impliziert, empirisch nur bedingt haltbar ist. Einstellungen zum Alter(n) lassen sich nicht auf einen einzelnen Bewertungsmaßstab reduzieren, weil Alter(n) als multidirektionaler Prozess anzusehen ist, der mit Entwicklungsgewinnen und Chancen, aber auch mit Entwicklungsverlusten und Risiken einhergeht. Werden diese beiden Seiten in empirischen Untersuchungen zu Einstellungen zum Alter(n) verknüpft, zeigt sich im Ergebnis in der Regel genau diese Multidirektionalität von Einstellungen gegenüber dem Alter(n) (Schmitt 2004). Trotzdem hat sich das Leitbild eines aktiven und produktiven Alter(n)s zu einer Art Allgemeinwissen entwickelt interessanterweise, ohne dass es über das Stichwort der Aktivität hinaus eine klare, allgemein anerkannte konzeptionelle Vorstellung davon gibt, was unter dem Konzept des aktiven Alter(n)s zu verstehen ist, mit welchen Mitteln ein solches zu entwerfen ist und was eine aktive Art zu altern von anderen konkret unterscheidet (Andrews 2009, S. 73).

Dem ungeachtet gilt ein positiver Zusammenhang von Aktivität und Alter(n) im Sinne des Aktivierungsdiskurses als so unumstritten, dass bei dem Versuch einer Relativierung häufig von Unwissenheit oder gar von einer negativen und diskriminierenden Sicht auf das Alter(n) ausgegangen wird (Schroeter 2009a, S. 361 f.).

Es ist schwer auszumachen, woher diese so weit verbreitete und wenig hinterfragte Sichtweise zum aktiven Alter(n) kommt. Katz analysiert, dass die alter(n)sbezogene Aktivitätsthese Teil eines wesentlich weiter gefassten Aktivitätsideals ist. Ständige Aktivität ist gemäß Katz ein Symbol, vielleicht sogar ein Ersatz für persönliche Entwicklung. Dies gilt nicht nur in Bezug auf das Alter(n), auch in anderen Lebensphasen hängen Aktivität, besonders körperliche Aktivität, und sozialer Erfolg zusammen (Katz 2000, S. 148).

Ekerdt identifiziert ergänzend eine „Ethik des Beschäftigtseins" für das Bemühen, das Alter(n) mit über Jahrzehnte gewachsenen Überzeugungen und Werten von der Sinnhaftigkeit der Beschäftigung in Einklang zu bringen. Die Ethik des Beschäftigtseins schützt auf einer symbolischen Ebene vor dem Alter(n), indem sie die Unterstellung der Überflüssigkeit Alternder entschärft und das Alter(n) an für andere Alter(n)sgruppen herrschende soziale Normen anpasst (Ekerdt [1986] 2009, S. 73–76). Als „Gralshüter" der Ethik des Beschäftigtseins sieht Ekerdt die Medien (Ekerdt [1986] 2009, S. 74).

Die in der Literaturübersicht (Kapitel 1.2.3) aufgeführten Untersuchungen stützen diese Sichtweise, wenn berücksichtigt wird, wie häufig „aktive" und damit wie selbstverständlich „positive" Altersdarstellungen eingefordert werden.

2.3.2.2.2 Anti-Ageing

Vor dem Hintergrund verhandelbarer Konstruktionen des Alter(n)s und der Konjunktur der These vom aktiven Alter(n) mit seiner Ethik des Beschäftigtseins ist die Popularität von Programmen und Produkten unter der Überschrift „Anti-Ageing" nicht erstaunlich. Anti-Ageing-Techniken bzw. -Produkte verheißen, dass Kompetenzen und Fitness auch im chronologisch höheren Alter stetig weiter entwickelt und Alter(n)srisiken vermieden werden können (Schroeter 2009a, S. 369 f.). Unter dem Stichwort Anti-Ageing wird ein ganzes Bündel solcher Strategien zusammengefasst, neben medizinischen Interventionen werden hierzu auch Techniken der Lebensführung, Sportprogramme, Kosmetika usw. gezählt.

Aus den USA kommend hat die Anti-Ageing-Bewegung seit den 1990er-Jahren auch im deutschsprachigen Raum Verbreitung gefunden und nimmt mittlerweile einen festen und gleichzeitig umstrittenen Platz in der wissenschaftlichen und gesellschaftlichen Diskussion zum Alter(n) ein. Der Vielzahl von Anti-Ageing-Strategien stehen zahlreiche Bedenken gegenüber.

Artikuliert werden sowohl Bedenken hinsichtlich der Wirksamkeit von Anti-Ageing-Strategien als auch grundsätzliche Fragen zum Konzept des Anti-Ageings. So wird Anti-Ageing teilweise als ein Angriff auf die Bestrebungen, negative Alter(n)sstereotype zu verändern, gewertet. An anderer Stelle wiederum wird Anti-

Ageing als Teil der neuen Norm „aktiven Altern(n)s" gewertet, die häufig als Abkehr von negativen Alter(n)sstereotypen gilt. Bei allen Ambivalenzen ist der gemeinsame Nenner der unterschiedlichen Kritiken am Anti-Ageing die Befürchtung, dass Anti-Ageing zu mehr und neuen alter(n)sbezogenen Ungleichheiten führen könnte (Spindler 2009, S. 398 f.).

Zwar steht in diesem Abschnitt die Frage nach Alter(n)skonstruktionen auf symbolischer Ebene im Vordergrund, doch der Zusammenhang von Anti-Ageing-Konstrukten auf symbolischer Ebene und subjektivem Alterserleben ist so evident, dass an dieser Stelle auf einige Ergebnisse der empirischen Forschung zur Auswirkung der Anti-Ageing-Thematik auf das Alterserleben eingegangen wird. Es ist naheliegend, dass das allgegenwärtige und ständig steigende Angebot an Anti-Ageing-Praktiken eine Herausforderung für den Umgang mit dem eigenen Älterwerden darstellt. Hurd Clarke macht dazu zwei gegenläufige Beobachtungen. Einerseits wird Bedauern über einen angenommenen Verlust der körperlichen Attraktivität artikuliert, andererseits wird wertgeschätzt, wenn der Körper trotzdem noch gesund ist. Gesundheitliche Probleme werden als größere Herausforderung des Alter(n)s angesehen als das altersbedingte Nachlassen von Attraktivität (Hurd Clarke 2010, S. 133 f.).

Dazu passt, dass die allgemeine Akzeptanz von Anti-Ageing-Praktiken ambivalent scheint. Chasteen et al. kommen in ihrer Untersuchung zu dem Ergebnis, dass milde Anti-Ageing-Techniken wie die Verwendung von Anti-Ageing-Cremes recht breit akzeptiert werden, weitreichendere wie Botox-Injektionen oder Liftings werden hingegen eher skeptisch betrachtet. Dabei steigt die Akzeptanz mit dem Alter der Befragten (Chasteen et al. 2011, S. 723).

Bleibt also festzuhalten, dass Anti-Ageing-Philosophien und -Angebote bei aller Popularität ambivalente Haltungen auslösen. Anti-Ageing bleibt nach wie vor umstritten, anders als das vielleicht nicht weniger problematische, aber offensichtlich breiter akzeptierte Konzept des aktiven Alter(n)s.

2.3.2.2.3 (Neue) Altersbilder

Anders als die häufig geforderte Aktivität im Alter oder das Schlagwort Anti-Ageing ist die Kategorie Altersbilder im Alltag wenig präsent. In der Altersforschung jedoch sind Fragen nach Altersbildern ein häufiges Forschungsthema, ebenso, als Ausgangspunkt oder als Ergebnis solcher Fragestellungen, die Forderung nach neuen Altersbildern. Trotz dieser vermehrten Verwendung des Begriffes Altersbilder in der Altersforschung sind die Auffassungen darüber, was Altersbilder genau sind, in welcher Form Altersbilder auftreten und wie sie wirken, unterschiedlich. Im 2010 erschienenen Bericht zur Lage der älteren Generation in der Bundesrepublik Deutschland, der sich mit Altersbildern auseinandersetzt, heißt es beispielsweise:

„Altersbilder sind individuelle und gesellschaftliche Vorstellungen vom Alter (Zustand des Altseins), vom Altern (Prozess des Älterwerdens) oder von älteren Menschen (die soziale Gruppe älterer Personen). In einer pluralisierten und differenzierten Gesellschaft gibt es immer eine Vielzahl von Altersbildern. Auch Einzelpersonen haben nicht nur jeweils ein einzelnes Altersbild, sondern verfügen über ein ganzes Repertoire an Altersbildern. Verschiedene Altersbilder können unterschiedlich wichtig sein. Es gibt kulturell prägende, ‚große' Altersbilder, die das Altsein in einer Gesellschaft in hohem Maße formen und sich höchstens langsam verändern. Und es gibt flüchtige, ‚kleine' Altersbilder, die sich relativ schnell abwechseln und wandeln können. Altersbilder sind Bestandteil des kulturellen Wissensschatzes einer Gesellschaft und des individuellen Erfahrungsschatzes der einzelnen Mitglieder einer Gesellschaft. Welches der zur Verfügung stehenden Altersbilder im Vordergrund steht, hängt entscheidend vom jeweiligen Kontext ab; je nach Situation können unterschiedliche Altersbilder aktualisiert werden, sich abwechseln oder nebeneinanderstehen." (BMFSFJ 2010, S. 36)

Damit ist der Altersbildbegriff zwar breit gefasst, bezieht allerdings so viele Aspekte des Alter(n)s mit ein, dass er in dieser Form kaum greifbar wird.

Eine Möglichkeit zur Operationalisierung des Altersbildbegriffs bietet etwa die Unterteilung in vier Teilbereiche von Altersbildern als kollektive Deutungsmuster, institutionelle Altersbilder, Altersbilder als Elemente der persönlichen Interaktion sowie Altersbilder als individuelle Vorstellungen und Überzeugung (BMFSFJ 2010, S. 36). Allerdings zeigt sich daran auch, dass die unter den einzelnen Überschriften subsumierten Teilaspekte so unterschiedlich sind, dass der Begriff Altersbilder weniger einen Oberbegriff als vielmehr einen Sammelbegriff unterschiedlicher Themen darstellt. Zur symbolischen Ebene von Alter(n)skonstruktionen zählen vor allem die Bereiche kollektive Deutungsmuster und organisatorische und institutionelle Altersbilder, während Altersbilder als Elemente der persönlichen Interaktion sowie Altersbilder als individuelle Vorstellungen und Überzeugung eher in den Bereich der interaktiven und materiell-somatischen Ebene fallen.

Andere Definitionen von Altersbildern lehnen sich stärker an die Stereotypenforschung an. Staudinger etwa geht davon aus, dass sich der Begriff Altersbild im Allgemeinen auf die gesellschaftliche Sicht auf das Alter(n), also das Altersstereotyp, bezieht (Staudinger 2012, S. 192, siehe Abbildung 1). Um diese Sichtweise zu präzisieren, wird vorgeschlagen, dass, wenn sich der Begriff Altersbild auf die Wahrnehmung des eigenen Älterwerdens bezieht, eher der Begriff Altersselbstbild verwendet werden sollte. Vorstellungen darüber, wie Menschen glauben, wie andere das Alter(n) wahrnehmen, werden als „Metaaltersbild" oder „Metaaltersstereotyp" bezeichnet (Staudinger 2012, S. 192). Das Spektrum der verschiedenen Nuancierungen reicht folglich von Selbstkonstruktionen im Bereich des subjektiven Alterserlebens bis hin zur symbolischen Ebene von Alterskonstruktionen.

Die meisten Abhandlungen zu Altersbildern differenzieren jedoch nicht so stark, sondern gehen in der Regel basierend auf strukturfunktionalistischen Thesen von einem bestimmten, als richtig angenommenen Konzept des Alter(n)s aus. Es wird vielfach ein Vorherrschen negativer und stereotyper Altersbilder angenommen, in der Folge wird die Aufgabe der Altersforschung darin gesehen, solche stereotypen Vorstellungen über das Alter(n) zu entlarven und diesen ein besseres Konzept, ein sogenanntes positives Altersbild, entgegenzusetzen.

Neben der Frage danach, ob die Dominanz negativer Altersbilder als Prämisse haltbar ist, lässt sich eine Dichotomie negativer und positiver Altersbilder bezweifeln. Wie schon erwähnt, wurde empirisch belegt, dass Einstellungen zum Alter(n) in aller Regel multidirektional sind, so dass Altersbilder – verstanden als individuelle Vorstellungen und Überzeugungen – sowohl positive als auch negative Komponenten beinhalten. Auch überrascht es nicht weiter, dass organisatorische und individuelle Altersbilder häufig verzerrte, stereotypenartige Darstellungen sind. Um Komplexität zu reduzieren, müssen sie die für den jeweiligen Kontext wesentlichen Charakteristika des Alter(n)s betonen und Differenzierungen aussparen (Amann et al. 2010, S. 186).

Interessant ist zudem, dass Stereotypisierung als Verkürzung meist auf negative Altersbilder bezogen wird, während positive Alterskonzepte, die ebenfalls uniform gestaltet sind, nicht immer als Stereotype wahrgenommen werden.

Darüber hinaus kann die Annahme bezweifelt werden, dass als negativ bezeichnete Altersbilder die Fremd- und Selbstausgrenzung alternder Menschen zur direkten Folge haben, sondern es lässt sich argumentieren, dass Altersbilder weniger direkte Aktivierer individueller Handlungen sind, sondern dass sie eher auf symbolischer Ebene Wirkung entfalten (Amrhein 2008, S. 115).

Auch Göckenjan weist darauf hin, dass bei der Forderung nach neuen Altersbildern häufig verkürzend von einer unmittelbaren Verknüpfung symbolischer Alterskonstruktionen mit anderen Konstruktionsebenen ausgegangen wird. Da Altersbilder auf gesellschaftlich geteilten Normen beruhen, die sich im historischen Verlauf immer wieder verändern, müssen Altersbilder vor allem als Ausdruck solcher Normen verstanden werden, weniger als Produzenten von Normen.

Hinzu kommt, dass Altersbilder auf symbolischer Ebene nicht in einer Art Imagekampagne ohne Weiteres durch neue und/oder positive Altersbilder ersetzt werden können (Göckenjan 2010, S. 403).

Gerade für die Werbung werden neue Altersbilder immer wieder gefordert. Es überrascht nicht, dass Silber-Marketing-Anbieter diese Forderung von Seiten Dritter nicht im nennenswerten Umfang umsetzen. Zwar wird an dieser Stelle wiederholt das Beispiel einer recht bekannten Kampagne der Kosmetikmarke „dove pro age" angeführt, die den Eindruck erweckt, neue Einstellungen zum Alter(n) etablieren zu wollen. Bei näherem Hinsehen wird dieser angebliche Anspruch jedoch – wie leicht nachzuvollziehen ist – kaum eingelöst (siehe auch Kapitel 4.4.4.2.4).

Auch einige staatliche Interventionsprogramme schreiben sich die Veränderung von Altersbildern auf die Fahnen. Hier seien als Beispiele die Fotowettbewerbe „Was heißt schon alt" (2011) im Rahmen des Programms „Altersbilder" der Bundesregierung oder „Neue Bilder vom Alter(n)" (2010) der Akademiegruppe „Alter(n) in Deutschland" genannt. Diese mögen Denkanstöße geben, doch mehr als eine Sensibilisierung kann von ihnen wohl kaum erwartet werden. Nicht zuletzt auch, weil anders als etablierte, allgegenwärtige Altersbilder solche Programme nur von einem begrenzten Personenkreis wahrgenommen werden. Zudem sind sie bislang kaum wissenschaftlich evaluiert worden (BMFSFJ 2010, S. 67).

Der scheinbar griffige Begriff Altersbilder erweist sich demzufolge bei näherem Hinsehen als problematisch, aber eben auch als kaum ignorierbar für die Diskussion um das Alter(n) und die Produktion von Alter(n)skonstruktionen.

2.3.2.2.4   (Anti)-Ageismus

Der Begriff Ageismus bezeichnet alter(n)sbedingte Diskriminierung. Die Thematisierung und Bekämpfung von Ageismus sollen dazu dienen, Altersdiskriminierung, ähnlich wie für rassistische und sexistische Diskriminierung bereits praktiziert, sichtbar und beschreibbar zu machen und im zweiten Schritt durch antidiskriminierende Praxis zu ersetzen. Grundlage dafür ist die Sichtweise auf Alter(n) als Konstruktion, von der angenommen wird, dass sie in bestimmten Ausprägungen für die Betroffenen negative Auswirkungen hat und die deshalb verändert werden kann und soll. Insbesondere der alternde Körper gilt als Projektionsfläche für Altersdiskriminierung (Laws [1995] 2009, S. 111).

Es wurde bereits darauf hingewiesen, dass Konstruktionsprozesse nur ein Teil des Phänomens Alter(n) sind. Entsprechend liegen dem Konzept des (Anti)Ageismus fragliche Vermischungen von Einstellungs- und Wissensaspekten über das Alter(n) und seine Konstruktionen zugrunde (Amrhein und Backes 2007, S. 104). Schließlich ist Alter(n) durchaus häufig mit Verlusten verbunden und es ist problematisch, wenn das Bewusstsein über Risiken des Alter(n)s direkt mit Diskriminierung gleichgesetzt wird. Alterungsprozesse sind nicht selten Verlustprozesse. Es ist denkbar, dass die Angst vor dem Älterwerden und damit das Näherrücken des Todes zu alter(n)sfeindlichem Verhalten führt. Eine weitere Besonderheit von Ageismus gegenüber anderen Formen der Diskriminierung ist, dass es sich um ein diskriminierendes Verhalten handelt, das sich gegen eine Gruppe richtet, zu der die, die es praktizieren, eines Tages aller Wahrscheinlichkeit auch einmal gehören werden, wenn sie es – je nach Alter(n)sdefinition – nicht sowieso schon tun. Ageismus ist folglich eine Form von Diskriminierung, die sich auch gegen die eigene Person richten kann, und damit eine ungewöhnliche Form der Diskriminierung (Martens et al. 2005, S. 223).

Es stellt sich deshalb die Frage, ob ein nicht-alter(n)sdiskriminierendes Denken überhaupt möglich ist, ohne sich zu sehr an einem Alter(n)sverlauf zu orientieren, der die Frage nach Abbau und Verlust durch das Alter(n) ausspart und damit wichtige mögliche Dimensionen des Alterserlebens verzerrt (McHugh 2003, S. 181).

Der Ausdruck des bipolaren Ageismus fasst diese Unschärfen zusammen und beschreibt die Vielschichtigkeit von letztendlich nie ganz richtigen oder nie ganz falschen Einstellungen zum Alter(n) (Andrews 2009, S. 74).

Wenngleich es sich beim Ageismus um ein schwieriges und ambivalentes Gebiet handelt, so ist es doch erstaunlich, wie wenig Raum dem Ageismus bzw. dem Anti-Ageismus im Vergleich zu anderen Formen der Diskriminierung im Alltagsdenken bisher zukommt.

Zumindest in Deutschland scheint eine Lobby zur Bekämpfung altersfeindlicher Diskriminierung noch kaum etabliert. Dies zeigt sich etwa dadurch, dass es beispielsweise in den USA eine ganze Reihe von Institutionen gibt, die sich der Bekämpfung von Ageismus verschrieben haben, und es auch intensive wissenschaftliche Forschungstätigkeit zum Thema gibt, was sich hierzulande nur vereinzelt beobachten lässt (Brauer 2010, S. 28).

Dafür sprechen auch Alltagsbeobachtungen, wie die, dass es trotz des Allgemeinen Gleichbehandlungsgesetzes beispielsweise auf dem Arbeitsmarkt nach wie vor gang und gäbe scheint, Alter bzw. Jugend zu einem wichtigen Kriterium der Personalauswahl zu machen.

Noch scheint es demzufolge so zu sein, dass, im Unterschied zu den Konstruktionen des aktiven Alterns, zu Anti-Ageing oder der Altersbilderdebatte Fragen nach dem Ageismus noch keine besonders deutlich hervortretenden Konstruktionen sind. Allerdings ist ein Wandel gerade in Anlehnung an die Praxis in den USA wahrscheinlich.

Alle genannten Aspekte zusammengefasst bilden Facetten von neuen symbolischen Konstruktionen des Alter(n)s und damit Nährboden der Ökonomisierung des Alter(n)s. Synthetisiert und ergänzt werden sie durch das Leitbild des dritten Lebensalters, das als neuer Ansatz der Vergesellschaftung von Alter(n) angesehen werden kann (Backes 1997, S. 310).

2.3.2.2.5   Neue Vergesellschaftungsform „drittes Alter"

Die Bezeichnung „drittes Alter" verrät schon, dass hier von einem neu hinzugekommenen Lebensabschnitt innerhalb der Alter(n)sphase ausgegangen wird.

Verwendet wird der Ausdruck etwa seit den 1970er-Jahren, die genaue Herkunft des Begriffes ist nicht ganz klar, eine ausführliche Beschreibung zum Phänomen des dritten Lebensalters findet sich bei Laslett, der vorstellt, wie die vertraute Dreiteilung des Lebenslaufs um eine weitere Etappe hin zu einer Vierteilung erweitert werden kann. Dabei stellt die dritte eine Phase der persönlichen Erfüllung dar, die sich an eine Zeit der beruflichen und persönlichen Verpflichtungen anschließt und schließlich in einen vierten Abschnitt von Abhängigkeit, Altersschwäche und schließlich Tod mündet (Laslett 1995, S. 34 f.).

Das Aufkommen dieser Phase kann als eine Antwort auf die Herausforderungen der Vergesellschaftung des Alter(n)s unter den veränderten Bedingungen des demografischen und sozialen Wandels aufgefasst werden (Backes 1997, S. 310).

Das Themenfeld drittes Lebensalter hat sowohl in der Populärkultur als auch in der wissenschaftlichen Debatte seinen Platz gefunden. So nehmen z. B. die vorhin benannten Beschreibungen Alternder als „Second Beginners", „Best Agers", „Woopies" (well off older people), „Master Consumers" usw. fast immer implizit Bezug auf das dritte Lebensalter. In Deutschland sind auch die Begriffe der „jungen Alten" und „alten Alten" etabliert, analog gibt es im Englischen die Unterscheidung zwischen den „young-old" im dritten Alter und den „old-old" im vierten Alter.

Als charakteristisch für die Phase des dritten Alters wird angesehen, dass alter(n)sbedingte Einschränkungen noch kaum spürbar sind. Deren Auftreten markiert den Beginn des vierten Alters. Demgemäß werden „junge Alte", also Personen im dritten Lebensalter, als Ressourcenträger angesehen, erst für hochaltrige Menschen werden die typischerweise mit dem Alter(n) verknüpften Einschränkung der Gesundheit erwartet (van Dyk und Lessenich 2009, S. 26).

Daraus ergibt sich eine ähnliche Problematik wie beim vorhin beschriebenen Altersaktivierungsdiskurs. Auch wenn das dritte Alter eine neue Option für die Gestaltung des Lebenslaufs sein mag, in dem Moment, indem ein viertes, körperlich eingeschränktes Alter mitgedacht wird, entzaubert es sich. Zwar kann die Anerkennung eines gesunden dritten Alters als Entstigmatisierung und Entstereotypisierung des Alter(n)s gewertet werden, gleichzeitig aber wird durch diese Auslassung der Möglichkeit von Krankheit und Einsamkeit im Alter wiederum die Stigmatisierung Hochaltriger erzeugt (Pichler 2010, S. 419).

Doch auch bei Anerkennung dieser Zwiespältigkeit bleibt das dritte Lebensalter ein interessantes Phänomen. Gilleard etwa sieht im Aufkommen des dritten Alters eine neuartige Legierung aus individuellen, historischen und demografischen Faktoren, eingebettet in die kulturellen und sozialen Veränderungen der Konsumkultur (Gilleard 2008, S. 15). Manchmal wird sogar so weit gegangen, das dritte Lebensalter als eine „zweite Adoleszenz" zu beschreiben.

Und in der Tat gibt es Parallelen zur Adoleszenz. Beide Lebensphasen zeichnen sich dadurch aus, dass es wenige oder keine familiären oder beruflichen Verpflichtungen gibt. Vergangenheit, Gegenwart und Zukunft müssen neu aufeinander abgestimmt werden (Westerhof 2009, S. 58).

Im Zusammenhang mit der Ökonomisierung des Alter(n)s ist die Einbettung des dritten Lebensalters in die Konsumkultur besonders interessant. Konsumkultur und drittes Lebensalter gehen Hand in Hand. Diese Kombination bildet den wohl entscheidenden Faktor für die Entwicklung eines Markts, der das Alter(n) im Visier hat, aber nicht nur Fragen der Kompensation alter(n)sbedingter Einschränkungen fokussiert, sondern auch Silber-Marketing-Konsumangebote für den spezifischen Lebensstil Alternder in den Blick nimmt (Blaikie 1999, S. 107).

Gemäß Biggs haben Menschen im dritten Lebensalter eine ganz eigene Vorstellung und Wahrnehmung von ihrem Alter(n), von der Wahrnehmung durch andere und von den Ähnlichkeiten und Unterschieden zwischen den Generationen. Deshalb ist die Frage aufschlussreich, ob und inwieweit Konsumangebote diese Vorstellungen aufgreifen (Biggs et al. 2008, S. 46 f.). Im Sinne einer kulturellen Ökonomie des Alter(n)s ist davon auszugehen, dass die angebotenen Produkte des Silber-Marketings aufgeladen sind mit lebensphasenspezifischen Werten (Gilleard 2008, S. 26).

Die Vermischung von veränderten Rahmenbedingungen des Alters mit Alterskonstruktionen auf symbolischer Ebene, die im Zusammenspiel das Aufkommen eines dritten Lebensalters bedingen, sind folglich Wegbereiter für die Ökonomisierung des Alter(n)s und damit für Silber-Marketing.

Im folgenden Kapitel wird der Blick auf die nächste Konstruktionsebene gerichtet, die interaktive Ebene von Alter(n)skonstruktionen in Auseinandersetzung mit anderen.

2.3.3 *Alter(n)skonstruktionen auf interaktiver Ebene*

2.3.3.1 (De-)Konstruktionen des Lebenslaufs als Basis

Veränderte Alter(n)skonstruktionen auf interaktiver Ebene, also das nach außen sichtbare oder nach außen getragene Alter, sind nur unter der Voraussetzung denkbar, dass der Lebenslauf nicht starr an chronologische Altersgrenzen gebunden ist. Es wurde bereits erwähnt, dass das chronologische Alter nur scheinbar eine aussagekräftige Messgröße für das Alter(n) ist (Kapitel 2.1.2).

Als Folge des Strukturwandels des Alter(n)s und der Gesellschaft wird von einer immer weiter fortschreitenden Deinstitutionalisierung und Entdifferenzierung des Lebenslaufs ausgegangen. Entsprechend verwischen Rollenerwartungen, die mit einem spezifischen chronologischen Alter korrespondieren. Bislang relativ deutlich markierte Lebensabschnitte verschwimmen, die Verhaltenserwartungen für die jeweiligen Lebensabschnitte sind nicht mehr eindeutig. Als Folge wird angenommen, dass es zunehmend Ähnlichkeiten der Modi der Selbstdarstellung in den unterschiedlichen Altersgruppen gibt, also eine Tendenz zu einer nicht altersspezifischen Art des Auftretens. Dieses orientiert sich an einem jugendlichen Lebensstil oder am Lebensstil des „Midlife", des mittleren Lebensalters (Featherstone und Hepworth [1991] 2009, S. 86–88).

Doch auch eine Orientierung am Midlife hält den Verlauf des Alters nicht auf. Deshalb stellt sich die Frage, wie die aufgelösten oder zumindest aufgeweichten traditionellen Lebenslaufabschnitte gegenüber anderen angezeigt werden können, selbst wenn das eigene Alterserleben dem Midlife vielleicht nicht mehr entspricht. Hierzu gibt es im Wesentlichen drei Hypothesen: „Mask of Ageing", „Masquerade" und „Ageless Self". Bei der „Mask of Ageing"-Hypothese wird davon ausgegangen, dass Alter(n) als Maske wahrgenommen wird, die das darunterliegende eigentliche Erleben eines jugendlichen Selbst verbirgt. Die Veränderungen durch das Alter(n) in Aussehen und Funktion des Körpers werden als äußere, „fremde" Hülle – eben als Maske – wahrgenommen (Featherstone und Hepworth [1991] 2009).

Beim Konzept der „Masquerade", das auf einem psychoanalytisch fundierten Theoriegerüst aufbaut, wird in genau umgekehrter Logik argumentiert: Das Erleben des eigenen Alter(n)s wird bewältigt, indem es hinter einer Maske von äußerer Jugendlichkeit versteckt wird. Die Maske verdeckt das Selbst, das altert (Woodward 1991).

„Ageless Self" wiederum geht von einer konstanten jugendlichen Eigenwahrnehmung aus. Die Basis bildet die jugendliche Vergangenheit. Ereignisse, die auf das Alter(n) hindeuten, werden so uminterpretiert, dass sie zu dieser jugendlichen Eigenwahrnehmung passen (Kaufman 1986).

Öberg und Tornstam (1999) haben die „Mask of Ageing"- und die „Ageless Self"-Hypothese empirisch-quantitativ getestet. Im Ergebnis ergibt sich, anders als hypothetisch angenommen, weder eine Fixierung auf ein jugendliches Selbst in Form eines subjektiv jungen „Ageless Self" noch eine Bestätigung der „Mask of Ageing"-Hypothese.

Allerdings ist daran zu zweifeln, ob die Ergebnisse dieser Studie generalisiert werden können. Insbesondere lassen sich die für eine quantitative Untersuchung notwendigerweise verkürzenden getroffenen Brückenannahmen zur Operationalisierung der Hypothesen in Frage stellen (Amrhein und Backes 2008, S. 386).

Selbstverständlich existieren Abwandlungen, Variationen und Mischformen dieser drei Grundkonzepte und Verhaltensweisen, die keinem dieser Ansätze entsprechen. Nicht umsonst handelt es sich bei Mask of Ageing, Masquerade und Ageless Self um sich teilweise widersprechende Hypothesen.

Im folgenden Abschnitt geht es nun darum, wie, sei es in Übereinstimmung mit einer dieser schematischen Hypothesen oder eben auch nicht, das gegenseitige Präsentieren des eigenen Alter(n)s gegenüber anderen vonstattengeht. Gerade die Durchlässigkeit der Altersstufen schafft einen Bedarf, die eigene Verortung im Lebenslauf gegenüber anderen anzuzeigen. Weil Alter(n) zur Verhandlungssache geworden ist, anstatt einem starren Ablauf zu folgen, müssen entsprechende Verhandlungen darüber immer wieder geführt werden. Dieses gegenseitige Präsentieren des Alters wird auch als Doing Age bezeichnet.

2.3.3.2   Doing Age

Der Ausdruck Doing Age steht für die gesellschaftliche Konstruktion des Alter(n)s in der unmittelbaren Interaktion. Mit der Wahl des Begriffs Doing Age soll auch eine Analogie zum Doing Gender, der These von der gesellschaftlichen Konstruktion von Geschlecht, begrifflich zum Ausdruck gebracht werden. Ebenso wie beim Doing Gender geht es bei der Frage nach dem Doing Age darum, in welchem Verhältnis biologische Tatsachen gegenüber gesellschaftlichen Zuschreibungen stehen und wie dies zu Tage tritt. Mit der Terminologie des Doing Age wird der perspektivische Schwerpunkt der Konstruktion von Alter(n) darauf gelegt, dass Alter(n) auch eine Präsentation vor anderen und somit die gesellschaftliche Konstruktion der Altersdifferenz ist (Schroeter 2008a, S. 616). Im Umgang miteinander zeigen sich Menschen gegenseitig an, wie alt sie sich erleben, indem sie sich als Junge, Alte, als Junggebliebene oder als Altgewordene oder als „im mittleren Lebensalter" zu erkennen geben. Alter(n) ist also auch in jeder menschlichen Handlung sichtbar (Schroeter 2008b, S. 249 f.).

Schon das Phänomen Alter(n) selbst lässt sich ja nur als relationale Figur verstehen, und entsprechend ist das subjektive Alterserleben mit tatsächlichen oder angenommenen Vergleichen mit anderen und mit Zuschreibungen von außen verschränkt. Das Phänomen Alter(n) ist ohne Vergleiche mit anderen nicht denkbar. Die materiell-somatische und die leiblich-affektive Ebene im Sinne Schroeters verschränken sich entsprechend mit der interaktiven Ebene, die wiederum mit der symbolischen Ebene der Verwirklichung des Alter(n)s in Zusammenhang steht.

Öberg veranschaulicht diesen Bezug von materiell-somatischer und leiblich-affektiver Ebene mit der interaktiven Ebene an einem konkreten Beispiel wie folgt:

> „«Ich weiß, das Alter kommt ziemlich früh, es ist so. Du merkst es, wenn Du anfängst körperlich nachzulassen. Dann bemerkst Du es. Besonders als Frau. An dem Tag, an dem Dir niemand mehr hinterher schaut (lacht), da merkst Du, dass die Zeit gekommen ist.» (Eine 75-jährige Frau)" (Öberg [1996] 2009, S. 145)

2.3.3.3   Doing Age und Doing Gender

Die Analogie von Doing Age und Doing Gender dient nicht nur der Begriffspräzisierung, sie lässt sich auch auf inhaltliche Verschränkungen und Überschneidungen der beiden Kategorien ausdehnen. So sind historisch überlieferte Konstruktionen vom Alter(n) fast immer geschlechterdifferenziert. Weisheit, insbesondere wenn sie mit Macht gepaart ist, ist ein Alter(n)smerkmal, das in aller Regel alternden Männern zugesprochen wird. Bei Frauen hat Doing Age weitaus mehr mit der Präsentation bzw. Kaschierung körperlicher Veränderungen durch das Alter(n) zu tun. Damit zusammenhängend wurde und wird Alter(n) bei Frauen in vielen Zusammenhängen chronologisch früher als bei Männern angesetzt (Gildemeister 2008, S. 200). Dem folgend wurde empirisch beobachtet, dass aufgrund unterschiedlicher gesellschaftlicher Alter(n)skonstruktionen Frauen stärker und länger versuchen, eine Selbstzuschreibung als „jugendlich" aufrechtzuerhalten als Männer (Barrett 2005, S. 168).

Solche geschlechtsspezifischen Unterschiede werden schön länger, etwa bei der These des „Double Standard of Ageing", die der „Double Marginality" oder der „Female Beauty-Hypothese" vermutet.

„Double Standard of Ageing" beschreibt allgemein unterschiedliche Altersstandards für Männer und Frauen. Die „Female Beauty"-Hypothese konstatiert, dass für Frauen das Aussehen eine größere Rolle spielt als für Männer und dass dementsprechend Frauen die körperlichen Veränderungen durch das Älterwerden als bedrohlicher empfinden. Bei der „Double Marginality"-Hypothese wird von einer insgesamt größeren Körperunzufriedenheit bei Frauen als bei Männern ausgegangen, die sich im Alter weiter verstärkt. Alternde Frauen, so wird angenommen, erleben durch die äußeren Veränderungen auch, dass sie sozial weniger wahrgenommen oder gar „unsichtbar" werden.

Öberg und Tornstam haben diese Thesen im Rahmen der oben angeführten Untersuchung getestet.

Die größere Bedeutung des Aussehens für Frauen bestätigte sich in der Untersuchung, auch konnte gegenüber der Gruppe der Männer eine größere angenommene Bedrohung durch das Älterwerden ausgemacht werden. Es ergab sich bei den Frauen zudem eine allgemein unter der der Männer liegende Körperzufriedenheit, aber keine Vergrößerung dieser Kluft mit fortschreitendem Alter, sondern im Gegenteil eine Annäherung der gemessenen Werte (Öberg und Tornstam 1999, S. 636–639).

Gleichzeitig ist zu beachten, dass, wie unter anderem einleitend und ausführlicher am Beispiel des Ageismus ausgeführt, die Parallelen von Konstruktionen des Alters und Geschlechts auch ihre Grenzen haben. Zum Beispiel ist die Geschlechtszugehörigkeit normalerweise binär konstruiert und eine Veränderung der Geschlechtszugehörigkeit wird als Ausnahme angesehen. Der Übergang von „jung" nach „alt" hingegen gilt als Normalfall, den potenziell jeder Mensch durchlebt (Spindler 2007, S. 79). Gerade diese Veränderungsprozesse machen Doing Age zu einem guten Teil aus, das Anzeigen des Alters gegenüber anderen muss praktisch ständig neu austariert werden, weil auch das Alter(n) immer weiter fortschreitet.

2.3.3.4 Körper und Doing Age

Das fortwährende Austarieren gegenüber anderen hat, da chronologische Altersgrenzen in der Auflösung begriffen sind, damit zu tun, ob und wie der Körper Alterungsprozesse gegenüber anderen verrät. Alter(n) wird in körperlichen Zeichen sichtbar: z. B. durch dünner werdende oder ergrauende Haare, durch alter(n)sbedingt auftretende Pigmentveränderungen oder Erschlaffen der Haut. Solche körperlichen Veränderungen lassen sich durch Doing Age beeinflussen und sozusagen „kommentieren". Instrumente, dies zu tun, sind z. B. Mode, Kosmetik, Diät und Fitnessprogramme. Doing Age kann entsprechend als gesellschaftliche Konstruktion von Altersunterschieden durch den Körper bezeichnet werden, wobei der Körper Symbolcharakter annimmt (Schroeter 2009b, S. 166).

Somit kann der Körper als soziales Medium und Resultat individueller Handlungen verstanden werden. Der Körper zeigt nicht nur die soziale Herkunft an und gibt Auskünfte über die soziale Gruppe, in die man sich selbst bzw. andere einordnet, sondern auch, welche Vorstellung man von seiner eigenen Altersgruppe hat und welche man transportieren möchte (Backes 2008, S. 192).

Ein solcher bewusster Einsatz des Körpers als Hinweisgeber hat in höheren Gesellschaftsklassen eine lange Tradition. Hier hat es schon immer Körpermodelle eines „sozial legitimen" Körpers gegeben. Es wird davon ausgegangen, dass inzwischen sozial legitime Körpermodelle ein allgemeiner Maßstab geworden sind. Jeder Einzelne hat die Aufgabe, seinen Körper entsprechend zu gestalten. Dabei lässt sich am Körper zwar kein adeliger Rang erkennen, aber die Prinzipien der postindustriellen Dienstleistungsgesellschaft wie Flexibilität, Einsatzbereitschaft und Fitness können in ihm eingeschrieben werden. Als Haupttransporteur etablierter Körpernormen gelten Medien wie Publikumszeitschriften, Fernsehen usw. (Klein 2010, S. 459).

Ein nach außen präsentierter fitter Körper gehört für viele auch zum aktiven Altern dazu. Die Konstruktion des alternden Körpers als Projekt und Aufgabe in Form von Doing Age wird mit der Norm des aktiven Alter(n)s verbunden. Der Zustand und die Präsentation des Körpers zeigen an, ob die Lebensführung dieser Norm entspricht. Deshalb – so die Beobachtung von Schroeter – gibt es geradezu eine gesellschaftliche Pflicht, den Körper zu formen und so „korporales Kapital" zu erhalten oder zu mehren. Die „Währung" dieses korporalen Kapitals, schöne, gepflegte und funktionstüchtige Körper, strukturieren soziale Bewertungen: je mehr sich der alternde Körper den idealisierten Bewertungen von Jugend, Gesundheit, Aktivität und Schönheit annähert, umso mehr wird er durch Akzeptanz durch Dritte belohnt (Schroeter 2009a, S. 369 f.).

Obwohl ein solcher Bedeutungszusammenhang von Körper und Alter(n) mittels Doing Age einleuchtend ist, findet in der sozialwissenschaftlichen Gerontologie bislang noch recht wenig theoretische oder empirische Auseinandersetzung mit dieser Verknüpfung statt. Grund dafür könnte die noch immer prägende Denktradition eines Dualismus von Körper und Seele sein (Öberg [1996] 2009, S. 143 f.) oder eine Scheu, Themen zu bearbeiten, die vordergründig der Biologie oder der Medizin zugeordnet scheinen. Seit einigen Jahren zeichnet sich jedoch ein wachsendes Interesse am Thema Körper für gesellschaftliche Konstruktionsprozesse ab, wie z. B. die Arbeiten von Backes (2008), Gugutzer (2008), Wolfinger (2008) und Schroeter (2009b) zeigen.

Der Körper spielt nicht nur in der Interaktion mit anderen, sondern auch für das eigene Alterserleben eine Rolle. Das nächste Kapitel befasst sich mit dieser Konstruktionsebene von Alter(n), die stets in Bezug und Wechselwirkung mit der symbolischen und interaktiven Ebene steht.

3 Subjektives Alterserleben

3.1 Forschungsansätze zum subjektiven Alterserleben

Dass die so fundamentale Fragestellung des Erlebens des eigenen Älterwerdens ein noch wenig erforschtes Feld ist, wurde bereits einleitend festgestellt. Gleichzeitig ist es, wie an den ebenfalls einleitend vorgestellten unterschiedlichen verwendeten Termini erkennbar ist, nicht ganz einfach, bereits vorhandene Überlegungen und Ergebnisse zum Thema zusammenzutragen. Denn weil es in diesem vergleichsweise neuen Forschungsfeld noch keine allgemein akzeptierte Begrifflichkeit gibt, ist es schwer zu identifizieren, wo das subjektive Alterserleben thematisiert wird. Zugleich können sich auch hinter ähnlichen Begriffen unterschiedliche Vorstellungen subjektiven Alterserlebens verbergen.

Bei aller Unterschiedlichkeit und begrifflichen Uneinheitlichkeit lassen sich drei Phasen der bisherigen Forschungsaktivitäten zum subjektiven Alterserleben ausmachen.

In den 1970er-Jahren wurde das subjektive Alterserleben erstmals explizit zum alterswissenschaftlichen Thema. Das hauptsächliche Interesse galt in dieser ersten Phase der Differenz von tatsächlichem chronologischen Alter und subjektiv erlebtem chronologischen Alter in Jahren. Wegweisende Arbeiten zu dieser Materie stammen z. B. von Kastenbaum et al. (1972). Das subjektiv erlebte Alter und das chronologische weichen in aller Regel voneinander ab, und zwar solchermaßen, dass das subjektive chronologische Alter meist niedriger ist als das gemessene chronologische (dazu ausführlicher auch Kapitel 3.3.1).

Später kamen zunehmend Fragestellungen nach dem Lebenslauf als Faktor für das subjektive Alterserleben hinzu, entwickelt insbesondere aus der Forschungstradition der Lebensspannenpsychologie. Damit wurde die zwangsläufige Dynamik des Alterserlebens in die Thematik integriert. Es konnte aus dieser Perspektive heraus gezeigt werden, dass erhebliche Unterschiede zwischen Personen darin bestehen, wie viel Beachtung sie dem Alterungsprozess schenken. Auch ändert sich die Wahrnehmung des Älterwerdens situationsspezifisch: Etwa wenn Geburtstage oder Jahrgangstreffen anstehen, wird das Alter(n) intensiver wahrgenommen und als wichtiger angesehen als zu anderen Zeiten (Montepare 1996).

In der derzeitigen dritten Phase der Forschung wird versucht, sowohl das subjektive Alterserleben als Vorgang als auch das subjektive Alterserleben als Zustand zusammen zu erfassen. Es wird angestrebt, die Multidimensionalität des subjektiven Alterserlebens darzustellen. Die Arbeiten von Kastenbaum et al. (1972) legen dafür den Grundstein, indem sie Alter(n) festmachen an den Parametern „feel age", „look age" und „desired age", die allerdings noch auf der Ebene des subjektiven chronologischen Alterserlebens verharren.

Brandtstädter und Greve (1994) verwenden den Begriff des „empirischen Puzzles", um die Komplexität des Phänomens Alterserleben darzustellen (Abbildung 7).

Immer intensiver wird in der derzeitigen Phase der Versuch unternommen, auch andere Dimensionen des subjektiven Alterserlebens besser und ausführlicher zu erfassen. Steverink et al. (2001) z. B. konzentrieren sich auf die Bereiche „physischer Abbau", „soziale Verluste" und „kontinuierliches Wachstum", um die persönliche Erfahrung des Älterwerdens in einem multidimensionalen Gesamtbild darzustellen.

Einen besonders vielschichtigen und integrierenden Ansatz zur Erfassung des subjektiven Alterserlebens als Vorgang und Zustand stellt das AARC-Konzept (Diehl und Wahl 2010, Abbildung 8) dar. AARC – Awareness of Age Related Change – unterscheidet fünf Bereiche des subjektiven Alterserlebens: „Gesundheit und körperliche Leistungsfähigkeit", „kognitive Leistungen", „interpersonale Beziehungen", „sozial-kognitives und sozial-emotionales Verhalten" sowie „Lebensstil und Engagement". Darüber hinaus kombiniert das AARC-Konzept diese Bereiche des Alterserlebens mit Erkenntnissen aus der Psychologie der Lebensspanne, z. B. indem von einer Gleichzeitigkeit von Gewinn- und Verlusterfahrungen durch das Alter(n) ausgegangen wird. AARC betont die Plastizität des Älterwerdens. Beim Konzept des AARC wird davon ausgegangen, dass Bewusstsein über das eigene Älterwerden als das bewusste Erleben von Veränderungen eine wichtige Rolle für gelingendes Alter(n) spielt (Wahl et al. 2013, S. 67 f.). Zur Analyse von AARC wird ein Rahmenmodell vorgeschlagen, in dem Voraussetzungen wie Geschlecht, Einkommen und Wohnsituation in einen Bezug gesetzt werden zum subjektiven Alterserleben und zu sich daraus ergebende Einstellungen zum Alter(n).

Miche et al. (2014) erstellen an die fünf Dimensionen des AARC anknüpfend eine Übersicht, die zeigt, in welcher Form diese in vorangegangenen empirischen Studien bereits konkretisiert worden sind (Tabelle 1).

Empirische Tests des AARCs selbst zeigen, dass gewinnbasiertes AARC im Zeitverlauf relativ konstant bleibt, während verlustbasiertes AARC in der Altersgruppe der 75- bis 87-Jährigen deutlich ansteigt (Wahl et al. 2013, S. 73).

Darüber hinaus treten immer deutlicher die Zusammenhänge zwischen der Forschung zum subjektiven Alterserleben und der Forschung zu Altersselbststereotypen zu Tage. Zwar ist das subjektive Alterserleben nicht dasselbe wie ein Altersstereotyp, doch es wird davon ausgegangen, dass Altersselbststereotype in das eigene Alterserleben integriert werden (Kotter-Grühn und Hess 2012), so dass Altersstereotypenforschung und subjektives Alterserleben als sich überschneidende Themen angesehen werden können.

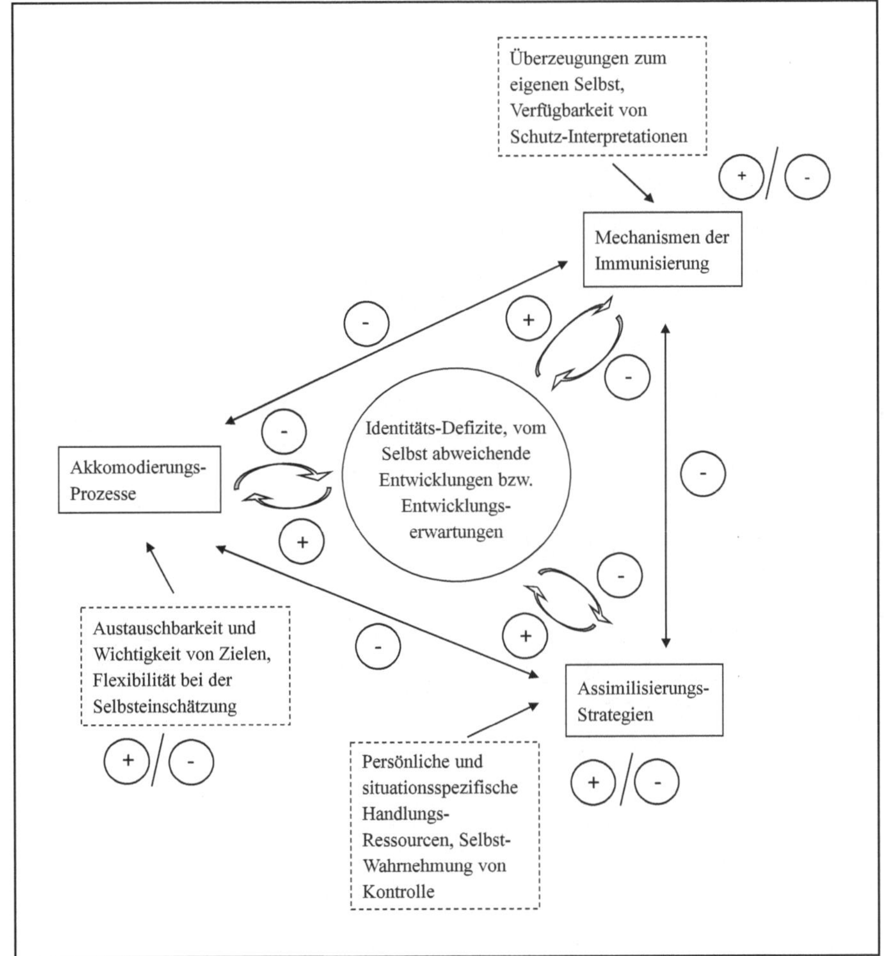

Abbildung 7:	Identitätsstabilisierung im Alter (Brandstädter und Greve 1994, S. 58)

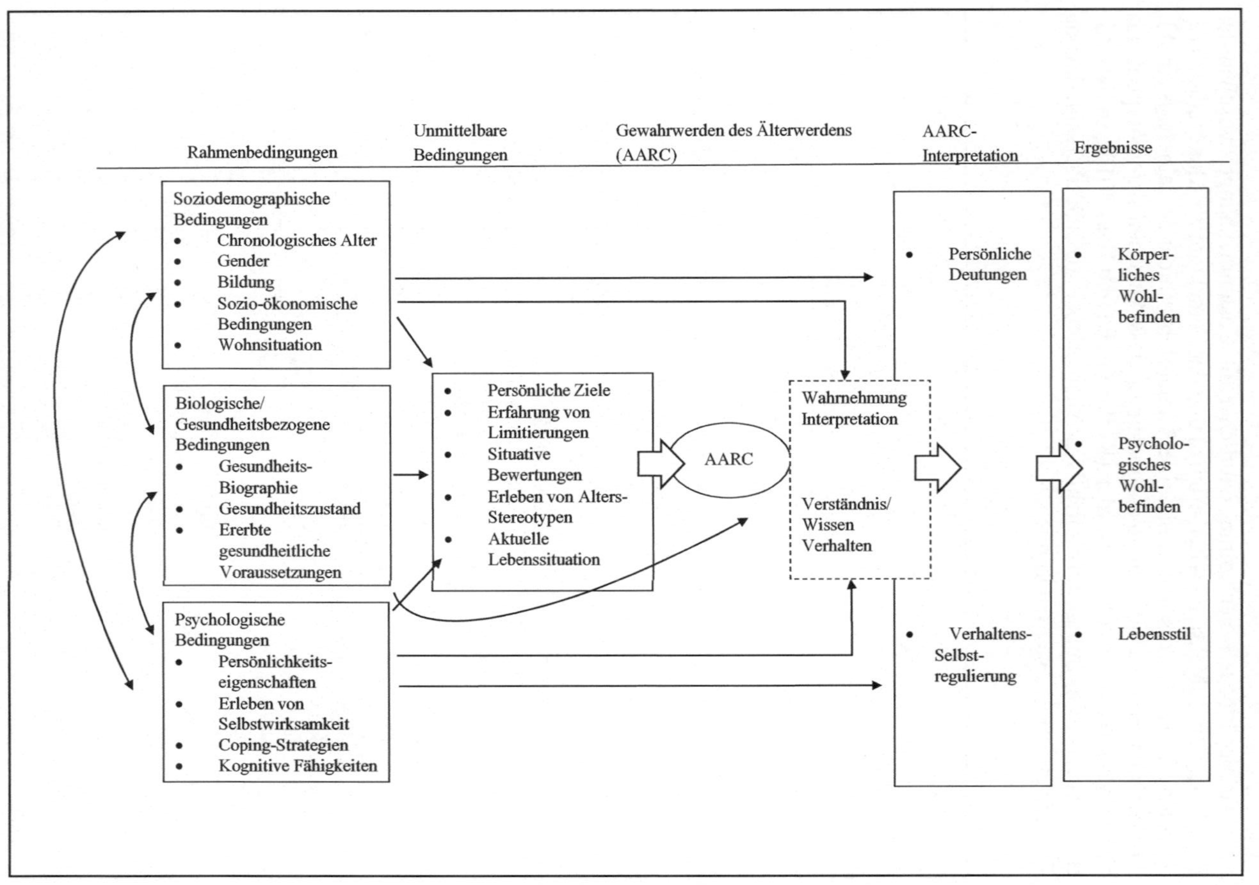

Abbildung 8: AARC Modell (Diehl und Wahl 2010, S. 346)

Tabelle 1: Dimensionen des subjektiven Alterserlebens (Miche et al. 2014, S. 176)

Autoren Altersspanne Samplegröße	Fokus der Studie	Gesundheit und Körper	Kognitive Leistungen	Interpersonale Beziehungen	Sozial-kognitives und emotionales Verhalten	Lebensstil und Verhalten im Alltag
Furstenberg (2002) 58–92 Jahre n = 26	Qualitative Interviews zum Altersverlauf	Rückgang der physischen Leistungsfähigkeit	Rückgang der kognitiven Leistungsfähigkeit-, innere Entwicklung		emotionale Reaktionen und Reaktionen auf Alter(n)szeichens	Weiterführung und Veränderung von Aktivitäten
Giles et al. (2010) Erwachsene im mittleren (M = 49) und höheren Alter (M = 74), n = 380	Anlässe für Alterserfahrungen	Rückgang der physischen Leistungsfähigkeit	Rückgang der kognitiven Leistungsfähigkeit	familiäre Entwicklungen, Kontakt zu Jüngeren		verringerte Freizeit- und Sportaktivitäten
Karp (1988) 50–60 Jahre n = 72	Interviews zur Alterserfahrung in der beruflichen Laufbahn	Veränderungen der Körperwahrnehmung	Weisheit	Alterserwartungen anderer, Gewahrwerden der Sterblichkeit	Veränderungen des Zeit-Empfindens	„Empty Nest"-Erfahrung
Keller et al. (1989) 50–80 Jahre n = 32	Interviewthema: „Dinge, die mit dem Alter assoziiert sind"	Rückgang der physischen Leistungsfähigkeit	Verlangsamung der kognitiven Kapazität	Veränderung sozialer Rollen	Emotionale Veränderungen	Veränderungen sozialer Aktivitäten
Lin et al. (2004) ohne Altersangabe n = 550	Altersidentität in Internet-Foren für Alternde	Rückgang der physischen Leistungsfähigkeit	Reife und Weisheit	Gefühl von Verlust	„mind-over-body"-Einstellung	Weiterführung von Aktivitäten, Freiheit des Alters
Nilsson et al. (2000) 85–96 Jahre n = 8	Narrative Interviews zu Anlässen des Altfühlens	gesundheitliche und körperliche-Veränderungen	Kognitive Veränderungen	Alterswahrnehmung durch andere, Peer-Verluste	Angst vor Hilflosigkeit und Abhängigkeit	
Sherman (1994) 41–96 Jahre n = 101	Veränderungen, die das Gefühl, älter geworden zu sein, ausgelöst haben	Gesundheitsveränderungen	Erfahrung des reifen Selbst	Veränderte Bewertung durch andere, Verlust sozialer Rollen, Trauer		
Steverink et al. (2001) 40–85 Jahre n = 4034	Faktorenanalyse aus qualitativen Interviews zum Alterserleben	Rückgang der physischen Leistungsfähigkeit		Soziale Verluste		Kontinuierliches Wachstum

Vielleicht liegt es an der Nähe zur Altersstereotypenforschung und zur Entwicklungspsychologie, vielleicht handelt es sich um einen Zufall, jedenfalls ist es auffällig, dass bislang die Forschung zum subjektiven Alterserleben größtenteils innerhalb der verhaltenswissenschaftlichen Gerontologie stattfindet. Das mag vielleicht daran liegen, dass z. B. die Entwicklungspsychologie seit jeher nach altersabhängigen Entwicklungen fragt, traditionell allerdings bezogen auf Kindheit und Jugend. In diesen Bereichen ist das chronologische Alter in der Tat eine gute Messgröße, die altersgemäße und -abweichende Entwicklungen zu messen versucht. Wird der Entwicklungsbegriff über Kindheit und Jugend hinaus erweitert und davon ausgegangen, dass lebenslang Entwicklungsprozesse stattfinden, spielen immer mehr gesellschaftliche Prozesse in die Entwicklung mit hinein, die sich allein aus biologischen und persönlichkeitsbedingten Faktoren nicht erklären lassen. Den gesellschaftlichen Kontexten kommt beim Alterserleben eine herausragende Rolle zu (Staudinger 2008, S. 91).

Es wird offensichtlich, dass auch Input z. B. von Seiten der sozialwissenschaftlichen Gerontologie notwendig ist, um das subjektive Alterserleben bestmöglich zu ergründen.

Zum einen, weil es z. B. im AARC-Analyserahmenmodell „vorgeschaltete" Einflussgrößen auf das subjektive Alterserleben gibt, die eher gesellschaftliche Rahmenbedingungen darstellen und damit traditionellerweise eher den Sozialwissenschaften als den Verhaltenswissenschaften zugeordnet werden, etwa Fragen nach dem Einfluss des sozio-ökonomischen Status oder der Wohnsituation auf das subjektive Alterserleben.

Zum anderen, weil das subjektive Alterserleben, wenn Alter(n) in seiner Gesamtheit als von Konstruktionsprozessen mitgeprägt angesehen wird, ebenfalls als Teil solcher Konstruktionsprozesse verstanden werden muss. Zur Verdeutlichung sei noch einmal auf das Modell zur Verwirklichung des Alter(n)s (Abbildung 6) verwiesen. Das subjektive Alterserleben – in dem Modell als materiell-somatische und leiblich-affektive Ebene bezeichnet – ist ebenso wie die symbolische und interaktive Ebene auch Produkt von Konstruktionsprozessen.

Im nächsten Abschnitt wird skizziert, wie gesellschaftliche Konstruktionen subjektiven Alterserlebens denkbar sind, bevor erneut und ausführlicher auf inhaltliche Aspekte des subjektiven Alterserlebens eingegangen wird.

3.2 Subjektives Alterserleben als gesellschaftliche Konstruktion?

Es ist gewöhnungsbedürftig, das subjektive Alterserleben, also eine dynamisch spürbare Erfahrung, als gesellschaftliche Konstruktion zu verstehen. Alterskonstruktion auf einer rein symbolischen Ebene nachzuvollziehen, erfordert wesentlich weniger Abstraktionsvermögen. Doch schon im letzten Kapitel wurde deutlich, wie selbst scheinbar sehr persönliche Aspekte des Älterwerdens, beispielsweise körperliche Veränderungen, Konstruktionsprozessen unterworfen sind, die etwa durch Doing Age zum Ausdruck gebracht werden. Und ebenso wie die interaktive Ebene lassen sich auch die materiell-somatische und leiblich-affektive Ebene in Teilen als Konstruktionsprozesse verstehen. Wird Alter(n) als Ergebnis des Zusammenspiels von Biologie, Gesellschaft und Person (Staudinger 2008, S. 84) definiert, müssen auch für das subjektive Alterserleben gesellschaftlich konstruierte Anteile angenommen werden.

Auch sei hier noch einmal auf das Wechselspiel von Verhältnissen und Verhalten im Sinne des Lebenslagenkonzepts verwiesen. Natürlich lassen sich die gesellschaftlich konstruierten Anteile des Alterserlebens nicht ganz ohne den Zusammenhang mit anderen, zum Beispiel biologischen Faktoren vorstellen. Sie dürfen deshalb aber nicht zugunsten anderer Faktoren aus dem Blickwinkel geraten.

Wie kann eine Annäherung an das Phänomen erfolgen? Hilfreich für das Verständnis der Annahme von konstruierten Anteilen des subjektiven Alterserlebens ist zum Beispiel der Blick auf Identitätskonzepte. Auch das subjektive Alterserleben wird häufig als Identitätsanteil verstanden, nicht selten wird der Begriff Altersidentität synonym mit dem Begriff des subjektiven Alterserlebens verwendet, so dass Überlegungen zur gesellschaftlichen Konstruktion von Identität auch als Hinweise zur Konstruktion des subjektiven Alterserlebens verstanden werden können.

Eine der weitgehend akzeptierten Grundannahmen zur Entwicklung von Identität ist die Auffassung, dass sich Identität als dynamische Interaktion zwischen einem sozialen, also gesellschaftlich konstruierten, und einem personalen Identitätsanteil entwickelt, ein Gedanke, der unter anderem von Goffman entwickelt wurde (Amrhein und Backes 2008, S. 383). Ebenfalls weitgehende Einigkeit besteht darüber, dass heutige Identitäten, auch im Kontext einer Dekonstruktion des Lebenslaufes (siehe Kapitel 2.3.3.1), mehr und mehr als „gemanagte" – in anderen Worten als zunehmend konstruierte – Identitäten zu verstehen sind.

Dementsprechend wird von der These Abstand genommen, dass Identität in der Jugend ausgeformt und danach weitgehend statisch erlebt wird, sondern sie wird immer mehr als dynamisch und im Lebenslauf veränderbar angesehen.

Daran schließt sich an, dass sich feststehende Erwartungen an das Erleben des Alter(n)s verändern und dass es größere Gestaltungsmöglichkeiten für die Identität im Alter bzw. Wahlmöglichkeiten für das subjektive Alterserleben gibt. Als Kehrseite dessen gilt allerdings der Verlust von Orientierungsmöglichkeiten. Deshalb wird von einer „kulturellen Verwirrung" im Hinblick auf die Vorstellungen vom eigenen Altern gesprochen. An dieser Stelle sei noch einmal auf den in

Kapitel 2.3.2.2.5 vorgestellten Begriff der „zweiten Adoleszenz" im dritten Lebensalter verwiesen. Es wird davon ausgegangen, dass die Vorstellung eines dritten Lebensalters und besonders die Tendenz, Alter(n) als aktiv zu gestaltenden Lebensabschnitt zu begreifen, das Denken über das eigene Alter(n) beeinflusst (siehe Kapitel 2.3.2.2, insbesondere Kapitel 2.3.2.2.1 zum aktiven Alter(n)).

Der Versuch, Tendenzen gesellschaftlicher Alterskonstruktionen auf der symbolischen Ebene mit der materiell-somatischen und der leiblich-affektiven Ebene in Einklang zu bringen, kann mit Enttäuschungen oder zumindest Kompromissen zwischen symbolischen Vorstellungen und der eigenen alter(n)sbedingten Disposition, etwa was die körperliche Leistungsfähigkeit angeht, verbunden sein (Biggs 2005, S. 118).

Deshalb ist es unklar, ob die Zunahme von Wahlmöglichkeiten dazu führt, dass die Einschränkungen, die das Alter(n) mit sich bringen kann, überdeutlich hervortreten, oder ob das subjektive Alterserleben vielmehr durch die neuen Chancen der Identitätsgestaltung bereichert wird.

Daran schließt die Frage an, wie diese Identitätsgestaltung bzw. Konstruktion des subjektiven Alterserlebens konkret vonstattengeht. Die schematischen Konstruktionsmöglichkeiten in Form von Mask of Ageing, Masquerade oder Ageless Self mögen ein Ansatzpunkt sein, doch sie stehen vor allem für die interaktive Präsentation des eigenen Alters, weniger für innere Ausformung des subjektiven Alterserleben. Hierzu passendere Hinweise zur materiell-somatischen und leiblich-affektiven Ebene von Konstruktionsprozessen geben z. B. die Arbeiten von Amrhein und Backes (2008) und Graefe et al. (2011).

Bei Amrhein und Backes wird anhand rekonstruktiver Leitfadeninterviews danach gefragt, wie der Prozess des Älterwerdens bewertet wird (positiv, gemischt, negativ), welche Ausprägung von Alterserleben dominiert (Altern als Abbau oder Weiterentwicklung), welches Altersselbstbild dem subjektiven Alterserleben zugrunde liegt (reifes, altersloses, jugendliches Selbst) und welche Kriterien der sozialen Abgrenzung gegenüber anderen verwendet werden (z. B. eine Ablehnung des Jugendlichkeitskults oder aber Körperfixierung) (2008, S. 388). Aus einer Synthese dieser Dimensionen wurden vier idealtypische Identitätsmodelle des Alter(n)s entwickelt: „Identifikation mit dem Alter" und „ambivalente Akzeptanz" sowie „Alterslosigkeit" und „Auflehnung gegen das Alter(n)".

Im Modell Identifikation mit dem Alter wird das Älterwerden grundsätzlich bejaht. Dabei wird das höhere Alter als gleichrangig zu anderen Lebensphasen angesehen, in der Folge werden ein gesellschaftlicher und individueller „Jugendkult" kritisch bewertet. Ambivalente Akzeptanz steht für eine Einschätzung des Alters als eine Mischung von Verlusten und Gewinnen. Möglichen körperlichen Einschränkungen und sozialen Verlusten stehen die Erwartungen von Freiheitsgewinnen und größerer Gelassenheit entgegen. Alterslosigkeit steht für eine ebenfalls zuversichtliche Einstellung zum Alter(n), wobei eine Kluft zwischen dem chronologischen Alter(n) und dem selbst zugeschriebenen Alter deutlich wahrgenommen wird. Während der Körper altert, bleibt das Selbst jung. Bei der Auflehnung gegen das Alter(n) wird dieses als körperlich-geistiger Verfall und als Verlust an persönlicher Würde empfunden. Jugendliche Körperideale werden aufrechterhalten. Typisch sind Versuche, den Körper in Richtung eines jugendlicheren Aussehens zu modifizieren (Amrhein und Backes 2008, S. 388–392).

Graefe et al. (2011) beschäftigen sich auf der Basis narrativer Interviews mit Deutungsmustern des Älterwerdens. Überwiegend scheint das Älterwerden eher als Kontinuität des Erwachsenendaseins erlebt zu werden. Tatsächlich wahrgenommene altersrelevante Übergänge lassen sich in dieser Untersuchung kaum ausmachen Als Bruch wird gemäß Graefe et al. vielmehr der antizipierte Übergang in das hohe und angenommenerweise abhängige Erwachsenenalter empfunden (Graefe et al. 2011, S. 302). Die Möglichkeit, dass es negative Seiten des Alter(n)s geben kann, wird aus der Eigenwahrnehmung erst einmal ausgeblendet, bleibt allerdings – auf einen späteren Zeitpunkt verschoben – erhalten (Graefe et al. 2011, S. 305).

Beide Untersuchungen zeigen, dass Konstruktionsprozesse beim Alterserleben eine Rolle spielen und dass diese sich nicht nur auf das subjektive chronologische Alter – ein recht offensichtlicher Konstruktionsprozess – sondern auch auf andere Dimensionen des subjektiven Alterserlebens beziehen.

In den folgenden Abschnitten sollen solche Dimensionen des subjektiven Alterserlebens thematisiert werden, die mit großer Wahrscheinlichkeit für Konstruktionsprozesse durch das Silber-Marketing Anknüpfungspunkte bieten.

In Auseinandersetzung mit den vorliegenden Konzepten zum subjektiven Alterserleben und dem zu untersuchenden Material wurden deshalb drei Dimensionen des Alterserlebens herausgegriffen, die als Blickwinkel der „theoretischen Linse" (Kelle und Kluge 2010, S. 26) für das im empirischen Teil zu bearbeitende Material besonders geeignet erscheinen:

- der Umgang mit dem chronologischen Alter(n) (subjektives Alterserleben als subjektives chronologisches Alterserleben, vor allem im Kontext der leiblich-affektiven Ebene von Alter(n)skonstruktionen, Kapitel 3.3.1)
- Älterwerden als körperlicher Prozess und damit die Rolle von Konstruktionen des alternden Körpers für das subjektive Alterserleben (subjektives Alterserleben und Körper, vor allem im Kontext der materiell-somatischen Ebene, Kapitel 3.3.2)
- die Auseinandersetzung mit gesellschaftlichen Zuschreibungsprozessen im Umgang mit dem eigenen Älterwerden: Vorstellungen anderer/soziale Vorstellungen vom Alter(n) (subjektives Alterserleben und Umwelt, vor allem im Kontext der interaktiven Ebene in Anlehnung an das Modell von Schroeter, Kapitel 3.3.3).

Für alle drei Punkte ist auf die teilweise Verschränkung von Konstruktionen von Alter(n) und Geschlecht hinzuweisen, denn es wird davon ausgegangen, dass sich geschlechtsspezifische soziale Rollen auf die Alter(n)swahrnehmung auswirken (Barrett 2005, S. 175). Auf derartige geschlechtsspezifische Besonderheiten des subjektiven Alterserlebens wird in den jeweiligen Abschnitten hingewiesen.

Zur Skizzierung dieser Dimensionen spielt es bei den dazugehörigen Konzepten keine Rolle, ob das subjektive Alterserleben als Konstruktionsprozess verstanden wird oder nicht. Es können deshalb sowohl verhaltens- als auch sozialwissenschaftliche Ansätze in die Übersicht im folgenden Kapitel 3 einbezogen werden. In Kapitel 4 folgen ergänzend marketingwissenschaftliche Ansätze.

3.3   Ausgewählte Dimensionen des subjektiven Alterserlebens

3.3.1   Subjektives chronologisches Alterserleben

Die wohl traditionsreichste, bekannteste und am besten untersuchte Perspektive auf das subjektive Alterserleben ist die auf das subjektive chronologische Alter: die Wahrnehmung des eigenen Lebensalters in Jahren und der Umgang damit. Wie bereits einführend umrissen, handelt es sich dabei um den Aspekt, der den ersten Ansatz für die Frage nach dem subjektiven Alterserleben überhaupt darstellt. Die Ergebnisse der unterschiedlichen Untersuchungen zu den Abweichungen oder Übereinstimmungen von chronologisch und subjektiv wahrgenommenem Alter ähneln sich. Junge Erwachsene neigen dazu, sich einige Jahre älter zu fühlen, doch später fühlt man sich in aller Regel jünger, als man tatsächlich chronologisch ist. Untersuchungen, die dies zeigen, liefern unter anderem Montepare und Lachman (1989), Kaufman und Elder (2002), van Auken (2006), Rubin und Berntsen (2006) oder Sudbury und Simcock (2009), nicht zu vergessen die bereits vorgestellten wegweisenden Arbeiten von Kastenbaum et al. (1972) und die Anstöße von Neugarten (1965). Der Befund des subjektiven Jüngerfühlens ist auch im internationalen Vergleich zu beobachten (Barak et al. 2001 und Barak et al. 2011). Die Untersuchung von Barrett (2005), die auch Gender-Unterschiede in die Fragestellung einbezieht, zeigt, dass Frauen sich in der Regel länger subjektiv jünger fühlen als Männer.

Als ein Beispiel für die Bearbeitung einer Fragestellung zum subjektiven Alterserleben soll die Analyse zum subjektiven chronologischen Alter von Kaufman und Elder (2002) erläutert werden. Kaufman und Elder unterteilen die Frage nach dem subjektiven chronologischen Alter in fünf Teildimensionen: die Frage nach dem gefühlten Alter in Jahren, die Vorstellung von der Einschätzung des eigenen Alters durch andere, erwünschtes Alter, erwünschte Lebensdauer und die Einschätzung, wann das Alter beginnt. Im von Kaufman und Elder untersuchten Sample liegt bei einem tatsächlichen chronologischen Durchschnittsalter von

70 Jahren das durchschnittliche gefühlte (subjektive) Alter bei 62 Jahren. Bei der Einschätzung durch andere wird von 63 Jahren ausgegangen. In Relation zu ihrem tatsächlichen Alter fühlen sich die Teilnehmer folglich acht Jahre jünger und gehen davon aus, dass andere sie als sieben Jahre jünger wahrnehmen. Das erwünschte Alter lag im Durchschnitt bei 48 Jahren, also 22 Jahre unter dem durchschnittlichen tatsächlichen Alter. „Erwünschtes Alter" war der einzige Aspekt, bei dem sich auffällige Unterschiede zwischen Männern und Frauen zeigten, wobei interessanterweise Frauen mit 19 Jahren eine weniger große Abweichung wünschten als Männer (26 Jahre). Die Kategorie Alter begann für die Teilnehmer durchschnittlich bei 74 Jahren, als gewünschte Lebensdauer wurden durchschnittlich 83 Jahre angegeben. Außer bei dem Beginn der Kategorie Alter korrelieren alle Maßzahlen positiv mit dem chronologischen Alter der Befragten. Weiter ist zu beobachten, dass sich mit dem Ansteigen des chronologischen Alters die Abweichung des chronologischen Alters zu den einzelnen Alter(n)sdimensionen immer weiter vergrößert. Die einzelnen Teildimensionen des subjektiven Alter(n)s verändern sich demnach im Laufe der Jahre, wobei sie sich immer weiter vom chronologischen Alter entfernen.

Ein zweites ergänzendes Beispiel stammt von Rubin und Berntsen (2006). Rubin und Berntsen nehmen speziell die Veränderungen des subjektiven chronologischen Lebensalters im Lebenslauf in den Blick und zeigen die Veränderungen des Alters über die Lebensspanne. Sie kommen zu dem Ergebnis, dass der Wechsel vom Jünger- zum Älterfühlen etwa im 25. Lebensjahr stattfindet. Nach dem 40. Lebensjahr bleibt gemäß dieser Untersuchung das subjektive chronologische Alter konstant etwa 20 % unter dem tatsächlichen chronologischen Alter.

In anderen Untersuchungen werden wiederum andere Schwerpunkte gesetzt und andere Teildimensionen des subjektiven Alters in Jahren definiert. Aus unterschiedlichen Antwortoptionen ergeben sich unterschiedliche Daten, z. B. wenn anstatt metrischer Daten des Alter(n)s in Jahren nicht-metrische Daten in Form von Ordinalskalen, z. B. in den Ausprägungen jung, mittel, alt, verwendet werden. Doch in der Gesamtschau ähneln sich die Ergebnisse der unterschiedlichen Untersuchungen.

Was jedoch bedeutet diese vom chronologischen Alter abweichende Selbsteinschätzung für das Alterserleben?

Das Jüngerfühlen scheint sich positiv auf den Altersverlauf auszuwirken. So konnte festgestellt werden, dass ein subjektives Jüngerfühlen z. B. die physische Leistungsfähigkeit verbessert (Stephan et al. 2012) und ganz allgemein für subjektives Wohlbefinden steht (Westerhof und Barrett 2005), sogar das Sterblichkeitsrisiko ist geringer, wenn man sich jünger fühlt (Kotter-Grühn et al. 2009). Schafer und Shippee (2009) beobachten umgekehrt, dass ein älteres subjektives Alter mit einer pessimistischeren Einschätzung der eigenen kognitiven Leistung einhergeht.

Allerdings kann argumentiert werden, dass es sich bei diesem Jüngerfühlen vor allem um eine Strategie handelt, negativen Altersstereotypen aus dem Weg zu gehen. Weil Jugend einen so hohen Wert in unserer Gesellschaft hat, kann das subjektive Jüngerfühlen als Strategie des Selbstschutzes und der Selbstoptimierung fungieren (Montepare und Lachman 1989).

Andere Positionen sehen wiederum in dem Jüngerfühlen ein positives Alterskonzept. Besonders in der Alltagskultur hat diese Denkweise – auch verknüpft mit dem Diskurs über das aktive Alter(n) – seinen festen Platz: Wohl jeder kennt die Redensart „man ist so alt, wie man sich fühlt", bei der mitschwingt, sich jünger einzuordnen, als man chronologisch ist, was als eigener Verdienst anzusehen ist. Eine Analyse populärwissenschaftlicher Ratgeberliteratur zeigt auch dort eine fast durchgehende positive Einschätzung des Jüngerfühlens, während gleichzeitig das gebrechliche Alter bisweilen regelrecht verachtet und geschmäht wird (Otto 2011).

Auch im Bereich der alter(n)sbezogenen sozialen Infrastruktur, häufig „Altenarbeit" genannt, ist es gebräuchlich, Aktivität und Kompetenz zu betonen und die „Jugend des Alters" hervorzuheben. Ein Beispiel aus Norwegen liefert Hurd (1999) mit der Beschreibung des Umgangs mit dem Alter(n) in einer Begegnungsstätte. Schon vor Beginn der Untersuchung ermunterte der Einrichtungsleiter die alternden Besucher der Begegnungsstätte, die Vorstellungen der Forschenden über das Alter(n) aufzubrechen und diese mit ihrer Jugendlichkeit zu verblüffen.

Und tatsächlich – wohl nicht nur deshalb – thematisierten diese häufig ihr Jüngerfühlen, zum Beispiel, indem sie die Forscher baten, ihr Alter zu schätzen, um Erstaunen zu provozieren, wenn sie ihr eigentliches höheres Alter preisgaben. Eine charakteristische Szene wird wie folgt beschrieben und interpretiert:

"Anne: Do you see «Mary» over there behind you? How old do you think she is? Researcher: I'd say she's in her 80's. May (age 78) [proudly]: She just turned 90!

Undoubtedly, all center members take great pride in Mary's status as a «not old» person. Her age combined with her appearance, health status, and ability to function as a youthful, outgoing, and energetic individual are sources of inspiration for those members who hope to retain their youthful status for many years to come. In this way, being «not old» entails possessing certain qualities that are assumed to be unrelated to the biological aging process. To be «not old» is to share in a special status that renders one different, if not superior, from one's age peers who are denied access to the category of «not old» by virtue of their physical, social, and emotional characteristics." (Hurd 1999, S. 425)

Resümierend muss also offenbleiben, ob das jüngere subjektive chronologische Alterserleben eine Schutzreaktion, ein positives Selbstkonzept oder schlicht eine Konvention ist.

Ganz offensichtlich ist allerdings, dass ein Jüngerfühlen bei guter Gesundheit leichter fällt als dann, wenn sich mit dem Alter(n) einhergehende Verletzlichkeit und Endlichkeit bemerkbar machen. Hier kommt die Frage nach dem alternden Körper ins Spiel, die im nächsten Abschnitt fokussiert wird.

3.3.2 Subjektives Alterserleben und Körper

Die enge Verknüpfung zwischen dem subjektiven Alterserleben und dem Körper, die schon in den Überlegungen zum subjektiven chronologischen Alter(n) angelegt ist, geht auch aus dem Modell von Schroeter zur Verwirklichung von Alter(n) und den Begrifflichkeiten von der materiell-somatischen und der leiblich-affektiven Ebene hervor (Abbildung 6). Gugutzer ergänzt und konkretisiert diese Überlegungen. Er zeigt, dass auch vordergründig äußere Bedingungen des Alter(n)s mit dem Körper zu tun haben. Als Beispiel hierfür ist die Auseinandersetzung mit dem demografischen Wandel zu nennen. Bei einer Beschäftigung mit diesem wird das chronologische Alter(n), eine persönliche biografische Erfahrung, auf einer gesellschaftlichen Ebene betrachtet. Die persönliche Erfahrung des alternden Körpers wird zu einem Faktor einer alternden Gesellschaft (Gugutzer 2008, S. 183).

Gugutzer geht in Übereinstimmung mit Schroeter davon aus, dass die Frage nach der Identität – hier also die Frage nach dem subjektiven Alterserleben – nicht losgelöst vom körperlichen Zustand und den Funktionen des Körpers gesehen werden kann. Vielmehr legen die Vielfalt und die Intensität der körperlichen Veränderungen, die das Älterwerden mit sich bringt, den Schluss nahe, dass mit zunehmendem Alter die Körperthematik dringlicher wird, als sie es vorher war (Gugutzer 2008, S. 186).

Mit Blick auf die Identität als lebenslanger und mit dem Körper in Verbindung stehender Prozess entwickelt Gugutzer ein Konzept zur Identitätsforschung, das sich von vielen der üblichen Konzepte sozialwissenschaftlicher Identitätsforschung unterscheidet und das übergreifende Modell von Schroeter auf der konkreten Ebene des subjektiven Alterserlebens ergänzt.

Um die Identitätsrelevanz des Körpers – im Rahmen dieser Untersuchung die Relevanz des Körpers für das subjektive Alterserleben – besser beschreiben zu können, verwendet Gugutzer eine gedankliche Unterscheidung zwischen Leib und Körper. Unter Leib wird die passiv spürende und spürbare Selbstwahrnehmung verstanden, Körper ist die sicht- und tastbare Fremdwahrnehmung sowie die aktive Instrumentalisierung des eigenen Körpers. Auch hier zeigen sich wieder Parallelen zu Schroeter, bei dem zwischen der materiell-somatischen Ebene, zu der die Formung der Körper und Körperpolitik gehören (Körper im Sinne von Gugutzer), und der leiblich-affektiven Ebene von z. B. Alter(n) als gespürte Realität und subjektiv empfundenem Alter (Leib im Sinne von Gugutzer) differenziert wird.

Vor dem Hintergrund einer gedanklichen Differenzierung von Leib und Körper unterscheidet Gugutzer zwischen vier Körperkategorien, die er für die Herstellung und Aufrechterhaltung von Identität als notwendig erachtet: Körperbiografie, Körperbild, körperliche Grenzerfahrung und Körperkontrolle. Bezieht man diese auf das Thema Alter(n), werden das Ausmaß und die Vielfalt ersichtlich, in denen die körperlichen Veränderungen des Alterns das subjektive Alterserleben beeinflussen (Gugutzer 2008, S. 183).

Diese Kategorien werden im Folgenden entsprechend den Ausführungen von Gugutzer (Gugutzer 2008, S. 183–186) erläutert.

Körperbiografie und subjektives Alterserleben
Der Begriff Körperbiografie verweist auf die Relevanz des Körpers als Produkt bzw. Konstruktion biografischer Selbsterzählungen. Die Veränderungen des eigenen Körpers und die Erfahrungen mit ihm werden in eine subjektiv stimmige, konsistente Körperbiografie integriert. Das Individuum konstruiert auf diese Weise in lebensgeschichtlicher Hinsicht eine Vorstellung von seinem Körper. Dies ist notwendig, weil, anders als das „Leibsein", das „Körperhaben" einen Entwicklungs- und Kennenlernprozess einschließt. Jede Person muss im Zuge des Alter(n)sprozesses lernen, mit dem eigenen Körper umzugehen, ihn einzusetzen, die Vorgänge im und am Körper zu verstehen, zu verarbeiten und in die eigene Körperbiografie zu integrieren.

Von besonderer Bedeutung sind dabei „leib-körperbiografische Schlüsselerlebnisse". Unter diesen werden bedeutsame lebensgeschichtliche Einschnitte verstanden, die zu einem veränderten Umgang mit dem Körper Anlass geben. Im Laufe des Lebens wird die Wahrscheinlichkeit leib-körperbiografischer Schlüsselerlebnisse, die Brüche in der Körperbiografie bedeuten, immer größer. Gemäß Gugutzer ist es bedeutsam, solche Schlüsselerlebnisse kognitiv zu verarbeiten und die eventuell notwendig werdende Modifikation der Körperpraxis zu akzeptieren.

Eine Möglichkeit hierzu ist die Veränderung gewohnter Umgangsformen mit dem eigenen Körper. Eine andere Strategie ist die absichtsvolle Manipulation des Körpers, also der Versuch, den Körper nach eigenen oder von anderen übernommenen Vorstellungen zu gestalten. Diese Strategie, den Körper nicht mehr als etwas biologisch Gegebenes und Unveränderliches hinzunehmen, an den eine Anpassungsleistung vollbracht werden muss, sondern als zu veränderndes und perfektionierendes Projekt, das an die eigenen Vorstellungen angepasst werden muss, wird als typische Strategie neuer Alterskonstruktionen angesehen (Gugutzer 2008, S. 184).

Körperbild und subjektives Alterserleben
Der Begriff Körperbild verweist auf die Bedeutung des Körpers auf kognitiver Ebene in Form von Wahrnehmungen, Vorstellungen, Einstellungen und Bewertungen des eigenen Körpers. Diese resultieren typischerweise aus Eigenschaftsbeschreibungen des eigenen Körpers wie älter, alt bzw. zu alt geworden zu sein.

Körperbild und Selbstbild sind gleichzusetzen. Wer mit seinem Körper unzufrieden ist, ein negatives Körperbild hat, ist mit sich unzufrieden – es sei denn, es gelingt, Selbst und Körper radikal voneinander zu trennen. Umgekehrt geht ein positives Körperbild in dieser Perspektive mit einem positiven Selbstbild, mit Selbstwertschätzung, Selbstakzeptanz usw. einher.

Die Identitätsrelevanz des Körperbildes resultiert vor allem aus dem Umstand, dass es sich relational herausbildet. Durch biografische Vergleiche stellt das Individuum einen Bezug zur eigenen Körperbiografie her, durch intersubjektive Vergleiche eine Relation zu den Körpern von anderen. In beiden Fällen wird Identität durch Differenz konstruiert. Je nachdem, wie die Bewertung des aktualen Körperbildes ausfällt, werden positive oder negative Identitätseffekte erzielt. Identitätsprobleme ergeben sich, wenn sich das gewünschte Körperbild nicht mit dem realen Körper oder der Wahrnehmung dessen deckt (Gugutzer 2008, S. 185).

Leiblich-körperliche Grenzerfahrung und subjektives Alterserleben
Hiermit ist gemeint, dass Grenzerfahrungen mit dem Leib, also mit der passiv spürenden und spürbaren Selbstwahrnehmung des Körpers, gemacht werden, etwa die Erfahrung von Grenzen der Machbarkeit und Belastung des eigenen Körpers. Mit dem Alter(n) verändert sich der Körper. Damit verändert sich auch seine gewohnte Funktionsweise als Instrument der Fortbewegung und Selbstdarstellung. Entsprechende Grenzerfahrungen nehmen mit dem Älterwerden zu. Sie können identitätsstiftend wirken oder die gewohnte Konstruktion des eigenen Alterserlebens in Frage stellen. Lässt der Leib das Gewollte nicht zu, kann das eine Beeinträchtigung des Selbstwertgefühls zur Folge haben. Diese Erfahrung wird mit steigendem Alter häufiger gemacht, gleichzeitig wird der Sieg des Willens über den Leib, wenn er denn möglich ist, häufig mit sozialer Anerkennung verbunden (Gugutzer 2008, S. 185).

Leib-Körper-Kontrolle und subjektives Alterserleben
Leib-Körper-Kontrolle und die Konstruktion des subjektiven Alterserlebens hängen zusammen, denn die Kontrolle von Gestik, Mimik usw. ist immer auch eine Form der Selbstkontrolle. In jeder Gesellschaft lassen sich altersspezifische Normen für sozial erwünschte bzw. unerwünschte körperliche Verhaltens- und Erscheinungsweisen beobachten. Der kontrollierende, beherrschende Umgang mit Leib und Körper erfolgt demnach im Rahmen normativer Bindungen und Orientierungen, durch die bestimmte Körperpraktiken eingefordert werden. Die Einhaltung rollenspezifischer körperlicher – auch altersgebundener – Verhaltenserwartungen wird mit sozialer Anerkennung belohnt. Altersbedingte körperliche Einschränkungen können dazu führen, dass die dem eigenen subjektiven Alterserleben entsprechende Leib-Körper-Kontrolle und damit die Selbstdarstellung nicht oder nicht mehr wie beabsichtigt gelingen (Gugutzer 2008, S. 186).

3.3.3 Subjektives Alterserleben in Verhandlung mit der Umwelt

3.3.3.1 Doing Age als Teil des subjektiven Alterserlebens

Bei dieser dritten Perspektive der „theoretischen Linse" geht es um das mit anderen verhandelte Alterserleben, also darum, wie Doing Age subjektiv erlebt wird (siehe Kapitel 2.3.3).

Die Rolle der Umwelt ist beim Doing Age nicht auf die konkrete und unmittelbare Interaktion beschränkt. Auch die angenommenen Erwartungen der Umwelt stellen Ansprüche und Herausforderungen an das eigene Alterserleben. Es reicht folglich, wenn die anderen als Beobachter imaginiert werden. Die eigene Position wird mit der der anderen verglichen und mit dem, was als normal empfunden wird, abgeglichen (Bublitz 2006, S. 354).

Gemäß Schroeter steht Doing Age in diesem Sinne nicht nur für die Darstellung (Performanz), sondern auch für die Inszenierung des Alter(n)s. Unter Performanz wird der vor vorhandenen Zuschauern bewusst vollzogene Darstellungsakt durch den Körper verstanden, Inszenierung ist der spezifische Modus der Zeichenverwendung, wie etwa von Mode oder Kosmetik. Als beide Aspekte übergreifender Begriff wird „Theatralität des Alter(n)s" verwendet (Schroeter 2009b, S. 169).

Auch die in Kapitel 2.3.3.1 beschriebenen Konstruktionen von Mask of Ageing, Masquerade und Ageless Self, die unterschiedliche Vorstellungen davon beschreiben, wie im Zusammenhang mit der Dekonstruktion des Lebenslaufes traditionelle Alter(n)skategorien aufgelöst und aufgeweicht werden und Alter(n) in die Identität integriert werden kann, implizieren grundsätzlich auch diese Theatralität, also ein reales oder imaginäres Publikum zur Präsentation des eigenen Alterserlebens.

Gugutzer weist darauf hin, dass die Möglichkeiten, durch bewusste theatralische Darstellung des eigenen „erfolgreichen" Alterungsprozesses soziale Anerkennung zu erzielen, in der Konsum-, Erlebnis- und Wellnessgesellschaft der Gegenwart gestiegen sind, womöglich aber auch der soziale Druck, diese zu nutzen (2008, S. 186).

3.3.3.2 Empirische Beispiele zum Doing Age

Schon in den vorangegangenen Abschnitten wurden empirische Arbeiten zum subjektiven Alterserleben vorgestellt, etwa die von Amrhein erarbeiteten Identitätsmodelle des Alter(n)s: Identifikation mit dem Alter, ambivalente Akzeptanz, Alterslosigkeit und Auflehnung gegen das Alter(n) (Amrhein und Backes 2008). Im Weiteren werden empirische Arbeiten herangezogen, die Doing Age als Präsentation des Alterslebens gegenüber einem tatsächlichen oder möglichen Publikum in den Blick nehmen.

Einige Untersuchungen haben gezeigt, dass die Inszenierung des eigenen Alterserlebens häufig mit einer Abgrenzung gegenüber anderen als „alt" wahrgenommenen Personen einhergeht. Hierzu sind z. B. die Untersuchungen von Hurd (1999) oder Lund und Engelsrud (2008) zu nennen. Die Untersuchung von Hurd wurde bereits im Abschnitt zum subjektiven chronologischen Alter erwähnt. Neben dem Wunsch, auf andere chronologisch jünger zu wirken, werden zudem Strategien der Abgrenzung gegenüber anderen „alten" Besuchern der Begegnungsstätte formuliert:

"The members of the seniors' center whom I interviewed actively distance themselves from those whom they consider to be old and strive to present an alternative example of what it means to age. Indeed, the center members define old age and widowhood as the "best times of their lives'," vehemently reject ageist images and expectations and use terms such as "young-old'," "youthful" and "young-at-heart" to describe themselves. Emphasizing the importance of activity and community involvement, the center members collectively seek to alter societal expectations and images regarding the aging process." (Hurd 1999, S. 424)

Die Beschreibung anderer als „alt" wird meist damit begründet, dass diese körperlich eingeschränkt seien. Speziell die Einschätzung, die anderen würden sich ihren Gesundheitsproblemen fügen, anstatt gegen sie zu kämpfen, führt häufig zu dem Urteil, diese seien für ihren eingeschränkten Gesundheitszustand selbst verantwortlich. Gerade dieses angenommene „Sichgehenlassen" dient als Rechtfertigung für die Beschreibung als „alt" (Hurd 1999, S. 427). Schwer aufzulösen scheint allerdings, gerade für Frauen, der Widerspruch zwischen dem kaum aufhaltbaren Verlust des jugendlichen Aussehens, vor allem der jugendlichen Körperform, mit der eigenen Wahrnehmung als nicht alt. Bisweilen wird diese Unzufriedenheit mit dem eigenen Körper dann in eine Negativbewertung der Körper anderer übertragen, die „noch älter" aussehen (Hurd 1999, S. 433).

Zu ähnlichen Ergebnissen kommt die Analyse von Lund und Engelsrud (2008), auch hier wird, ebenfalls am Beispiel einer Begegnungsstätte, gezeigt, dass die Befragten „Alter" als einen verhandelbaren und beeinflussbaren Zustand betrachten und dass das Bedürfnis nach Abgrenzung gegenüber „Alten" hoch ist.

Townsend et al. (2006) fokussieren die Pole von negativer, defizitärer und positiver Stereotypisierung des Alters und fragen danach, wie das Alter(n) anderer von Alternden in diesem Spannungsfeld bewertet wird. Andere werden demnach als „Helden", „Schurken" oder „Opfer" des Alter(n)s wahrgenommen. Helden sind besonders aktiv, Schurken bevorzugen ein zurückgezogenes Alter(n) und Opfer sind von starken gesundheitlichen Einschränkungen betroffen. Sowohl positive als auch negative Alter(n)sstereotype waren von den Alternden internalisiert. Nicht das Alter(n) als chronologischer Zeitablauf wurde abgelehnt, es war sogar so, dass viele der Befragten stolz auf ihr chronologisches Alter waren, um sich damit gleichzeitig von anderen Konnotationen des Alter(n)s zu distanzieren. Auch hier dient die Abgrenzung von anderen als Mittel, um mit dem eigenen Älterwerden umzugehen, wobei interessanterweise Negativstereotypen für das eigene Alter(n) vehement abgelehnt wurden, während diese als Charakterisierung für andere reichlich zum Einsatz kamen (Townsend et al. 2006, S. 899).

Hurd Clarke und Griffin (2007), Hurd Clarke und Bundon (2009), Hurd Clarke (2010) sowie Slevec und Tiggemann (2010), die den Umgang von Frauen mit dem körperlichen Alter(n) empirisch untersuchen, zeigen, dass Frauen bewusst „Beauty Work", die Benutzung von Konsumprodukten und Dienstleistungen wie Kosmetika, Haarpflege und Fitnessprogrammen, einsetzen, um ihr Alter(n) zu bewältigen. Ein Motiv dafür ist die Wahrnehmung von Diskriminierung Älterer und die Angst, davon betroffen sein zu können. Hinzu kommt ein Idealbild, das Schönheit mit Jugend gleichsetzt, die es zu bewahren gilt (Hurd Clarke und Griffin 2008, S. 659). Allerdings wird auch dargelegt, dass Frauen, die körperliche Veränderungen durch das Alter(n) wahrnehmen und bedauern, auch Vorteile des Älterwerdens benennen, wie etwa eine mit dem Alter(n) einhergehende größere Unabhängigkeit von den Anforderungen durch andere (Wray 2007, S. 37).

Gemäß Dumas et al. beginnt das körperliche Alterserleben bei Frauen mit einer anfänglichen Phase des Unbehagens, dann aber arrangieren sich die Betreffenden mit der wachsenden Diskrepanz zwischen dem jugendlichen Schönheitsideal und dem eigenen Körper. Es findet eine Ablösung von der Jugendnorm statt. Gleichzeitig werden die zum eigenen Maßstab genommenen Schönheitsnormen neu definiert. Diese Neubewertung geht mit einer Abgrenzung gegenüber solchen Frauen einher, die nach der eigenen, neu entwickelten Vorstellung dem vorher erwähnten „zu jugendlichen", „nicht altersgemäßen" Schönheitsideal nacheifern (Dumas et al. 2005, S. 893 f.).

Schoemann und Branscombe (2011) beschäftigen sich mittels Befragung mit Modifikationen des Äußeren wie etwa Botox-Injektionen. Derartige Versuche, jünger auszusehen, werden zwar häufig unternommen, allerdings sind sie – wenn sie sichtbar werden – sozial wenig akzeptiert (Schoemann und Branscombe 2011, S. 93).

Twigg (2007) analysiert die besondere Rolle von Kleidung zur Darstellung von Alter(n)skategorien und -differenzen. Auch hier spielt die Frage nach der „Altersangemessenheit" eine wichtige Rolle. Abweichungen von den als „altersgemäß" akzeptierten Normen werden nicht selten streng verurteilt.

Diese Beispiele machen nicht nur den Stellenwert von Doing Age für das subjektive Alterserleben deutlich, sondern zeigen darüber hinaus, dass dafür Mittel, wie eben Kleidung, Kosmetikprodukte usw., eingesetzt werden, die im Rahmen des Silber-Marketings produziert, angeboten und konsumiert werden. Dieses ist Gegenstand des nächsten Kapitels.

4 Subjektives Alterserleben und Silber-Marketing

4.1 Silber-Marketing als Bezugspunkt?

Den einleitend vorangestellten Überlegungen zum Beispiel von Biggs et al. (2008), Gilleard (2008), Twigg (2012) und anderen zur kulturellen Ökonomie des Alter(n)s folgend ist es nur konsequent, die für die rekonstruktive Analyse notwendige theoretische Sensibilität unter anderem dadurch zu erlangen, über eine allgemeine Beschreibung von Alter(n)skonstruktionen und anderen Grundlagen hinaus die Seite der Produzenten von Produkten und Dienstleistungen mit Alter(n)sbezug in den Blick zu nehmen. Damit können weitere Facetten der „theoretischen Linse" für die Analyse erarbeitet werden. Auch im Sinne eines transdisziplinären Zugangs ist der Einbezug der Marketingwissenschaften angemessen. Ebenso wie das Alter(n) und das Alterserleben selbst können Produkte und Dienstleistungen als gesellschaftliche Konstruktionen verstanden werden, denn auch sie können mit Bedeutungen aufgeladen werden, die über die physikalischen Produkteigenschaften hinausgehen (Slater 2006, S. 73 f.).

Im Modell der integrierten Gerontologie wird die Ökonomie durch den Buchstaben B symbolisiert, der für die makro- und mikroökonomischen Umstände des Alter(n)s, also auch für Marketing an Alternde steht. Beobachtungsleitende Perspektive ist deshalb in diesem Kapitel das Funktionssystem der Ökonomie, insbesondere mit seinem Teilbereich Marketing. Für das Funktionssystem von Marketingwissenschaft und -praxis ist Alter(n) dann relevant, wenn es als zu berücksichtigende Größe für die Abnahme von Waren wahrgenommen wird. Aspekte des Alter(n)s, die für das Funktionssystem der Wirtschaft nicht von Belang und damit für die Akteure auf diesem Gebiet nicht direkt relevant sind, bleiben weitgehend unberücksichtigt (Saake 2008, S. 258). Diese Reduktion des Phänomens Alter(n) auf Konsummuster, z. B. indem der alternde Lebenslauf nur im Hinblick darauf wahrgenommen wird, welche Marktsegmente und Konsumentenprofile sich daraus ergeben, wird von gerontologischer Seite gelegentlich kritisiert. Allerdings ist eben genau diese Reduktion ein Merkmal dieses Funktionssystems und kann ebenso gut als fachliche Spezialisierung dieses Bereichs angesehen werden. Immerhin ist die Konzentration auf die Identifikation und Modifizierung von

Konsummustern Aufgabe und Selbstverständnis von Marketing- und Marktforschung.

Um sich diesem speziellen Umgang mit dem Alter(n) im Kontext der Marketingwissenschaften anzunähern, steht insbesondere aus dem anglo-amerikanischen Raum ein reichlicher Fundus an wirtschaftswissenschaftlicher Literatur zur Verfügung, die das Silber-Marketing zum Thema hat, etwa von Moschis (2007), Wolfe und Snyder (2003) oder Nyren (2007).

Vor dem Hintergrund wechselseitiger Verschränkung von individuellen und gesellschaftlichen Vorstellungen, Wünschen und Entwicklungen mit den Angeboten der Produzenten von Konsummöglichkeiten gibt Katz die Einschätzung ab, dass in der Silber-Marketing-Literatur hervorragende Anhaltspunkte für die derzeitigen Alter(n)skonstruktionen und deren Bezug zu Konsumangeboten und -möglichkeiten zu finden sind (Katz 2001, S. 29). Auf Blaikie macht es sogar den Eindruck, dass es angesichts der Verknüpfung von Alterserleben und Konsum zuweilen so aussieht, als wüssten Marktforscher mehr über das Denken und Fühlen Alternder und deren Alterserleben als die sozialwissenschaftliche Altersforschung (Blaikie 1999, S. 74).

Um sich dieses Theoriefundus bedienen zu können, ist erneut darauf hinzuweisen, dass in der Marketingforschung häufig mit anderen Forschungsparadigmen gearbeitet wird als in der sozialwissenschaftlichen Gerontologie. Zwar lassen sich in der kommunikations- oder medienwissenschaftlichen Marketingforschung vereinzelt Ansätze finden, die der hermeneutischen Tradition folgen (siehe Kapitel 1.2.2.4), doch in der klassischen Marketingforschung dominieren die quantitativen, hypothesenprüfenden Verfahren. Quantitative Verfahren orientieren sich auf Grundlage eines nomologischen Wissenschaftsverständnisses an den Vorgehensweisen der Naturwissenschaften (Häder 2010, S. 67 f.). Damit unterscheiden sie sich schon im Ansatz von der wissenssoziologischen Denkweise. Gleichwohl eignet sich auch die wirtschaftswissenschaftliche Literatur als Quelle, um theoretische Sensibilität für das zu untersuchende Material herzustellen und so den „Zangengriff" (Kelle und Kluge 2010, S. 25) ausgehend sowohl vom theoretischen Vorwissen als auch vom empirischen Datenmaterial zur Entwicklung der rekonstruktiven Interpretation zu ermöglichen.

4.2 Silber-Marketing – Überblick

Warum es ein gestiegenes Interesse der Marketingforschung und -praxis an alternden Konsumentengruppen gibt, lässt sich aus den beschriebenen Ausgangspunkten herleiten (Kapitel 2 und insbesondere 2.2). Aus der Marketingperspektive betrachtet bedingt z. B. die Alterung der Bevölkerung aufgrund des demografischen und sozialen Wandels gleichzeitig eine Steigerung des Alters der Gruppe möglicher Konsumenten (2.2.1). Eine der Folgen von Generationen- und Kohorten-Effekten (siehe Kapitel 2.2.2) ist es, dass die heute Alternden im Gegensatz zu früheren Generationen einen konsumorientierten Lebensstil gewohnt sind. Hinzu kommt z. B. die im Vergleich zu anderen Konsumentengruppen derzeit gute finanzielle Ausstattung der alternden Bevölkerungsgruppen, was auch auf den Strukturwandel des Alter(n)s (siehe Kapitel 2.2.3) zurückzuführen ist.

Wie erwähnt, spricht Gilleard hier von einer neuen Legierung des Alter(n)s, einer Mixtur individueller, historischer und demografischer Faktoren, eingebettet in die kulturellen und sozialen Veränderungen der Konsumkultur (2008, S. 15). Dies bedingt das Interesse an Alternden als Konsumenten und hat das Entstehen von Silber-Marketing gefördert.

Auch wenn diese Entwicklung augenfällig ist, ist es schwierig, den Begriff Silber-Marketing klar zu definieren. Zusammenhängend mit der grundlegenden Schwierigkeit, Alter(n) definitorisch zu erfassen, ist die klare Eingrenzung des Begriffs ein „ongoing struggle" (Sherman et al. 2001, S. 1075). Diese Ansicht wird im Bericht zur Lage der älteren Generation aus dem Jahr 2005 geteilt, in dem festgestellt wird, dass es keine klaren Abgrenzungen des Marktes für Ältere zu anderen Wirtschaftszweigen gibt (BMFSFJ 2005, S. 235).

Diese Unschärfen anerkennend soll hier dann von Silber-Marketing gesprochen werden, wenn Marketing, ob es um das Produkt, den Preis, die Distribution oder die kommunikative Vermarktung eines Produktes geht, einen Zusammenhang zum Alterserleben im Erwachsenenalter aufweist. Dieser Alter(n)sbezug muss nicht unbedingt explizit sichtbar sein. Es ist noch anzumerken, dass, obwohl zuweilen der Begriff Marketing mit Marketingkommunikation, also z. B. mit Werbung und PR und verwandten Maßnahmen, gleichgesetzt wird, dieser nach der klassischen Definition die vier gerade genannten Bereiche umfasst: die Produkt-, Preis-, Distributions- und die Marketingkommunikations-Maßnahmen von Unternehmen. Als Marketingziel wird die Identifikation von Bedürfnissen und Wünschen von Konsumenten, die durch das Angebot von Produkten, Dienstleistungen und Erlebnissen befriedigt werden, genannt. Dies wiederum dient dem übergeordneten Ziel des unternehmerischen Erfolgs (Kotler et al. 2011, S. 40). Zwar wird im weiteren Verlauf dieser Arbeit eine Fokussierung auf die Marketingkommunikation stattfinden, doch der Begriff Silber-Marketing umfasst grundsätzlich alle genannten Aspekte.

Eine verstärkte Konzentration auf das Silber-Marketing ist international beobachtbar, vor allem in den Ländern, in denen die demografischen und sozialen Veränderungen denen in Deutschland ähneln. In den USA ist die beschriebene Legierung aus unterschiedlichen Faktoren des Alter(n)s in Gestalt des Baby-Boomer-Phänomens besonders stark ausgeprägt und das Interesse an dieser Konsumentengruppe entsprechend groß, weshalb ein guter Teil der Literatur zum Silber-

Marketing aus dem englischsprachigen Raum stammt. Über ein weit entwickeltes Silber-Marketing verfügen auch viele Unternehmen in Japan, wo sich der demografische Wandel bislang am schnellsten vollzieht. Aus diesem Grund wird der japanische Markt häufig als beispielhaft für Silber-Marketing-Konzepte angeführt (Prieler et al. 2011, S. 240).

Für die deutsche Marketingforschung und -praxis lässt sich beobachten, dass Alternde seit den 1990er-Jahren regelmäßig als Marketingzielgruppe „neu" entdeckt werden (Epple 2005, S.46). Bis dahin war es in der Tat so, dass Alternden nur wenig unternehmerische Aufmerksamkeit geschenkt wurde. Dieses mangelnde Bewusstsein wird bis heute stellenweise beklagt, doch es überwiegt die Einschätzung, dass inzwischen eine ausreichende Würdigung der Bedeutung von alternden Konsumenten für Unternehmen vorliegt. Sie werden inzwischen von Unternehmen als an Konsum interessiert und kaufkräftig wahrgenommen und als relevante Zielgruppe angesehen, wenngleich nach wie vor Lücken bei der Bearbeitung dieses Marktsegments angenommen werden (BMFSFJ 2005, S. 227 f. und BMFSFJ 2010, S. 231).

Und auch wenn die wissenschaftliche Silber-Marketing-Forschung in Deutschland noch nicht stark ausgeprägt ist und hier vor allem auf die Ergebnisse aus dem englischsprachigen Raum zurückgegriffen werden muss, finden sich bei den praxisorientierten Marketingratgebern in der deutschsprachigen Forschung eine Reihe von Veröffentlichungen, welche die Bedeutung des Themas Alter(n) für den unternehmerischen Erfolg in einer alternden Gesellschaft herausstellen. Hier sind z. B. die Publikationen von Gassmann und Reepmeyer (2006), Meyer-Hentschel und Meyer-Hentschel (2010), Hunke (2011), Hupp (2004), Reidl (2007) und Opaschowski und Reinhardt (2007) zu nennen.

Einen Beleg dafür, dass das Interesse am Silber-Marketing in Unternehmen Eingang gefunden hat, liefert z. B. eine Studie aus dem Jahr 2009 auf Grundlage einer Befragung von über 2 000 Unternehmen (Commerzbank/Initiative Unternehmerperspektive 2009). Hier geben zwei Drittel der befragten Unternehmen an, die Auswirkungen der steigenden Lebenserwartung in ihrem jeweiligen Absatzmarkt bereits wahrzunehmen. Und ein Viertel der befragten Unternehmen geht davon aus, von diesem schnell wachsenden Markt Alternder in Zukunft zu profitieren (Commerzbank/Initiative Unternehmerperspektive 2009, S. 10).

Doch den Chancen durch Silber-Marketing stehen auch Schwierigkeiten bei der Ansprache dieses noch ungewohnten Segments gegenüber. Dazu zählen wie in Abbildung 9 dargestellt die Befürchtung, dass ein gezieltes Silber-Marketing als Stigmatisierung empfunden werden könnte und deshalb kontraproduktiv ist, oder die Einschätzung, die Heterogenität der Zielgruppe könnte zu Schwierigkeiten führen. Allgemein wird Silber-Marketing häufig als schwer greifbar und einschätzbar wahrgenommen.

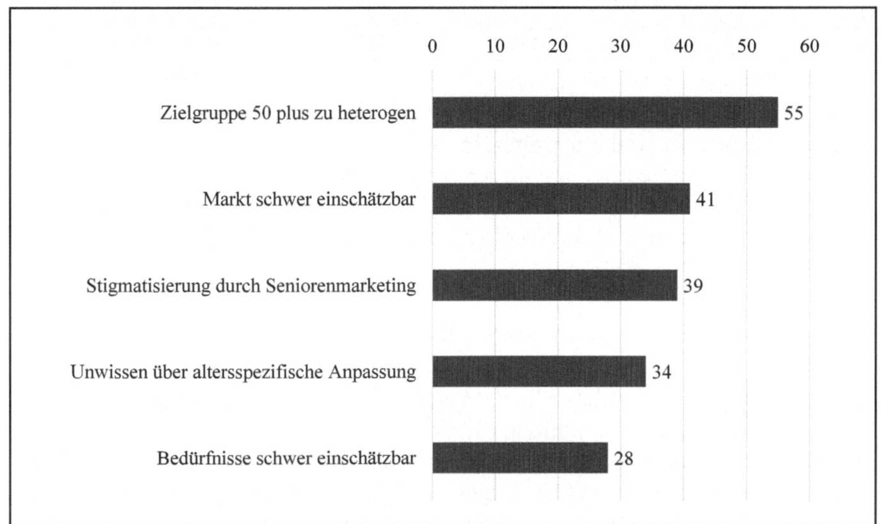

Abbildung 9:   Schwierigkeiten bei der Ausrichtung auf den demografischen Wandel (Commerzbank/Initiative Unternehmerperspektive 2009, S. 28)

Dazu passt, dass, obwohl von einem gestiegenen Bewusstsein zur Bedeutung Alternder für das wirtschaftliche Geschehen ausgegangen wird, weiterhin beobachtet wird, dass die unternehmerischen Möglichkeiten des Silber-Marketings noch nicht ausgeschöpft werden: angefangen bei der Produktentwicklung bis hin zur kommunikativen Vermarktung.

Nach wie vor scheint es, dass trotz des Wissens um die Bedeutung einer wachsenden und in ihrer Einstellung gegenüber dem Konsum veränderten alternden Bevölkerung wenig über das Alter(n) in Verbindung mit dem Konsumverhalten bekannt ist. Demzufolge sind die Unsicherheiten hinsichtlich der Ansprache Alternder groß (Sudbury und Simcock 2009, S. 23).

Als Hindernis wird neben der noch lückenhaften Marketing-Forschung zudem die fehlende Altersmischung in Marketingagenturen und Unternehmen angesehen. Vor allem in Marketingagenturen dominieren jüngere Mitarbeiter, die noch nicht auf eigene Erfahrungen mit dem Alter(n) zurückgreifen können, was bei der Konzeption von Marketingaktivitäten nützlich sein könnte (Nyren 2011, S. 261).

Weniger die Frage, ob Alternde angesprochen werden sollen, sondern vielmehr, wie dies geschehen soll, ist in den Mittelpunkt der Debatte um das Silber-Marketing gerückt.

Moschis z. B. identifiziert zwei parallel verlaufende Trends von „commitment and caution" in Bezug auf den Einsatz von Silber-Marketing. Nach seinen

Beobachtungen ist in Unternehmen ein Bewusstsein von der Wichtigkeit des Themas „Alter(n)" vorhanden, trotzdem zögern Unternehmen bei der Marktbearbeitung, weil sie Fehler der Vergangenheit in der Vermarktung an Alternde nicht wiederholen wollen und weil sie die Komplexität und Heterogenität als Hürde ansehen. Es besteht deshalb weiterhin der Bedarf an weiterentwickelten Handlungsstrategien zur Bearbeitung dieser Märkte (Moschis 2003, S. 518).

Einen Überblick dazu, welche Handlungsstrategien bislang entwickelt und dokumentiert worden sind, sollen die nächsten Abschnitte bieten.

4.3 Zielgruppenbestimmung des Silber-Marketings

Häufiger Ausgangspunkt des Silber-Marketings ist die Frage nach den Möglichkeiten der Zielgruppenbestimmung für diesen Markt.

Demografische Maßzahlen und Kaufkraftanalysen sprechen, wie aus verschiedenen Erhebungen (z.B. Abbildung 10) hervorgeht, eine deutliche Sprache in Bezug auf die Bedeutung des Silber-Marketings für Unternehmen – allerdings nur in dieser Eindeutigkeit, wenn eine streng chronologische Alter(n)sdefinition für die Zielgruppenbestimmung zugrunde gelegt wird. In den Marketingwissenschaften wird die Grenze, wer zur Silber-Marketing-Zielgruppe zählt und wer nicht, meist am 50. Lebensjahr festgemacht. Doch auch hier kommt wieder das gerontologische Paradox ins Spiel. Auch für das Konsumentenverhalten gilt, dass es sich beim Alter(n) um keinen eindeutigen Tatbestand handelt, so dass es sich bei einer Operationalisierung immer nur um ein Hilfsarrangement handeln kann. Die in den Marketingwissenschaften und in der Marktforschung üblichen quantitativen Forschungsmethoden mit ihrer Orientierung an naturwissenschaftlichen Vorgehensweisen sind in der Folge mit Messproblemen behaftet, weil die Datenbasis des Alter(n)s nicht eindeutig ist. Weder sind Alterungsprozesse streng an das chronologische Alter gebunden noch werden Menschen, nur weil sie ein bestimmtes Lebensalter erreicht haben, anderen Konsumaktivitäten nachgehen als vorher. Der 50. Geburtstag mag ein persönliches Jubiläum sein, doch eine „magische Veränderung" markiert dieses Datum für das Konsumverhalten nicht (Lipschultz et al. 2007, S. 765 f.).

Mehrere Faktoren sind ursächlich dafür, dass sich das 50. Lebensjahr als Marker für die Silber-Marketing-Zielgruppen etabliert hat.

Einer der Gründe ist, dass es in der quantitativ orientierten empirischen Marketingforschung üblich ist, bei einer Untersuchung zum Konsumentenverhalten zur Beschreibung der Stichprobe sogenannte „soziodemografische Variablen" standardmäßig mit zu erheben. Zu diesen gehören z. B. Geschlecht, Beruf, Einkommen und auch das chronologische Alter.

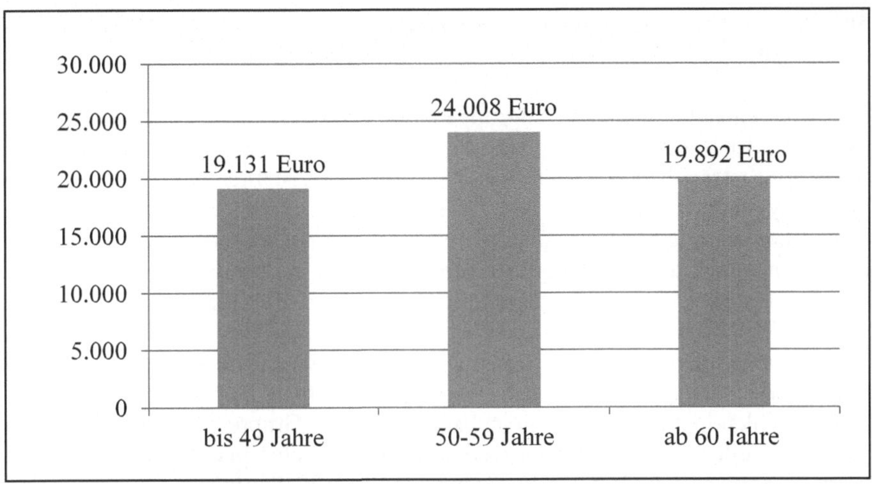

Abbildung 10: Kaufkraft (verfügbares Netto-Einkommen) pro Person (15 J.+) und pro Jahr nach chronologischem Alter in Deutschland 2010 (GfK 2010, Stand 30.10.2011)

Dies gilt unabhängig davon, ob die untersuchte Fragestellung in einem Silber-Marketing-Kontext steht. Die Erhebung dieser Daten dient der allgemeinen Charakterisierung der Stichprobe. Soziodemografische Variablen können bei entsprechender Fragestellung gegebenenfalls als Einflussfaktoren identifiziert werden, die direkt in die Untersuchung eingehen. Dies geschieht z. B., wenn festgestellt wird, dass chronologisch jüngere Menschen andere Markenpräferenzen haben als ältere. Zwar ist die begrenzte Aussagekraft des chronologischen Alters auch im Marketing durchaus bekannt, doch seine Verfügbarkeit als standardmäßig erhobene soziodemografische Variable und seine scheinbare Eindeutigkeit machen es nach wie vor zu einer sehr häufig verwendeten Größe, sei es allgemein zur Charakterisierung der Stichprobe oder zur Bildung und Testung von Hypothesen.

Insbesondere eine Unterteilung in die Zielgruppe der 14- bis 49-Jährigen und die Gruppe der über 50-Jährigen hat sich in der Marketing-Forschung durchgesetzt. Inzwischen haben sich einige Unternehmen aufgrund der demografischen Entwicklung von dieser seit drei Jahrzehnten üblichen Grenzziehung gelöst und weisen als neue Referenzzielgruppe die Altersgruppe der 20- bis 59-Jährigen aus (Schwegler 2012, Stand 24.02.2014).

Warum sich die Grenzziehung – von Ausnahmen abgesehen – nach dem chronologischen Alter beginnend mit dem 50. Lebensjahr für die Silber-Marketing-Zielgruppendefinition etabliert hat, ist wahrscheinlich einem willkürlichen Konstrukt geschuldet. Der Anekdote nach wurde es eigens zur Neupositionierung des Fernsehsenders „ABC" in den USA entwickelt. Angeblich, weil „ABC" in den

50er-Jahren zwar insgesamt niedrigere, aber in dieser Altersgruppe höhere Marktanteile hatte als andere, wurde begonnen, die Ausrichtung auf diese neue, nach dem chronologischen Alter(n) abgegrenzte Zielgruppe als die bessere Planungsstrategie gegenüber anderen Zielgruppenkonstruktionen zu vermarkten. Dabei ist nicht von der Hand zu weisen, dass die Zielgruppe der Jüngeren in den USA der 50er-Jahre tatsächlich vor allem aus der einkommensstarken und konsumfreudigen Baby-Boomer-Generation bestand, so dass eine solche Zielgruppendefinition seine Berechtigung hatte, was aber nicht allein mit dem chronologischen Alter zusammenhängt. Das Marketinginstrument der Zielgruppendefinition nach dem chronologischen Alter und der Definition einer werberelevanten Zielgruppe der 14- bis 49-Jährigen war sozusagen selbst ursprünglich ein Marketingargument. Dieses war jedoch so erfolgreich, dass sich daraus nach und nach eine international praktizierte Planungsstrategie der Zielgruppendefinition entwickelte. Obwohl es in Deutschland eine direkt vergleichbare homogene Gruppe von Baby-Boomern nie gab, wurde das Konstrukt der werberelevanten Zielgruppe der 14- bis 49-Jährigen übernommen und später die Gruppe der über 50-Jährigen als Silber-Marketing-Zielgruppe konstruiert. Diese Vorgehensweise wird vielfach als vereinfachend erachtet. Müller z. B. argumentiert, dass für Konsumentscheidungen nicht zwingend und nicht nur das chronologische Alter, sondern viele andere Faktoren eine Rolle spielen. Wichtiger als die Zielgruppendefinition nach Alter seien Konsumeinstellungen und Konsumverhalten (Müller 2008, S. 298).

Es wird deutlich, dass die „Entdeckung" des Silber-Marketings nicht eine Verschiebung der chronologischen Zielgruppenansprache von den 14- bis 49-Jährigen auf die über 50-Jährigen bedeuten kann, sondern dass auch andere Faktoren des Alterserlebens für die Zielgruppenanalyse von Bedeutung sind.

Deshalb wird häufig auf die Heterogenität der alternden Bevölkerung verwiesen und es werden Gemeinsamkeiten und Unterschiede der Silber-Marketing-Zielgruppe analysiert, um so die Ansätze die Ansprache systematischer und differenzierter zu gestalten (Bonfadelli 2009, S. 152). Das wohl bekannteste Instrument zu diesem Zweck ist das alter(n)sbezogene Modell der Sinus-Milieus. Dieses oder andere Modelle der typologisierenden Zielgruppendifferenzierung erfassen Wertorientierungen, Wünsche sowie individuelle Präferenzen und Einstellungen und fassen diese zu „sozialen Milieus" oder „subkulturellen Einheiten" zusammen. Konzepte wie das des Sinus-Milieus sind derzeit in der kommerziellen Marktforschung die verbreitetsten Ansätze der Silber-Marketing-Segmentierung (Cirkel et al. 2006, S. 112).

Auch mit dem subjektiven Alterserleben zusammenhängende Aspekte spielen bei der Zielgruppenbestimmung eine Rolle. Insbesondere das subjektive chronologische Alterserleben (siehe Kapitel 3.3.1) ist in der Marketingforschung Thema und wird inzwischen breit als Mittel zur Zielgruppenidentifikation akzeptiert. Es wird davon ausgegangen, dass das subjektive chronologische Alter(n) das

Konsumverhalten besser erklären kann als das chronologische Alter(n) (Mathur und Moschis 2005, S. 969). Auch in der Marketingforschung wird die Frage nach der Differenz zwischen dem chronologischen und dem subjektiven chronologischen Alter(n) behandelt. Eine Studie von Sudbury und Simcock beispielsweise ermittelt ein Jüngerfühlen von etwa 10 bis 12 Jahren (2009, S. 30). Auch in der Marketingforschung werden häufig Verfeinerungen, etwa die Dimensionen von „feel-age", „look-age", „do-age" und „interest-age" hinzugefügt oder/und das subjektive chronologische Alterserleben wird mit anderen für das Marketing relevanten Merkmalen, z. B. mit Werten, welche die Zielgruppe charakterisieren, verknüpft (Sudbury und Simcock 2009, S. 32), um zu einer treffenderen Zielgruppenbestimmung zu kommen.

Die Perspektive, Alter(n) nicht nur für sich zu betrachten, sondern auch im Lebenslauf zu verorten hat ebenfalls Eingang in die Silber-Marketing-Forschung gefunden. Die Lebenslaufperspektive dient in diesem Zusammenhang dazu, altersbedingte Entwicklungen und Veränderungen in der Konsumorientierung der Zielgruppe zu verstehen (Moschis 2007, S. 296). Die Aufmerksamkeit liegt insbesondere auf Lebensereignissen, die mit Rollenveränderungen einhergehen. Daraus werden Hinweise auf veränderte Bedürfnisse und dadurch ausgelöst auf die Nachfrage nach bestimmten Produkten oder Serviceleistungen abgeleitet (Moschis 2007, S. 305).

Sudbury und Simcock (2009) erweitern den Fokus, indem sie einen Zusammenhang zwischen subjektivem Alterserleben und Werten gemäß einer „list of values"-Skala herstellen, um so zu einem besseren Verständnis der Zielgruppe zu gelangen. Noch differenzierter gehen Kohlbacher und Chéron (2012) vor, die in einer Studie über den japanischen Markt das subjektive chronologische Alterserleben mit Rahmenbedingungen wie Gesundheit, sozio-ökonomischer Status und persönliche Werte vernetzen.

Üblicherweise wird auch das Geschlecht als Variable in die Zielgruppenbestimmung mit einbezogen. Bei der Silber-Marketing-Zielgruppenbestimmung besteht hier allerdings noch eine Lücke, denn bislang haben die Konsumbedürfnisse und -präferenzen der weiblichen Zielgruppe in der Silber-Marketing-Forschung wenig Beachtung gefunden. Analog zur „Female Beauty"- und „Double Marginality"-These (siehe Kapitel 3.3.3) wird auch in der Marketingforschung davon ausgegangen, dass das Altern bei Frauen früher wahrgenommen wird und stärkere Auswirkungen hat als bei Männern und zu einer Art Unsichtbarkeit führen kann. Daraus wird jedoch nicht der Schluss gezogen, dass Frauen deswegen eine besonders relevante Silber-Marketing-Zielgruppe sind. An manchen Stellen heißt es, Frauen seien gerade deswegen als Silber-Marketing-Zielgruppe weniger interessant, denn sie zögen sich auch aus Konsumaktivitäten zurück. Andere wiederum gehen davon aus, dass gerade wegen dieser stärkeren Verunsicherung Frauen auch stärke Silber-Marketing Konsumbedürfnisse haben (Szmigin und Carrigan 2001, S. 30).

Wie auch immer die generelle Einschätzung ausfällt, aus naheliegenden Gründen findet die Gruppe der Frauen in der Silber-Marketing-Forschung besonders dort Beachtung, wo Frauen klassischerweise die wichtigste Zielgruppe stellen, etwa in der Mode- und natürlich auch in der Kosmetikbranche. Eine Untersuchung zum Modebewusstsein von Nam et al. z. B. zeigt, dass bei Frauen mit dem Alter(n) das Interesse an Mode zwar an sich abnimmt, sich aber gleichzeitig auch verändert, z. B. hinsichtlich des Bedürfnisses nach Bequemlichkeit und Qualität der Kleidung (Nam et al. 2007, S. 107).

Alles in allem zeigt sich, dass die Zielgruppenbestimmung des Silber-Marketings immer differenzierter und elaborierter vonstattengeht, wenngleich einige Aspekte bislang relativ wenig Beachtung erfahren haben.

Nun ist die Frage nach den Zielgruppen nicht die einzige, die für das Silber-Marketing gestellt werden muss. Welche Produkte und Dienstleistungen werden von diesen Zielgruppen nachgefragt? Wo sollen diese der Zielgruppe angeboten werden? Und – um zum Fokus dieser Arbeit zu kommen – wie soll die identifizierte Silber-Marketing-Zielgruppe angesprochen werden, so dass die Ansprache mit dem Alterserleben stimmig ist? Auf diese Fragen wird im nächsten Abschnitt eingegangen.

4.4 Silber-Marketingkommunikation

4.4.1 Verortung im Silber-Marketing-Mix

Die klassische Definition des Marketings umfasst die vier Bereiche Produkt-, Preis-, Distributions- und Marketingkommunikations-Maßnahmen von Unternehmen. Nachfolgend werden die drei ersten Bereiche auf das Silber-Marketing bezogen, die Marketingkommunikation wird im folgenden Abschnitt vorgestellt.

Weil Silber-Marketing den explizit sichtbaren Bezug zum Alterserleben nicht voraussetzt, sind die Produkte, die dem Silber-Marketing zuzuordnen sind, vielfältig. Das Spektrum umfasst weit mehr als die Produkte, die allgemein als „Seniorenprodukte" oder „gerontotechnologische Produkte" bekannt sind, wie etwa speziell für die Zielgruppe entwickelte einfach zu bedienende Mobiltelefone oder Produkte der Rehabilitationstechnik. Das Interesse der Anbieter am Markt für Alternde bezieht sich auf diverse weitere Produktbereiche von Kosmetik über Modebekleidung, Sportausstattung und Reisen bis hin zu Autos, Immobilien und Versicherungs- oder Finanzierungsangeboten, für die es altersbedingt spezifische Interessen und Bedürfnisse gibt (Auer-Srnka et al. 2008, S. 100), auch wenn diese nicht unmittelbar erkennbar sind. Gerade die Autobranche ist für ihre Orientierung an Silber-Marketing-Zielgruppen bekannt, obwohl die Produkte häufig gezielt mit einem „jungen" Image ausgestattet werden – ein häufig im Silber-Marketing-Zusammenhang zitiertes Marketing-Bonmot ist „Nobody wants to drive an old man's car". Auch Reiseangebote werden häufig für Alternde konzipiert, weil der Zielgruppe meist ein großes und flexibel handhabbares Zeitbudget zur Verfügung steht. Auch hier bleibt der Bezug zum Silber-Marketing nach außen hin häufig verborgen.

Bei der Preisgestaltung ist es auffällig, dass Silber-Marketing-Produkte oftmals im Luxussegment positioniert sind. Alter(n)sbedingt zeitlich und finanziell gut ausgestattete Kundengruppen, die Konsumentscheidungen treffen können, die sie sich in anderen Lebensphasen versagt haben, werden also bereits jetzt vergleichsweise gut vom Silber-Marketing bedient (Priddat 2007, S. 379). Eher einkommensschwache Haushalte haben bislang zu den speziellen Produkten des Silber-Marketings wenig Zugang. Weil für die Zukunft eine Verschiebung der Einkommenssituation der Silber-Marketing-Zielgruppe prognostiziert und weil gleichzeitig davon ausgegangen wird, dass sich der demografische Wandel weiter verstärkt, ist es denkbar, dass sich diese preislichen Vorstellungen und Möglichkeiten der Zielgruppe verändern und sich die Preisgestaltung des Silber-Marketings vom Luxussegment hin zu einem Massenmarkt entwickelt (Cirkel und Enste 2009, S. 16).

Auch für die Silber-Marketing-Distribution gilt, dass der Alter(n)sbezug nicht unbedingt erkennbar sein muss. Eine speziell auf das Alter(n) bezogene Distribution kann allein dadurch erreicht werden, dass solche Distributionskanäle gewählt werden, die häufig von der Zielgruppe genutzt werden. So wird (noch) davon ausgegangen, dass der Einzelhandel besonders attraktiv für die Silber-Marketing-Zielgruppe ist, wobei auch hier eine generationenbedingte Verschiebung erwartbar ist. Eine Generation, die mit den Möglichkeiten des Online-Einkaufes aufgewachsen ist, wird diese Distributionsform sicher auch mit steigendem Alter nicht missen wollen. Sie kann dann sogar als besonders vorteilhaft angesehen werden, z. B. weil Anfahrts- und Transportwege für den Käufer entfallen.

Ein konkretes Beispiel für eine gezielte und offensichtliche Orientierung an den Bedürfnissen Alternder bei der Produktdistribution ist die „generationengerechte" Gestaltung von Kaufhäusern des Konzerns „Galeria Kaufhof". Unter dem Motto „Galeria für Generationen" wurden Veränderungen wie die Ebnung von Trittstufen oder die Installierung von besonders gut lesbaren Ausschilderungen vorgenommen, um Barrieren durch alter(n)sbedingte körperliche Veränderungen für die Produktdistribution abzubauen (Galeria Kaufhof GmbH 07.11.2011, Stand 18.04.2013).

Vorbilder für solche Anpassungen finden sich etwa in Japan mit seinem weit entwickelten Silber-Marketing. Der dort bekannte „Keio Department Store", eines der größten Kaufhäuser Japans, orientiert sich in verschiedenen Sektionen gezielt an den Bedürfnisse verschiedener Alters- und Lebensstilgruppen von Junior-

Baby-Boomers über Post-Baby-Boomers zu Baby-Boomers bis zur Vorkriegs-Generation. Durch diese Anpassungen konnte eine kontinuierliche Steigerung der Umsätze des Kaufhauses von bis zu 20 % erreicht werden (Enomoto 2011, S. 184).

Eine Orientierung am Silber-Marketing scheint sich folglich für die genannten Bereiche zu lohnen. Auch lässt sich eine solche alter(n)sbezogene Strategie ergänzend zu anderen Produkt-, Preis- oder Distributionsstrategien installieren und bedarf keiner Entscheidung für oder gegen Silber-Marketing. Etwas anders sieht es bei der Marketingkommunikation aus, die üblicherweise als einheitliche Strategie angelegt wird.

4.4.2 Grundlagen der Silber-Marketingkommunikation

Das hier besonders relevante Marketinginstrument der Marketingkommunikation hat die Aufgabe, durch Kommunikationsmaßnahmen, z. B. durch Werbung, den Bekanntheitsgrad einer Marke oder eines Produktes zu erhöhen, Einstellungen zum Produkt zu verändern, sich von Wettbewerbern zu differenzieren und so die Kauf- und Wiederkaufabsicht zu erhöhen (Meffert et al. 2012, S. 608). Hierfür muss übermittelt werden, welcher funktionale oder emotionale Nutzen aus den Produkteigenschaften hervorgehen kann.

Angesichts gesättigter und homogenisierter Märkte tritt der funktionale Nutzenaspekt bei der Marketingkommunikation immer weiter in den Hintergrund und der emotionale Produktnutzen wird bedeutender. Gerade in Ländern wie Deutschland, Japan und den USA, in denen das Silber-Marketing eine bedeutende und zunehmend größer werdende Rolle spielt, ist von einer gesättigten Marktsituation auszugehen.

Zum Transport von in solchen Märkten besonders relevanten emotionalen Produktzusatznutzenaspekten wird häufig eine sogenannte Markenidentität konzipiert: Das Produkt oder die Marke wird mit Persönlichkeitsmerkmalen, Beziehungsmerkmalen und Erlebnissen (Kroeber-Riel und Esch 2011, S. 81) verknüpft. Diese Verknüpfung mit Persönlichkeitsmerkmalen als Teil der Markenidentität ist hier von besonderem Interesse, weil zu einer solchen „Markenpersönlichkeit" auch das Alterserleben gehören kann.

Diese Idee der Markenpersönlichkeit geht unter anderem auf Aaker (1997) zurück und ist eine häufig rezipierte Strategie der Markenführung. Schon in den 1950er-Jahren wurde festgestellt, dass zu einer Markenpersönlichkeit, wenn sie Parallelen zur menschlichen Persönlichkeit aufweisen soll, nicht nur z. B. das Geschlecht und die gesellschaftliche Schicht, sondern auch das Alter gehört, denn schließlich ist es kaum möglich, sich eine (Marken-)Person als Mann oder Frau vorzustellen, die aus einer bestimmen gesellschaftlichen Schicht kommt, ohne dabei auch eine Vorstellung vom Alter dieser Person zu entwickeln (Aaker 1997, S. 348).

Selbst dann, wenn die Marketingstrategie ohne das Konzept der Markenpersönlichkeit operiert, sind Bezüge zum Alter(n) fast unumgänglich, weil Marketingkommunikation seine Botschaften fast immer durch Menschen als Werbefiguren übermittelt und diese lassen sich nicht altersneutral gestalten.

Es wird davon ausgegangen, dass solche Werbefiguren als besonders glaubwürdig angesehen werden, die ähnliche Charakteristika haben wie die anzusprechende Zielgruppe. Deshalb ist es naheliegend, Werbefiguren einzusetzen, die ähnliche Alter(n)seigenschaften verkörpern wie die anvisierte Zielgruppe (Auer-Srnka et al. 2008, S. 102).

Allerdings hat es sich in der Marketingkommunikationspraxis als schwierig herausgestellt, diesen Altersbezug in der Silber-Marketingkommunikation – sei es in Form einer alternden Markenpersönlichkeit oder in Form einer der Zielgruppe ähnlichen Werbefigur – erfolgreich herzustellen.

Stattdessen gibt es eine Reihe von Beispielen, bei denen sich der Versuch eines Alter(n)sbezugs in der Marketingkommunikation negativ auf die Marke ausgewirkt hat – fast schon klassisch stehen hierfür die Kampagnen für „Heinz Senior Food" oder „Johnson & Johnson Affinity Shampoo For Older Hair" aus dem US-Markt, die bei der Silber-Marketing-Zielgruppe nicht gut angekommen sind. Die Marken haben dadurch sogar bei Produkten für andere Zielgruppen an Popularität verloren.

Wolfe z. B. (1997, S. 295) sieht den Grund dafür, dass es nachteilig ist, wenn das Produkt zu eng mit der alternden Zielgruppe verknüpft wird, darin, dass das eigene Alterserleben von dem dargestellten abweicht. Ähnlich argumentieren Auer-Srnka et al. (2008, S. 102), die die bislang verwendeten Alter(n)sdarstellungen als entweder stereotyp negativ oder drastisch positiv überzeichnet einschätzen.

Die Verknüpfung von Alter(n) und Markenpersönlichkeit oder zumindest Abwandlungen davon, wie eine Parallelsetzung von Alter(n)smerkmalen der Werbefigur in Werbeanzeigen und der Zielgruppe, erscheint zwar naheliegend und ist durch die Marketingforschung begründbar, in der Praxis ist sie aber offensichtlich schwierig anzuwenden. Die Frage danach, wie Hersteller und Handel die Silber-Marketing-Zielgruppen erfolgreich mit ihren Kommunikationsmaßnahmen für ihre Produkte und Dienstleistungen als Kunden gewinnen können, wie die Silber-Marketingkommunikation gestaltet werden soll, wird als neue „Gretchenfrage des Marketings" bezeichnet (BMFSFJ 2010, S. 231).

Ob der Begriff der Gretchenfrage in diesem Zusammenhang passend ist, lässt sich diskutieren. Um eine Gewissensfrage handelt es sich wohl kaum. Gemeint ist wohl eher, dass es sich hier um eine grundlegende und entscheidende Frage handelt, die ein Kernproblem des Silber-Marketings ausmacht: Die Bedeutung des „silbernen" Marktsegments ist bekannt, aber nicht, wie sich diesem zu nähern ist. Ebenso deutet der Begriff an, dass es sich nicht um eine reine Marketingfragestellung handelt, sondern im Sinne der kulturellen Ökonomie des Alters auch um eine darüber hinausgehende Frage nach dem Alterserleben und mit diesem verknüpften ökonomischen Angeboten.

4.4.3   Ist spezifische Silber-Marketingkommunikation erforderlich?

Im vorangegangenen Abschnitt wurde bereits dargelegt, dass eine Silber-Marketingkommunikation einerseits naheliegend ist und sich besonders aus dem Konzept der Markenpersönlichkeit heraus fast zwingend ableitet, aber andererseits wiederholt zu Misserfolgen bei der Anwendung geführt hat. Hier soll nun dargestellt werden, welches Spektrum an Strategien die Marketingforschung entwickelt hat, um dieser Widersprüchlichkeit Herr zu werden.

Häufig wird in Marketingratgebern dazu geraten, bei der Marketingkommunikation nicht das Alter(n) der Zielgruppe in den Vordergrund zu stellen, sondern andere z. B. milieuspezifische Charakteristika der Zielgruppe, die nicht direkt mit dem Alter in Bezug stehen, zur Gestaltung der Markenpersönlichkeit zu akzentuieren.

Andere schlagen vor, das Thema Alter(n) in der Marketingkommunikation nicht nur in den Hintergrund zu stellen, sondern es erst gar nicht als relevant zu betrachten. Für Silber-Marketing-Zielgruppen soll demzufolge dieselbe kommunikative Ansprache verwendet werden wie für andere. Lediglich handwerklich ist Marketingkommunikation an das altersbedingt veränderte Informations- und Entscheidungsverhalten oder an altersbedingte physiologische Veränderungen anzupassen (Michael 2006, S. 97). Beispielsweise wird von Bieri et al. (2006, S. 26 f.) aus medienpsychologischer Sicht dazu geraten, die Schriftart und -größe oder die Farbkontraste von Werbeanzeigen an die möglicherweise mit den Jahren nachlassende Sehkraft anzupassen. Da sich auch die Aufmerksamkeitssteuerung mit den Jahren verändern kann, sollen Werbereize, die nicht direkt auf das Produkt gerichtet sind, möglichst vermieden werden.

Eine weitere mögliche Variante ist es, mittels einer intergenerationalen Ansprache, also durch die Konzeption verschieden alter Markenpersönlichkeiten oder auch nur durch die Verwendung verschieden alter Werbefiguren, die Ansprache zu relativieren (Moschis 2003, S. 523).

Bei der universalen Ansprache wird versucht, die Marketingkommunikation so zu gestalten, dass Alter(n) nicht vorkommt, etwa indem auf die Abbildung von Personen verzichtet wird. Häufig wird diese Strategie als Königsweg des Silber-Marketings angesehen, z. B. von Wolfe und Snyder (2003) oder Stroud (2008).

Eine weitere Strategie ist die Anpassung der Werbefiguren an das subjektive chronologische Alterserleben der Zielgruppe. Kozar bzw. Kozar und Damhorst untersuchen die Präferenzen bezüglich des Alters von Werbefiguren in der Modebranche sowohl an einer Gruppe von 30- bis 59-jährigen Frauen (Kozar 2010) als auch an einer Gruppe von 60- bis 80-jährigen Frauen (Kozar und Damhorst 2008). Beide Untersuchungen kommen zu dem Ergebnis, dass eine Nähe des Alters der

Werbefiguren zum subjektiven chronologischen Alter der Zielgruppe zu einer größeren Kaufbereitschaft führt (Kozar und Damhorst 2008, S. 348). In Einklang mit der nicht-marketingspezifischen Forschung zum subjektiven Alterserleben hat sich hier die Faustformel „ca. 10 Jahre jünger als die Zielgruppe" durchgesetzt.

Doch alle genannten Strategien, um die Spannung zwischen gezielter Ansprache und Ambivalenzen der Alter(n)sansprache aufzulösen, haben Vor- und Nachteile.

So ist es z. B. aufgrund von Generationen- und Kohorteneffekten schwierig, Milieu und Alter(n) ganz voneinander zu trennen, so dass auch eine milieuspezifische Ansprache kaum ohne zumindest unterschwellige Alter(n)sbezüge auskommen kann.

Für eine Silber-Marketing-Zielgruppe dieselbe Alter(n)sansprache zu wählen wie für eine jüngere widerspricht der Idee, dass die Markenpersönlichkeit Ähnlichkeiten mit der Persönlichkeit der Zielgruppe aufweisen sollte. Wenn also darauf verzichtet wird, den spezifischen Nutzen für eine Silber-MarketingZielgruppe herauszustellen, kann davon ausgegangen werden, dass die Kommunikation dieses spezifischen Nutzens vernachlässigt wird, zugunsten von an jüngeren Konsumentengruppen orientierten oder altersneutraler Marketingstrategien (Szmigin und Carrigan 2001, S. 30).

Auch die Alternative der intergenerationalen Ansprache verwässert das Prinzip der gezielten Zielgruppenansprache – eine weitgehend unwidersprochene Maxime der Marketingkommunikation.

Der Verzicht auf Personenabbildungen in der Marketingkommunikation, um eine universelle Ansprache zu realisieren, bedeutet auch der Verzicht auf bewährte Werberegeln, zu denen gehört, Kontakt zur Zielgruppe durch Aktivierungstechniken herzustellen. Darunter werden Techniken verstanden, welche die Zielgruppe anregen, sich einem Reiz bzw. einer Werbebotschaft zuzuwenden und diese im Gedächtnis zu speichern (Kroeber-Riel und Esch 2011, S. 238). Es wurde ermittelt, dass das Aktivierungspotenzial von Personenabbildungen höher ist als das von Gegenständen und dass die Abbildung eines Gesichts einer Person einen besonders starken Reiz darstellt (Kroeber-Riel und Esch 2011, S. 269). Auch die Konzeption der Markenpersönlichkeit ist durch den Verzicht auf Werbefiguren aus offensichtlichen Gründen schwieriger als bei Werbekonzepten, die ohne Einschränkungen Personen als Instrument für den Imagetransfer verwenden.
Die Kompromisslösung, solche Werbefiguren auszuwählen, die dem subjektiven chronologischen Alter der Zielgruppe nahekommen, ist in der Praxis nicht ohne Weiteres umsetzbar. Auer-Srnka et al. (2008) stellen in einer Rezeptionsstudie fest, dass entsprechende Werbefiguren von der Silber-Marketing-Zielgruppe vielfach als nicht authentisch wahrgenommen werden. Hieraus wird der Schluss gezogen, dass es notwendig ist, die bisherige Darstellungsweise des subjektiven

chronologischen Alters in der Werbung zu überdenken und neue Formen der Präsentation zu finden, die dem Selbstbild der Zielgruppe besser entsprechen (Auer-Srnka et al. 2008, S. 112).

Auch scheint es hier produktabhängige Unterschiede zu geben. Für manche Produkte gelten unabhängig vom Alter der Zielgruppe alternde Menschen in bestimmten Produktkategorien, etwa in den Bereichen Medizin, Finanzdienstleistungen und Tourismus, als besonders glaubwürdige Werbefiguren, für andere Produktkategorien, z. B. Kosmetik und Körperpflege, ebenfalls unabhängig vom Alter der Zielgruppe, eher nicht (Greco 1988, S. 39).

Borland und Akram (2007) beschäftigen sich mit der Wahrnehmung von Werbefiguren durch alternde Frauen. Auch diese Studie kommt zu dem Ergebnis, dass sich die alternde Zielgruppe – in diesem Fall Frauen – nicht ausreichend durch die bestehende Werbung angesprochen fühlt. Allerdings lautet das Ergebnis hier, dass weniger das Alter(n), sondern eher Körperumfang und -form der Werbefiguren von der alternden Zielgruppe als unpassend und nicht ansprechend wahrgenommen werden (Borland und Akram 2007, S. 325).

Obwohl eine Reihe von Ansätzen dazu existiert, wie das Alter(n) der Zielgruppe in die Marketingkommunikation integriert werden kann, gibt es zu jedem dieser Ansätze auch Gegenargumente. Das ist wenig überraschend, denn die in Kapitel 3 vorgestellte Multidimensionalität des Alterserlebens, die das Alterserleben zu etwas potenziell in sich Widersprüchlichem macht, ist auch für die Marketingkommunikation nicht ohne Weiteres aufzulösen. Was für eine Dimension des Alterserlebens stimmen mag, ist für eine andere möglicherweise unpassend.

Im nächsten Abschnitt geht es um solche Konzepte, die bestrebt sind, die Multidimensionalität des Alterserlebens in die Marketingkommunikation zu integrieren.

4.4.4   Subjektives Alterserleben und Silber-Marketingkommunikation

4.4.4.1   Integration der Thematik in Marketingkonzepte

Das wohl erste über das subjektive chronologische Alterserleben hinausgehende Konzept von Alterserleben für das Marketing stellen Catterall und Maclaran (2001) vor, die den Gedanken der gesellschaftlichen Konstruktion von Alter(n) aufgreifen. Catterall und Maclaran argumentieren, dass Älterwerden nicht als statisch aufzufassen ist, sondern Interpretationsprozessen unterliegt, die durch die Marketingkommunikation aufgegriffen werden sollten. Als Beispiel für solche Neukonstruktionen wird der Umgang mit dem 50. Geburtstag angeführt. Dieser wird zwar nach wie vor als Meilenstein wahrgenommen, aber zunehmend als Feier eines neuen Lebensabschnitts und als positive Statuspassage interpretiert, anstatt als Anlass, wehmütig auf Vergangenes zurückzublicken. Für die Marketingkommunikation bedeutet dies, die veränderte gesellschaftliche Konstruktion des Alterserlebens wahrzunehmen und in der Zielgruppenansprache aufzunehmen, statt sich weiterhin allein auf die Frage des subjektiven chronologischen Alter(n)s zu beschränken (Catterall und Maclaran 2001, S. 1129). Doch von diesem Beitrag abgesehen scheinen multidimensionale Konzepte zum subjektiven Alterserleben, die z. B. in der Zielgruppenforschung bereits durchaus zur Anwendung kommen (z. B. Kohlbacher und Chéron 2012, siehe Kapitel 4.4.4.1), noch nicht im großen Umfang in die Marketingkommunikationsforschung eingegangen zu sein. Allerdings ist zu bedenken, dass Marketingforschung und -praxis nicht deckungsgleich sind. Der wohl weitaus größte Teil der Marketingpraxis ist nicht in die wissenschaftliche Marketingforschung eingebunden und der Informationsaustausch zwischen Unternehmen und Forschung ist nicht so selbstverständlich wie in anderen Disziplinen.

Trotzdem ist diese Kluft zwischen dem Wissen um die Multidimensionalität des Alterserlebens bei der Definition von Zielgruppen und der Anwendung oder zumindest der Entwicklung multidimensionaler Konzepte des Alterserlebens in der Marketingkommunikation auffällig. Gemäß den Recherchen zu dieser Arbeit wurde erstmalig im Jahr 2010 ein umfangreiches Konzept veröffentlicht, das die Vielschichtigkeit des Alterserlebens als Teil der Markenführung umfassend berücksichtigt und in ein konkretes Marketingkommunikationskonzept überführt: das Konzept des „Age Branding" von Moody und Sood (2010). Dieses soll im nächsten Abschnitt vorgestellt werden.

4.4.4.2   Age Branding

Eine gezielte Positionierung zum Alterserleben erachten Moody und Sood als Schlüssel zum Erfolg auf Absatzmärkten, die vom demografischen und sozialen Wandel geprägt sind. Gemäß Moody und Sood wird innovatives Marketing in Zukunft nicht ohne die Integration der Alter(n)sfrage in das Marketingkonzept auskommen. Moody und Sood sehen schematisch vier Möglichkeiten, das subjektive Alterserleben in die Marketingkommunikation zu integrieren (Moody und Sood 2010, S. 229):

- Age-denial brands ("I don't have to get old")

- Age-adaptive brands ("Age presents problems, but I can deal with them")

- Age-irrelevant brands ("Mind over matter; if you don't mind, it doesn't matter")

- Age-affirmative brands ("The best is yet to be")

„Troubled Age Brands" schließlich sind solche Marken, bei denen die Integration von Altersaspekten in das Marketing zwar versucht wird, diese aber genau daran scheitern. Der Begriff bezeichnet also weniger eine Strategie sondern vielmehr Beispiele für die Schwierigkeiten, die die Multidimensionalität des Alterserlebens für das Marketing mit sich bringt.

Die verschiedenen Strategien der alter(n)sbezogenen Markenführung und damit der Marketingkommunikation werden nachfolgend wie von Moody und Sood beschrieben (2010, S. 230–242) vorgestellt.

4.4.4.2.1   Age-denial brands

Age-denial ist die wohl erfolgreichste und bereits jetzt am häufigsten verwendete Strategie, das subjektive Alterserleben in die Markenpersönlichkeit zu integrieren. Age-denial appelliert explizit oder implizit an die „Peter Pan"-Fantasie, das Älterwerden vermeiden zu können. Ein wesentlicher Punkt ist, dass bei der Vermarktung nicht nur das jüngere Aussehen, sondern auch das Gefühl, tatsächlich jünger zu werden, als Verkaufsargument transportiert wird. Zu den Techniken, dies durch Marketingkommunikation zu erreichen, gehört es, z. B. Möglichkeiten des altersbezogenen „self-enhancement", also die Aufwertung der eigenen Person gegenüber anderen, anzubieten. Die Marke Botox arbeitet mit dieser Strategie, indem sie neben Vorher-nachher-Vergleichen auch den Vergleich mit anderen Personen der gleichen Altersgruppe in die Werbung integriert, wobei die Botox-Verwender als jünger aussehend und gleichzeitig selbstbewusster und anderen überlegen dargestellt werden.

4.4.4.2.2   Age-adaptive brands

Bei Produkten, die als age-adaptive brands positioniert werden, wird in der Marketingkommunikation gezielt auf alter(n)sbedingte Veränderungen aufmerksam gemacht. Das Produkt wird als Möglichkeit, diese zu kompensieren, vermarktet. Die Akzeptanz der Zielgruppe gegenüber „age-adaptive"-Marketingstrategien ist unterschiedlich: je nach eigenem subjektiven Alterserleben wird es als mehr oder wenig passend angesehen. Wird keine Notwendigkeit gesehen, sich an altersbedingte Veränderungen anzupassen, weil diese entweder bisher nicht aufgetreten sind, nicht wahrgenommen oder als nicht relevant angesehen werden, kann es zu einer scharfen Ablehnung altersadaptiver Marketingkommunikation führen. Die Marketingkommunikation bewegt sich bei age-adaptive brands auf einem schmalen Grad. Zwar müssen Aspekte des alter(n)sbedingten Abbaus beim age-adaptive branding anerkannt werden, um das Ziel, diese zu kompensieren, und den Weg dorthin durch die Verwendung des beworbenen Produktes darstellen zu können. Doch dabei kann keine Aufwertung des eigenen Alterserlebens gegenüber anderen durch den Abwärtsvergleich gegenüber Älteren stattfinden. Stattdessen wird der bewusste Umgang mit dem eigenen Altern als besser oder reifer dargestellt als die Verleugnungsstrategie im „Peter Pan"-Konzept.

4.4.4.2.3   Age-irrelevant brands

Im Fall der age-irrelevant brands wird eine Markenpersönlichkeit entwickelt, bei der das subjektive Alterserleben nicht vorkommt. Es werden andere Aspekte der Markenpersönlichkeit in den Vordergrund gestellt oder die Marke wird erst gar nicht als Persönlichkeit mit entsprechenden Eigenschaften entworfen, sondern auf anderem Wege der Marketingkommunikation aufgebaut.

4.4.4.2.4   Age-affirmative brands

Age-affirmative-Marken sind Marken, welche die Dimensionen des subjektiven Alterserlebens in den Vordergrund stellen, die für altersbedingte Weiterentwicklungen stehen. Allerdings sollen keine – wenn auch „positiven" – Alter(n)sstereotypen bedient werden. Als Beispiele gelungener age-affirmativer Markenpersönlichkeiten nennen Moody und Sood die Kampagnen der Marke „Dove" von Unilever und „Age Perfect" von L'Oreal.

Für „Age Perfect" wurde die vor allem in den USA bekannte Dayle Haddon als „Testimonial", also als prominente Werbefigur, gewonnen. Dayle Haddon war ein in den USA bekanntes Model. Sie beendete ihre Modelkarriere „altersbedingt" mit 38 Jahren. In ihrer zweiten Karriere hat sie das Altern zu ihrem Thema gemacht. Sie veröffentlicht z. B. populärwissenschaftliche Alter(n)sratgeber und hält Vorträge zum Thema. Dayle Haddon soll für die Zielgruppe gleichermaßen als Identifikationsfigur und als Vorbild für den Umgang mit dem Altern dienen.

In der Dove-Kampagne sehen Moody und Sood mehr als eine Marketing-Aktion, sie sehen diese als einen Appell zur Veränderung negativer Altersvorstellungen von geradezu politischer Tragweite.

Diese Einschätzung lässt sich in Ergänzung zu den Ausführungen von Moody und Sood diskutieren, auch wenn sie vom für die Marke verantwortlichen Konzern durchaus beansprucht wird. Bei der auch in Deutschland bekannten „pro age"-Kampagne von Dove werden Frauen, die über 50 Jahre alt sind, als Werbefiguren eingesetzt. Dabei handelt es sich gezielt nicht um prominente Frauen oder um professionelle Models, sondern um „Frauen von nebenan". Die Werbebotschaft der Kampagne lautet, dass jede Frau unabhängig vom Alter ihre „wahre Schönheit" enthüllen könne. Für die Kampagne nimmt Unilever für sich in Anspruch, gesellschaftliche Verantwortung gegenüber den Zielgruppen wahrzunehmen und gesellschaftliche Alter(n)sstereotype in Frage zu stellen (Mushahwar 2008, S.116). So heißt es in einer Selbstdarstellung der Marke Dove:

> „Mit pro·age möchte Dove besonders älteren Frauen helfen, sich schön zu fühlen, aber auch die Gesellschaft dazu bewegen, eine positivere Einstellung gegenüber dem Älterwerden zu gewinnen. Frauen sollen darin bestärkt werden, Älterwerden nicht als etwas Negatives zu sehen, sondern als Teil der ganz eigenen Persönlichkeit und Schönheit. Dove findet, dass Schönheit keine Frage des Alters ist. Dennoch wird das Thema Alter

in unserer Gesellschaft mit Worten wie ‚Anti-Ageing' so behandelt, als müsste es be-
kämpft werden. Keine Frau sollte das Gefühl haben, dass älter werden etwas negatives
ist, das um jeden Preis verhindert werden muss. Im Gegenteil: Dove möchte Frauen inspirieren, die Schönheit ihres Alters zu erkennen. Diese positive Philosophie führte bei
der Einführung von Dove pro·age 2007 zu einem großen Erfolg und begeisterte Frauen
weltweit. Dove pro·age stellt weiterhin die in der Gesellschaft vorherrschenden Stereotypen in Frage und möchte Frauen unterstützen, eine positive Einstellung zum Älterwerden zu gewinnen." (Unilever, Stand 05.12.2011)

Durch diese Kampagne konnten nach den Angaben von Unilever die Käuferreich-
weiten von Dove um 36 % gesteigert werden. Zudem konnte die Marke öffentli-
ches Interesse gewinnen: Über die Kampagne wurde in 77 TV-Berichten, über 970
Artikeln in den Print-Medien und 116 Online-Artikeln berichtet (Strauch 2011,
S. 188).

Es ist zu bedenken, dass Unilever die Einstellungen zum Alter(n) vorher
durch Marktforschung abgeprüft hat und ihre Kampagne gezielt auf Grundlage
bereits vorhandener Altersvorstellungen entwickelt hat. Es handelt sich also wahrscheinlich eher um einen scheinbar unkonventionellen Ansatz als um den tatsächlichen Versuch, Altersstereotype aus den Angeln zu heben, wofür auch der über-
ragende kommerzielle Erfolg der Marke spricht.

Von diesem Diskussionspunkt einmal abgesehen lässt sich zusammenfassen,
dass Moody und Sood mit den vier Konzepten ganz unterschiedliche Strategien
subjektiven Alterserlebens als Ansatzpunkt für die Marketingkommunikation aufzeigen. Welche davon im Einzelfall einzusetzen ist, hängt von verschiedenen Faktoren wie etwa der Branche des beworbenen Produktes und dem Alter(n)sbezug
des Produktes selbst ab.

Wie erwähnt, wurden bislang in der Marketingforschung noch keine weiteren
Konzepte entwickelt, die das subjektive Alterserleben über die Frage nach dem
chronologischen subjektiven Alterserleben hinaus in den Blick nehmen. Das bedeutet nicht, dass keine solchen Konzepte existieren. Marketingforschung und -
praxis sind nicht zwingend eng miteinander gekoppelt, nicht alle Unternehmen
oder Marketingagenturen stehen ständig mit der wissenschaftlichen Marketingforschung in Kontakt. Auch aus Wettbewerbsgründen wird nicht immer offen über
Marketingkommunikationsmaßnahmen Auskunft gegeben. Und auch für den Erfolg einer Kampagne bei der Zielgruppe bietet es sich nicht an, allzu freimütig die
Absichten hinter den einzelnen Kommunikationsmaßnahmen zu veröffentlichen.
Nicht zuletzt wird Marketingkommunikation ja nicht selten „aus dem Bauch heraus" betrieben. Der Bezug zu gesellschaftlichen Trends geschieht nicht immer
planvoll, sondern kann ein Nebenprodukt einer anderen Idee sein oder/und sich
mehr oder weniger zufällig entwickeln. Einige Vordenker der Marketingkommunikation sehen sich als Kreative, die sich einem künstlerischen Anspruch verpflichtet fühlen und Überlegungen zu Zielgruppen, angestrebten Verkaufszahlen
oder zur Gewinnung von Marktanteilen als zweitrangig ansehen. Dies zeigt z. B.

die häufig zitierte Aussage eines in den 1970er-Jahren sehr bekannten Werbetexters:

> "Rules lead to dull stereotyped advertising, and they stifle creativity, inspiration, initiative, and progress. The only hard and fast rule I know of in advertising is that there are no rules. No formulas. No right way. Given the same problem to a dozen creative talents would solve it a dozen different ways. If there were a sure-fire formula for successful advertising, everyone would use it. Then there'd be no need for creative people. We would simply program robots to create our ads and commercials and they'd sell loads of products – to other robots." (Seiden 1977, S. 5, in: Belch und Belch 2009, S. 258)

Die im empirischen Teil behandelte Fragestellung zu Konstruktionen subjektiven Alterserlebens in der Werbung lässt sich deshalb nicht allein durch ein Studium der wissenschaftlichen Marketingliteratur bearbeiten und auch eine Befragung der Verantwortlichen der Marketingkommunikation würde nur das offenlegen, was diese über die Kampagnen bereit sind zu veröffentlichen. Noch weniger würden Botschaften zum Alterserleben greifbar werden, die nicht bewusst in die Kampagnen aufgenommen wurden, sondern aus einem Gespür für Trends und Zielgruppen, das Marketingfachleute häufig für sich in Anspruch nehmen, entstanden sind. Deshalb wurde hier als Vorgehensweise eine rekonstruktive Analyse bereits veröffentlichter Kommunikationsmaßnahmen zur Bearbeitung der Fragestellung gewählt. Diese wird in den nächsten Kapiteln vorgestellt.

5 Empirischer Teil

5.1 Konzeption der Studie

5.1.1 Ausgangssituation

Aufbauend auf den in den vorangegangenen Kapiteln vorgestellten Rahmenbedingungen der Ökonomisierung des Alter(n)s, insbesondere den Konstruktionen des Alter(n)s und der Thematik des subjektiven Alterserlebens, sowohl aus der gerontologischen als auch aus der marketingwissenschaftlichen Sicht, gilt es, im Weiteren die Fragestellung „Wo und wie wird subjektives Alterserleben ökonomisch konstruiert?" am Beispiel von Werbeanzeigen empirisch zu bearbeiten.

Der Rahmen dafür wurde bereits einleitend gesteckt. Konsum wird als Teil einer kulturellen Ökonomie des Alter(n)s und damit als Bezugsgröße für Konstruktionen subjektiven Alterserlebens verstanden. Marketingkommunikation, also auch Werbeanzeigen, bringt illusionäre Medienprodukte hervor. Die in ihnen vermittelten Konzepte subjektiven Alterserlebens sind von den Herstellern der Werbeanzeigen in ihrem Sinne entworfen. Es ist für sie nicht zwingend notwendig, an das von Menschen empfundene Alterserleben anzuknüpfen. Eine Anknüpfung ist naheliegend und wahrscheinlich für den Werbeerfolg zielführend, zwingend notwendig ist sie allerdings nicht. Es ist ferner davon auszugehen, dass Alterserleben im Sinn der Hersteller von Werbeanzeigen des Silber-Marketings verzerrt dargestellt wird.

Die Bearbeitung der Fragestellung geschieht anhand einer durch gezieltes Sampling ermittelten Gruppe von Werbeanzeigen der Kosmetikbranche in Publikumszeitschriften eines Zeitschriftenjahrgangs, die sich an Frauen ab dem 40. Lebensjahr richten. Die in den Anzeigen enthaltenen Konstruktionen des subjektiven Alterserlebens werden mittels rekonstruktiver Methodik typologisiert (eindimensionale Typenbildung). Daran anschließend wird auf die relative Verbreitung der so ermittelten typischen Konstruktionen subjektiven Alterserlebens, auf die durch die Typen beworbenen Produkte und die aufgewendeten Werbebudgets eingegangen (mehrdimensionale Typenbildung).

Die theoretische Sensibilität für das Thema subjektives Alterserleben wird durch das in den vorangegangenen Kapiteln dargestellte Vorwissen zur Materie erlangt.

Dafür wurde bereits in diesen Kapiteln der Blick auf die im Sample bearbeitete Art von Marketingkommunikation (Werbeanzeigen der Kosmetikbranche in Publikumszeitschriften, die sich an Frauen ab dem 40. Lebensjahr richten) gelenkt.

Durch diese vorangestellte Umstrukturierung ist es möglich, in den nächsten Kapiteln auf diesem Theoriefundus aufzubauen und erklärend auf vorher beschriebene empirische Ergebnisse und Theorien zurückzugreifen, ohne diese erneut in Gänze auszuführen.

Allerdings ist in diesem Teil detailliert auf die zur Anwendung kommenden Methodologien, Methoden und Techniken zu verweisen, sind die angelegten Gütekriterien vorzustellen und ist der Interpretations- und Typologisierungsprozess zu skizzieren. Damit wird der Anspruch der intersubjektiven Nachvollziehbarkeit an die rekonstruktive Sozialforschung eingelöst, um den Forschungsprozess nachvollziehbar zu machen und Dritten die Option zu eröffnen, weitere Schlussfolgerungen anzustellen und gegebenenfalls ergänzende oder abweichende Interpretationen vorzunehmen.

Zudem sind die Besonderheiten der Materialart Werbeanzeigen herauszustellen. Im Speziellen ist dabei auf die Besonderheiten der Kosmetikbranche als Anzeigenbranche und auf Publikums- und Frauenzeitschriften als Trägermedien der Anzeigen zu verweisen.

Da eine Nachvollziehbarkeit im Sinne eines transdisziplinären Zugangs auch für nicht rekonstruktiv arbeitende Disziplinen angestrebt ist, sollen überdies Gemeinsamkeiten und Unterschiede zwischen den empirischen Verfahren thematisiert werden. Weil es sich bei der Beantwortung der Frage nach Konstruktionen subjektiven Alterserlebens in Werbeanzeigen mittels dokumentarischer Methode im weitesten Sinne um eine Inhaltsanalyse handelt, wird einleitend auf den Begriff der Inhaltsanalyse und seine verschiedenen Varianten eingegangen. Daran anschließend werden die Eckpunkte der dokumentarischen Methode erläutert.

5.1.2   *Inhaltsanalytische Verfahren*

5.1.2.1   Techniken der Inhaltsanalyse

Der Begriff der Inhaltsanalyse ist ein auch im Alltagsverständnis verwurzelter Begriff. Im täglichen Leben werden fortwährend inhaltsanalytische Techniken angewendet. Jede Auswertung von schriftlichem, visuellem oder akustischem Material stellt eine Art Inhaltsanalyse dar, etwa die Lektüre der Tageszeitung, das Deuten von Schildern im Straßenverkehr oder das Schließen vom Schlagen der Kirchturmglocken auf die Uhrzeit. Allgemein gesprochen ist eine Inhaltsanalyse demnach eine Technik, bei der von Kommunikationsinhalten in einer bestimmten Situation auf deren Bedeutung geschlossen wird (Lamnek 2010, S. 437 f.).

Inhaltsanalysen finden in verschiedenen wissenschaftlichen Disziplinen und in disziplinübergreifenden Kontexten Anwendung. Was unter dem Begriff der Inhaltsanalyse konkret zu verstehen ist, differiert je nach wissenschaftlichem Bezugsrahmen. Demnach existiert eine Reihe von Techniken der Inhaltsanalyse. In der Sozialwissenschaft wurde der Begriff der Inhaltsanalyse als wissenschaftliche Methode erstmals in den 30er-Jahren des letzten Jahrhunderts erwähnt.

Die beiden in der Sozialforschung hauptsächlich verwendeten Typen der Inhaltsanalyse sind die quantitative und die qualitative bzw. rekonstruktive Inhaltsanalyse.

Wie in der Literaturübersicht gezeigt, sind im Forschungskontext Werbung und Alter(n) sowohl die rekonstruktive als auch die quantitative Inhaltsanalyse gängig. Deshalb bedarf es einer Klärung, worin sich die beiden Zugänge unterscheiden und wie der eigene Forschungszugang der dokumentarischen Methode einzuordnen ist. Auch im weiteren Verlauf der Studienbeschreibung, angelehnt an die Vorgehensweise der dokumentarischen Methode, wird wiederholt auf die Unterschiede einer quantitativen und der hier gewählten rekonstruktiven Verfahrensweise eingegangen. Nicht nur, weil beide Verfahren im Feld Werbung und Alter(n) üblich sind, sondern auch, weil im vorangegangenen Teil zur Herstellung theoretischer Sensibilität sowohl qualitative als auch quantitative Ansätze berücksichtigt wurden.

Nachfolgend werden schlaglichtartig die Grundlagen erläutert, die für diese beiden Typen von Inhaltsanalysen bezeichnend sind. Darauf aufbauend wird die hier verwendete inhaltsanalytische dokumentarische Methode erläutert.

Dabei ist zu berücksichtigen, dass sich quantitative und rekonstruktive Inhaltsanalyse zwar auf unterschiedliche Forschungsparadigmen stützen, trotzdem müssen qualitative und quantitative Forschungen nicht als einander ausschließende Gegensatzpaare verstanden werden, sondern können, z. B. durch Bearbeitung unterschiedlicher Arten von Fragestellungen in Bezug auf einen Forschungsgegenstand, auf verschiedene Weise kombiniert werden.

5.1.2.2 Quantitative Inhaltsanalyse

Die quantitative Inhaltsanalyse fußt auf einem nomologischen Wissenschaftsverständnis, angelehnt an die Vorgehensweise der Naturwissenschaften.

Dabei wird in der Regel die Inhaltsanalyse als eine Form der Datenerhebung angesehen. Die so erhobenen Daten werden mit Hilfe von statistischen Methoden, wie etwa der Regressionsanalyse, ausgewertet, um Hypothesen zu verifizieren bzw. zu falsifizieren. Meist sollen mittels quantitativer Inhaltsanalysen formale und inhaltliche Merkmale großer Textmengen erfasst werden (Brosius et al. 2008, S. 139).

Weil das so skizzierte Verfahren der Inhaltsanalyse in der Analyse redaktioneller Beiträge in Printmedien seinen Ursprung hat, wird der Begriff der Inhaltsanalyse vor allem im Kontext der Analyse von Zeitungs- oder Zeitschriftenartikeln verwendet.

Die quantitative Inhaltsanalyse setzt sich mit manifesten Textinhalten auseinander. Es gibt auch Verfahren, die anstreben, latente Textinhalte zu erfassen, doch grundsätzlich dient die quantitative Inhaltsanalyse der Klassifikation des Materials anhand vor der Untersuchung bestimmter Einheiten, gestützt auf vorher festgelegten Zuordnungs- und Verfahrensregelungen (Lamnek 2010, S. 451).

In der Tradition der quantitativen Forschungsmethoden wird bei der quantitativen Inhaltsanalyse Repräsentativität angestrebt, das Verifizieren oder Falsifizieren von Hypothesen soll über die untersuchte Stichprobe hinaus Gültigkeit haben,

Im Forschungskontext Werbung und Alter(n) wird, wie in der Literaturreview deutlich wurde, von der quantitativen Inhaltsanalyse häufig Gebrauch gemacht (z. B. Burgert und Koch 2008, Koll-Stobbe 2005). Angesichts der offenen Fragestellung hier erscheint jedoch eine rekonstruktive Herangehensweise, wie sie im nächsten Abschnitt vorgestellt wird, besser geeignet.

5.1.2.3   Rekonstruktive Inhaltsanalyse

In der rekonstruktiven Forschung ist die Inhaltsanalyse, anders als in der quantitativen Forschung, kein Erhebungs-, sondern ein Auswertungsverfahren für Texte und Artefakte. Rekonstruktive Verfahren folgen wie erwähnt einer anderen Forschungslogik als die hypothesenprüfenden Verfahren der quantitativen Forschung. Nicht ein analytisch-nomologisches Wissenschaftsverständnis ist die Grundlage, sondern das interpretative Paradigma, das betont, dass soziale Ordnung auf interpretativen Leistungen der Handelnden beruht (Meuser 2011d, S. 94). Daraus ergeben sich für die rekonstruktiven Verfahren andere methodische Strategien als für die quantitativen Verfahren. Während die quantitative Forschung hoch standardisierte Instrumente einsetzt, um den subjektiven Einfluss der Untersuchenden zu minimieren und möglichst objektive, vom jeweiligen Forscher unabhängige Befunde zu sichern, sind rekonstruktive Untersuchungen dem Prinzip der Offenheit verpflichtet (Häder 2010, S. 68). Nicht in allen Details zuvor standardisierte Untersuchungsprogramme kommen zur Anwendung, sondern Verfahren, die systematisch Strukturen des zu untersuchenden Materials in der Regel durch den Einsatz von Fallvergleich, Fallkontrastierung und Typenbildung identifizieren und so zu einer Beschreibung oder Systematisierung dieses Materials kommen oder neue Hypothesen daraus generieren (Kelle und Kluge 2010, S. 10). Solche Verfahren sind z. B. die „Grounded Theory", die „objektive Hermeneutik" oder wie im vorliegenden Fall die „dokumentarische Methode".

Für den deutschsprachigen Raum ist die Besonderheit zu erwähnen, dass der Begriff der qualitativen Inhaltsanalyse, der auch als Synonym für rekonstruktive Inhaltsanalyse verstanden werden kann, häufig nicht als Oberbegriff für verschiedene Vorgehensweisen gilt, sondern mit einem einzigen spezifischen inhaltsanalytischen Verfahren nach Mayring verknüpft wird (siehe z. B. Mayring und Gläser-Zikuda 2008). Einige Autoren z. B. Przyborski und Wohlrab-Sahr (2014, S. 189) oder Meuser (2011b, S. 90) sehen in der qualitativen Inhaltsanalyse nach Mayring keine Methode der Rekonstruktion. Eher wird sie als ein klassifizierendes Verfahren verstanden, das nicht in der Lage bzw. nicht darauf ausgelegt ist, Fragen nach dem „Wie" zu erfassen (Przyborski und Wohlrab-Sahr 2014, S. 189). Andere inhaltsanalytische Verfahren, die der Vorgehensweise der rekonstruktiven Sozialforschung nach Auffassung der Autoren besser entsprechen, werden häufig in Abgrenzung dazu explizit von der qualitativen Inhaltsanalyse unterschieden. So werden etwa die Diskursanalyse (z. B. Diaz-Bone 2006) oder die dokumentarische Methode (Bohnsack 2010a), die, wenn auch auf anderem Weg als die qualitative Inhaltsanalyse nach Mayring, ebenfalls Inhalte analysieren, gelegentlich als Verfahren beschrieben, die mit einer Inhaltsanalyse nicht zu verwechseln seien (Przyborski und Wohlrab-Sahr 2014, S. 189).

Im englischsprachigen Kontext besteht der Zusammenhang zwischen dem Begriff der Inhaltsanalyse bzw. der „content analysis" und dem Forschungsprogramm von Mayring nicht. Das Verfahren nach Mayring spielt im englischsprachigen Kontext nahezu keine Rolle, wenngleich der Begriff der content analysis in der englischsprachigen rekonstruktiven Forschung häufig und breit verwendet wird. Weder finden sich Erläuterungen zu einzelnen Interpretationstechniken Mayrings in den englischsprachigen Standardwerken zur qualitativen Forschung noch ist das Hauptwerk Mayrings ins Englische übersetzt (Steigleder 2008, S. 40).

Der englischsprachige Begriff der content analysis steht im wissenschaftlichen Zusammenhang wie der deutsche Begriff der Inhaltsanalyse in Funktion eines Oberbegriffs sowohl für quantitative als auch für rekonstruktive Verfahren der Text- oder Artefaktanalyse (Silverman 2009, S. 153). Anders als in der deutschsprachigen Forschung wird weder mit dem Begriff qualitativ noch mit dem der content analysis eine Abgrenzung zwischen den verschiedenen Verfahren versucht, auch besteht keine Verwechslungsgefahr eines Oberbegriffs mit Einzelverfahren.

Nach dieser Skizzierung der Grundzüge und Termini wird im Folgenden näher dargestellt, was die rekonstruktive Inhaltsanalyse sowie besonders das hier einzusetzende Konzept der dokumentarischen Methode als leitendes Forschungsprogramm ausmachen. Dem vorausgehend werden die rekonstruktive Sozialforschung als wissenschaftstheoretische Grundlage und ihre Paradigmen und Charakteristika skizziert, insbesondere diejenigen, welche für die dokumentarische Methode relevant sind.

5.1.3   Dokumentarische Methode als Instrument der rekonstruktiven Sozialforschung

5.1.3.1   Grundlagen der rekonstruktiven Sozialforschung

Der Terminus der qualitativen bzw. rekonstruktiven Sozialforschung fasst eine große Zahl unterschiedlicher Ansätze zusammen, die auf verschiedenen philosophischen Wurzeln und teilweise differierende Konzepte sozialer Strukturen basieren. Es gibt Unterschiede in den Verfahren der Datensammmlung und -analyse sowie in den Vorstellungen über die Verallgemeinerbarkeit der Ergebnisse detailgenauer Deskriptionen, empirisch begründeter Theorien und universell gültiger sozialer Regeln. Kleinster gemeinsamer Nenner der rekonstruktiven Verfahren ist, dass, wenn auch in unterschiedlichen Variationen, Verfahren des Fallvergleichs und der Fallkontrastierung mit dem Ziel einer Typisierung zum Einsatz kommen. Solche Typisierungen helfen bei der Beschreibung sozialer Realität durch Strukturierung und Informationsreduktion. Die Einteilung eines Gegenstandsbereichs in wenige Gruppen oder Typen erhöht dessen Übersichtlichkeit, wobei sowohl die Breite und Vielfalt des Bereichs dargestellt als auch charakteristische Züge, das „Typische", von Teilbereichen hervorgehoben werden. Durch die Bildung von Typen und Typologien kann so eine komplexe soziale Realität auf eine beschränkte Anzahl von Gruppen reduziert werden. Der Untersuchungsbereich wird überschaubarer, wodurch eine bessere Verständlichkeit und Darstellbarkeit komplexer Zusammenhänge möglich ist (Kelle und Kluge 2010, S. 10).

Eine grundlegende paradigmatische Gemeinsamkeit fast aller rekonstruktiven Verfahren ist der interpretative Ansatz orientiert an einer rekonstruktiven Methodologie. Implizite Wissensbestände von Sinnkonstruktionen, z. B. Regeln sozialen Handelns, werden mittels Rekonstruktion sichtbar gemacht. Grundgedanke ist, dass diejenigen, welche die Regeln anwenden, die Regeln beherrschen und als sinnhaft empfinden. Doch sie wenden diese Sinnkonstruktionen nicht unbedingt wissentlich an oder wollen sie nicht offenlegen. Hier setzt die sinnverstehende Rekonstruktion an (Meuser 2011c, S. 140).

Dabei gibt es unterschiedliche Auffassungen darüber, was unter dem zu rekonstruierenden Sinn zu verstehen ist. Bei der dokumentarischen Methode und verwandten Konzepten ist mit Sinnrekonstruktion die Rekonstruktion von historisch und sozial vortypisierter Deutungsarbeit gemeint, auch als „sozialer" Sinn bezeichnet (Lamneck 2010, S. 28).

In Tabelle 2 findet sich ein schematischer Überblick zu den Konzepten der rekonstruktiven Sozialforschung nach ihren Ausprägungen gemäß dem subjektiven, sozialen oder objektiven Sinn. Diese werden den jeweiligen dazu passenden Erkenntniszielen, Basisparadigmen, Erhebungsmethoden und Auswertungsmethoden zugeordnet.

Tabelle 2:   Konzepte der rekonstruktiven Sozialforschung (Lamneck 2010, S. 28)

	Subjektiver Sinn	Sozialer Sinn	Objektiver Sinn
Erkenntnis-ziel	Erfassung, Beschreibung und Nachvollzug subjektiv-intentionaler Sinngehalte	Rekonstruktion sozial geteilter Sinngehalte - Deutungsmuster - Erfahrungsräume - Lebenswelten	Rekonstruktion eher invarianter Tiefenstrukturen - kommunikative Basisregeln - Prozessstrukturen des Lebenslaufs
Basis-Paradigmen	- verstehende Soziologie - symbolischer Interaktionismus - Phänomenologie	- symbolischer Interaktionismus - Phänomenologie - Wissenssoziologie - Konstruktivismus	- Psychoanalyse - Genetischer Strukturalismus - Ethno-methodologie
Erhebungs-methoden	- alle Arten offener Interviews	- Leitfadeninterview - Gruppendiskussion - Beobachtung - Dokumentenanalyse	- narratives Interview - Aufzeichnung natürlicher Interaktionen - Dokumenten-analyse
Auswer-tungs-methoden	- unterschiedliche Arten offener Interpretation, meist eng am Gegenstand (paraphrasierend)	- offenes und theorie-geleitetes Kodieren - Fallkontrastierungen - Ethnografie - dokumentarische Methode	- sequenzielle Interpretation: - objektive Hermeneutik - Tiefenhermeneutik - Narrationsanalyse - Konversations-analyse

Entscheidend bei der Festlegung auf eine Forschungsperspektive ist die Verbindung zwischen theoretischem Gerüst, Datenerhebung und Datenanalyse.

Um diesen Gedanken auf die hier gestellte Forschungsfrage nach der Konstruktion des subjektiven Alterserlebens in der Werbung anzuwenden, wird erneut auf die ausgeführten Annahmen zum Alter(n), zur Funktion von Werbung und zur kulturellen Ökonomie des Alter(n)s verwiesen.

Es wird davon ausgegangen, dass Werbung gesellschaftliche Alterskonstruktionen unterschiedlicher Ebenen aufgreift, denn wahrscheinlich würde Werbung ohne solche Anknüpfungspunkte nicht verstanden werden und deshalb ins Leere laufen. Weil Werbung hier nicht als Realitätsabbilder oder unmittelbarer Realitätskonstrukteur verstanden wird, sondern als illusionäres Medienprodukt, wird davon ausgegangen, dass Werbung diese gesellschaftlichen Konstruktionen in ihrem Sinne modifiziert, um Kaufanreize zu schaffen. Schließlich müssen die beträchtlichen Werbeausgaben in Unternehmen mit steigenden Verkäufen in Zusammenhang gebracht werden können. Werbung verwendet demnach eigene Sinnkonstruktionen mit zweckspezifischen Inhalten – angesiedelt zwischen Illusion, Abbildung gesellschaftlich geteilter Konstruktionen des Alter(n)s und der Produktion solcher Konstruktionen (siehe Kapitel 1.2.1.3).

Aufgrund dieser Vorannahmen müssen die hier zur Anwendung kommenden Methoden und Techniken auf die Rekonstruktion von gesellschaftlichen, aber auch durch den jeweiligen Auftraggeber geformten Rekonstruktionen abzielen. Die dokumentarische Methode gehört zu den Verfahrensweisen, welche die Bearbeitung eines solchen Erkenntnisziels erlauben (Tabelle 2).

Ebenso wie es unterschiedliche, sich aber oft doch überschneidende gerontologische Zugänge gibt, ist hier darauf hinzuweisen, dass es viele Gemeinsamkeiten unterschiedlicher rekonstruktiver Methoden gibt. Letztendlich folgen sie meist einem gemeinsamen methodologischer Rahmen des inhaltsanalytischen Fallvergleichs und der Fallkontrastierung mit dem Ziel der Typenbildung. Auch hier scheint es nicht zielführend, zu sehr eine einzelne methodische Richtung in Abgrenzung von anderen zu verfolgen, sondern stattdessen eher die unterschiedlichen Impulse als sich gegenseitig ergänzend anzuerkennen (Kelle und Kluge 2010, S. 7).

So handelt es sich z. B. bei der Diskursanalyse um eine für die umrissene Fragestellung ebenfalls denkbare Auswertungsmethode. Diskursanalyse und dokumentarische Methode sind eigenständige, aber doch miteinander verwobene theoretische, methodologische und methodische Konzepte, die ihre Schwerpunkte unterschiedlich setzen, sich aber im Grund gegenseitig ergänzen und viele Parallelen aufweisen (Przyborski und Wohlrab-Sahr 2014, S. 189 f.).

Die Festlegung auf die Methodologie und Vorgehensweise der dokumentarischen Methode bedeutet deshalb nicht, dass ein verwandter Zugang nicht denkbar gewesen wäre, sondern nur, dass ein passgenaues Konzept mit für die Fragestellung spezifischen Vorzügen ausgewählt wurde. Dieses wird im folgenden Abschnitt erklärt.

5.1.3.2 Dokumentarische Methode als Forschungsmethode

Die Anwendungsfelder der dokumentarischen Methode sind vielfältig, sie kommt unter anderem in der qualitativen Marktforschung, der Jugendforschung, der Geschlechterforschung oder der Organisationskulturforschung zur Anwendung (Bohnsack et al. 2007b, S. 17 f.).

Für den Analysegegenstand Werbung ist die dokumentarische Methode ein gängiges Analyseinstrument. Solche Werbeanalysen gemäß der dokumentarischen Methode liegen etwa von Bohnsack (2009a) vor. Janich (2010) weist auf die mit der dokumentarischen Methode verwandte Denktradition der Diskursanalyse hin und empfiehlt diese für Studien zu Themen wie kulturelle Schlüsselkonzepte und Wertorientierungen in der Werbung, Kommunikation von Stereotypen oder Tabus bzw. deren diachrone Entwicklung (Janich 2010, S. 279–282).

Für den spezifischen Forschungskontext Werbung und Alter(n) ist allerdings entsprechend den Recherchen zu dieser Arbeit bislang noch kein unmittelbares Beispiel dokumentiert. Wohl aber ist die dokumentarische Methode als Analysemethode für Konstruktionen von Geschlecht etabliert und die Konstruktionen des Alter(n)s werden häufig in Analogie dazu gesehen. Zudem gibt es eine Reihe von Arbeiten, die mit der dokumentarischen Methode vergleichbare Ansätze im Forschungskontext Alter(n) und Werbung verfolgen, wie in Kapitel 1.2.3.2 dargestellt etwa die Arbeiten von Williams et al. (2010a), Lumme-Sandt (2011) oder Coupland (2003).

Die überwiegende Orientierung an der dokumentarischen Methode hat überdies den Vorteil, dass es sich um ein in seinem methodischen Vorgehen ausführlich ausgearbeitetes Konzept handelt, das an zahlreichen dokumentierten forschungspraktischen Beispielen nachvollziehbar ist. Dieser Orientierungsrahmen erleichtert ein systematisches und regelgeleitetes Vorgehen. Zudem ist die dokumentarische Methode für die Auswertung unterschiedlichster Dokumentensorten erprobt, unter anderem auch für die Bild- und Fotointerpretation. Weil Bilder ein häufiges und wichtiges Element von Werbeanzeigen sind, spricht auch dies für den Einsatz der dokumentarischen Methode.

Damit bietet die dokumentarische Methode eine gute Basis für das empirische Vorgehen im vorliegenden Untersuchungskontext. Im nächsten Abschnitt werden die Grundlagen und Arbeitsschritte der dokumentarischen Methode skizziert. Dabei wird auch auf bereits in den vorangegangenen Abschnitten dargestellte Konzepte zum Alter(n) eingegangen.

5.1.4 *Eckpunkte der Methode in Bezug zur Fragestellung*

5.1.4.1 Grundlagen der dokumentarischen Methode

Wenngleich hier mehr das Verbindende als das Trennende der verschiedenen rekonstruktiven Ansätze im Vordergrund stehen soll, ist es dennoch notwendig, einige spezielle Charakteristika der dokumentarischen Methode vorzustellen: der Bezug zur praxeologischen Wissenssoziologie, zur Ethnomethodologie und zur Chicagoer Schule.

Die praxeologische Wissenssoziologie, und damit die dokumentarische Methode, baut auf der Tradition der Wissenssoziologie von Karl Mannheim auf. Zentral für die Wissenssoziologie nach Mannheim ist die Annahme, dass das Denken von Menschen „seinsverbunden" ist, also auf Erfahrungen basiert, die abhängig sind etwa vom Geschlecht oder von der Zugehörigkeit zu einer Generation oder zu einer sozialen Klasse, von Wissen und damit auch von Einstellungen, Werthaltungen, Orientierungen. Infolgedessen gibt es nach dieser Denkweise kein allgemeingültiges Kriterium dafür, was wichtig oder gar wahr ist (Kleemann et al. 2009, S. 155 f.). Unsere Kulturwelt, wie bereits am Beispiel des Alter(n)s ausgeführt, ist demgemäß ein zu interpretierendes Universum an Bedeutungen. Verfestigt sich eine Weltsicht gesellschaftlich, erlangt sie die scheinbare Objektivität geteilter kultureller Normen, die kaum hinterfragt werden (Schirmer 2009, S. 44 f.). Daraus entsteht ein über explizites Wissen hinausgehendes implizites Wissen, das ebenso wie das explizite Wissen handlungsleitend ist, auf das aber unbewusst zurückgegriffen wird, weil es als „natürlich" oder „normal" angesehen und deswegen nicht hinterfragt und, anders als explizites Wissen, nicht als Wissen wahrgenommen wird.

Ein weiterer Bezugspunkt der dokumentarischen Methode ist die ebenfalls der konstruktivistischen Denkweise folgende Ethnomethodologie nach Garfinkel. Der Grundgedanke der Ethnomethodologie ist, zur Erforschung von Alltagsphänomenen gedanklich so vorzugehen wie bei der völkerkundlichen Untersuchung fremder Kulturen, nur dass dabei der Bezugsrahmen der eigenen Kultur nicht so offensichtlich (oder zumindest nicht geografisch) verlassen wird, wie dies bei einer ethnologischen Untersuchung der Fall wäre. Bei der Analyse interessiert, wie Handelnde in der jeweiligen Situation Bedeutungs- und Ordnungsstrukturen entschlüsseln und erzeugen, Ziel ist es, diese zugrunde liegende Regelstruktur herauszuarbeiten (Schirmer 2009, S. 279).

Dazu kommen methodische Impulse aus der Chicagoer Schule. Hier sind vor allem die für die dokumentarische Methode und andere Varianten der rekonstruktiven Forschung charakteristischen Verfahren von Fallvergleich und Fallkontrastierungen zu nennen. Diese werden nachfolgend erklärt. Zuvor wird die Besonderheit der dokumentarischen Methode, eine vermittelnde Rolle zwischen Subjektivismus und Objektivismus anzustreben, erläutert.

5.1.4.2 Dokumentarische Methode zwischen Subjektivismus und Objektivismus

Einem im Grundsatz konstruktivistischen Ansatz unbenommen versucht die dokumentarische Methode eine vermittelnde Rolle zwischen einer subjektivistischen Herangehensweise und einem objektivistischen Zugang zum Forschungsgegenstand einzunehmen. Als objektivistisch sind verkürzt gesagt die quantitativen Zugänge zu verstehen, die auf Erkenntnis als normative Richtigkeit oder faktische Wahrheit, also auf das „Was" abzielen – hier auch am Beispiel der quantitativen Inhaltsanalyse erläutert. Subjektivistisch steht für solche rekonstruktive Zugänge, die nach Motiven, Meinungen, Einstellungen oder subjektiven Theorien fragen. Während der subjektivistische Ansatz in seiner Reinform Sinn lediglich nachzeichnen kann und damit weitgehend innerhalb der Selbstverständlichkeiten des

Common Sense verbleibt, steht der objektivistische Ansatz für einen privilegierten Zugang zur Realität. Die dokumentarische Methode setzt erkenntnislogisch nicht direkt bei der Unterscheidung zwischen subjektiv und objektiv an, sondern sie differenziert zwischen handlungspraktischem implizitem Wissen, das im Erleben verankert ist, und kommunikativ generalisiertem Wissen, das in begrifflich explizierter Form zur Verfügung steht (Przyborski und Wohlrab-Sahr 2014, S. 280), und nimmt so eine Zwischenstellung zwischen Subjektivismus und Objektivismus ein. Das handlungsleitende implizite Wissen ist auch in und durch Artefakte erkennbar. Mannheim spricht in diesem Zusammenhang von Kulturgebilden und bezeichnet damit Dinge wie Gebäude oder Kleider oder auch geistige Gebilde wie Sprache oder Sitten (Przyborski und Wohlrab-Sahr 2014, S. 281).

Das implizite Wissen lässt sich als die gemeinsame Erlebnisgeschichte umschreiben. So verfügt z. B. eine Schulklasse über ein intuitives Verständnis von geteilten Regeln des alltäglichen Zusammenlebens und über geteilte Ansichten zu Vorkommnissen und Situationen. Aus diesen lässt sich auch handlungsleitendes Wissen für zukünftige Situationen ableiten. Wer nicht Mitglied dieser Gemeinschaft ist, hat in der Regel keinen unmittelbaren Zugang zu diesem geteilten impliziten Wissen und steht vor der Aufgabe, sich dieses kommunikativ zu erschließen (Kleemann et al. 2009, S. 157–159).

Die Analyseverfahren der dokumentarischen Methode eröffnen einen Zugang dazu. Gefragt wird nicht nur nach dem explizierten, sondern auch nach dem unausgesprochenen, aber doch handlungsleitenden Wissen der Akteure.

5.1.4.3 Typenbildung durch Fallvergleich und -kontrastierung

Weitere wesentliche Merkmale der dokumentarischen Methode sind Fallvergleich und Fallkontrastierung mit dem Ziel der Typenbildung. Fallvergleich und Fallkontrastierung müssen schon beim Sampling mitgedacht werden, denn es gilt, sicherzustellen, dass eine Kontrastierung überhaupt möglich gemacht wird, indem ein genügend breites Spektrum von unterschiedlichen Fällen mit in das Sample aufgenommen wird.

Fallvergleich und Fallkontrastierung sind keineswegs exklusiv für die dokumentarische Methode entwickelte Verfahren, sondern sie sind für viele rekonstruktive Verfahren ein grundlegender Ansatz. Fallvergleich und Fallkontrastierung können sogar als notwendige Voraussetzung angesehen werden, um zu einer methodisch kontrollierten, modellhaften Beschreibung gesellschaftlicher Strukturen zu gelangen. Denn anders als eine Einzelfallanalyse zeigen sie auf, wie sich eine Ausprägung von Struktur im Verhältnis zu einer anderen Ausprägung von Struktur gestaltet. Jeder Fall bildet eine Bezugsgröße für einen anderen Fall, nur so können Unterschiede und Gemeinsamkeiten von Strukturen herausgearbeitet werden, die über eine Beschreibung des Einzelfalls hinausgehen (Kelle und Kluge 2010, S. 11).

Letztendlich zieht sich der Grundgedanke von Fallkontrastierung und Fallvergleich auch durch die quantitativen Methoden, z. B. wenn gefragt wird, ob ein bestimmtes Phänomen in einer bestimmten Gruppe häufiger, stärker, schwächer, anders usw. aufzufinden ist als in einer Kontrollgruppe. Ohne Fallvergleich wäre auch hier keine über den Einzelfall hinausgehende Beschreibung möglich.

5.1.4.4   Begriffsverwendung und Arbeitsschritte

Um die dokumentarische Methode konkret anzuwenden, wird sie in die Arbeitsschritte Sampling, formulierende Interpretation und reflektierende Interpretation, die in die eindimensionale und mehrdimensionale Typenbildung münden, gegliedert. Dieses Grundgerüst muss je nach Dokumentenart und Fragestellung so modifiziert werden, dass es für den jeweiligen Gegenstandsbereich anwendbar ist (Bohnsack 2010b, S. 33). Auch gilt es, dieses Grundgerüst immer wieder im Forschungsverlauf zu überprüfen und die einzelnen Analyseschritte nicht als linear abzuarbeitende Arbeitspakete zu verstehen, sondern als veränderlich und miteinander in Bezug zu setzend.

Bei der hier bearbeiteten Fragestellung bedeutet dies z. B., die Besonderheiten der Marketingkommunikation als inszenierte, einseitige und zweckgerichtete Form von Kommunikation in der formulierenden und reflektierenden Interpretation zu beachten. Auf einige Arbeitsteilschritte, wie etwa auf die Analyse von Gesprächssequenzen, hingegen kann verzichtet werden, da sie in der Werbung nicht vorkommen. Und auch die Schritte der eindimensionalen und mehrdimensionalen Typenbildung müssen an die spezifischen Erfordernisse der Dokumentenart Werbung angepasst werden.

Bei der Bearbeitung der Arbeitsschritte soll eine abduktive Vorgehensweise angestrebt werden. Abduktion, also die empirische Organisation des Datenmaterials ohne die Regeln dafür vorab genau festzulegen, erfordert die Kombination von altem Wissen und neuen Erfahrungen: der „Zangengriff" von vorhandenem theoretischen Vorwissen und empirischem Datenmaterial (Kelle und Kluge 2010, S. 25). Wie dies hier geschieht, wird in Tabelle 3 skizziert. Eine Herausforderung zur Bearbeitung und schließlich auch zur Beschreibung der Arbeitsschritte stellen die zu verwendenden Begriffe dar. Wie schon erwähnt, erfreuen sich die Begriffe der Dimension und der Mehrdimensionalität in verschiedenen mit der Fragestellung verknüpften Zusammenhängen großer Beliebtheit. Auch die Bezeichnungen Kategorien, Kodes und Merkmale werden in der rekonstruktiven Sozialforschung häufig, aber nicht stringent verwendet (Kelle und Kluge 2010, S. 60).

Es ist deshalb, um die Arbeitsschritte vorzustellen, erforderlich, festzulegen, welche Termini beim weiteren Vorgehen verwendet werden und wofür diese jeweils stehen.

Zuerst werden zwei Rubriken, die später das Gerüst des Merkmalsraums bilden werden, voneinander getrennt: die Text- und Bildelemente der Werbeanzeigen. Diese werden dann getrennt voneinander kodiert. Kodieren bezeichnet die Auswahl für die Fragestellung relevanter Merkmale des Materials, die in jedem Fall unterschiedlich ausgeprägt sein können. Die komparative Gegenüberstellung der Kodierung führt zu verschiedenen Kategorien, die miteinander verglichen werden können.

Stellenweise wird hierfür auch der Ausdruck der Vergleichsdimension verwendet. Auf diesen Begriff soll hier verzichtet werden, da der Dimensionsbegriff in dieser Arbeit bereits im Zusammenhang mit der Forschung zum subjektiven Alterserleben und im Zusammenhang mit der Typenbildung verwendet wird.

Der Begriff der Kategorien ist verwandt, aber nicht deckungsgleich mit dem Ausdruck „Dimensionen des Alterserlebens". Die erarbeiteten Kategorien bilden jedoch nicht zwingend Dimensionen subjektiven Alterserlebens ab, wie in Kapitel 3.3 beschrieben, sondern sie beschreiben, was über das Alterserleben aus dem Material hervorgeht. Der Kontext ist die Ökonomie, nicht direkt das Alterserleben selbst.

Die Kombination der Kategorien mittels einer Kreuztabelle wiederum bildet den Merkmalsraum, anhand dessen die Typenbildung basierend auf der Zusammenfassung von Merkmalen, also die Kombination von Kategorien in den einzelnen Fällen, stattfinden kann. Dies ist die eindimensionale Typenbildung im Sinne der dokumentarischen Methode.

Eine Weiterbearbeitung findet in Form der mehrdimensionalen Typenbildung statt, bei der die erarbeiteten Typen mit außerhalb der Typologie liegenden Daten in Bezug gesetzt werden.

Die einzelnen Arbeitsschritte wurden nicht in der Gradlinigkeit durchgeführt, wie Tabelle 3 möglicherweise nahelegt. Schließlich handelt es sich bei der rekonstruktiven Forschung um einen zirkulären Prozess (siehe Kapitel 1.3). Der tabellarische Überblick soll eine erste Orientierung bieten, auch die Beschreibung der Arbeitsschritte beschränkt sich vorrangig auf die Aspekte, die zum Ergebnis beigetragen haben.

Bevor die Durchführung der Arbeitsschritte dargestellt wird, gilt es noch, auf die für die Analyse anzulegenden Gütekriterien von Forschung einzugehen. Dazu dient der nächste Abschnitt.

Tabelle 3:　　Analyseschritte der dokumentarischen Methode

Analyse-schritt	Beschreibung	Herkunft des verwendeten Wissens/Materials	Kapitel
Sampling	Festlegung der Untersuchungseinheit hier: Werbeanzeigen des Kosmetikmarkts in Publikumszeitschriften, die sich an Frauen ab dem 40. Lebensjahr richten	theoretisches Vorwissen zum subjektiven Alterserleben und zur Silber-Marketing-kommunikation, Materialien sind Produkte des Silber-Marketings	5.2.1
Überblick über den thematischen Verlauf	Identifikation der für die Fragestellung relevanten Elemente des Materials: die beiden Rubriken Werbetexte und Werbebilder	theoretisches Vorwissen zur Marketing-kommunikation	5.2.3.1
Sichtung des Materials	Darstellung von Merkmalen und Entstehungsbedingungen des Materials	theoretisches Vorwissen zur Werbung und als Hintergrundinformation zum Kosmetikmarkt und zu den Trägermedien	5.2.2 und 5.2.3.2
Formulierende Interpretation	Herausarbeitung der Inhalte: Kodierung von Schlüsselpassagen, die ein Nutzenversprechen beinhalten	auf Grundlage des Materials und durch Vorwissen aus der Marketingforschung	5.2.3.3.1 und 5.2.3.4.2
Reflektierende Interpretation	Perspektivenverschiebung vom „Was" zum „Wie": Bezug des Nutzenversprechens in den kodierten Schlüsselpassagen zur Frage nach dem subjektiven Alterserleben	„Zangengriff" aus theoretischem Vorwissen und Ergebnissen der formulierenden Interpretation	5.2.3.3.2 und 5.2.3.4.3
Komparative Analyse	Identifikation von Kategorien: Gegenüberstellung der Nutzenversprechen, Erarbeiten von Gemeinsamkeiten und Unterschieden für den Aspekt subjektives Alterserleben	Weiterführung der reflektierenden Interpretation	5.2.3.3.2 und 5.2.3.4.3
Ein-dimensionale Typenbildung	Verbindungen der verschiedenen Kategorien der beiden Rubriken zu einem Merkmalsraum, Herausarbeitung von Typen mit gemeinsamen Eigenschaften	basierend auf der reflektierenden Interpretation, Kombination mit weiteren Aspekten theoretischen Vorwissens	6.1
Mehr-dimensionale Typenbildung	Verbindung von gebildeten Typen mit weiteren Daten	basierend auf Daten zum Zeitschriften- und Anzeigenmarkt	6.2

5.1.5 Gütekriterien rekonstruktiver Forschung

5.1.5.1 Gütekriterien – Allgemeines

Dass rekonstruktive und quantitative Forschung von unterschiedlichen Grundannahmen ausgehen, bedingt auch, dass es unterschiedliche Forschungsstandards und -kriterien gibt. Die quantitative Tradition sieht die Objektivität der Datenerhebung und -auswertung, ein theoriegeleitetes Vorgehen und die statistische Verallgemeinerbarkeit der Befunde als vorrangige Forschungsziele an. In der rekonstruktiven Forschung stehen die Erkundung der Sinnsetzungs- und Sinndeutungsvorgänge der Handelnden im untersuchten Feld, die Exploration kultureller Praktiken und Regeln und die genaue und tiefgehende Analyse und Beschreibung von Einzelfällen im Zentrum (Kelle 2008b, S. 13).

Durch diese unterschiedlichen Zielsetzungen ist es notwendig, jeweils unterschiedliche Gütekriterien der Forschung anzulegen. In der rekonstruktiven Forschung können diese nicht den in der quantitativen Forschung üblichen Vorstellungen von Objektivität, Validität und Reliabilität entsprechen. Schließlich besteht der Forschungsauftrag darin, darzustellen, wie Konstruktionen erzeugt werden, die unter anderen Bedingungen anders aussehen würden. Es wäre widersprüchlich, rekonstruktive Forschungsfragen zu stellen, dann aber im Nachgang für die eigene Forschungsarbeit genau im Gegensatz zu den für die Untersuchung getroffenen Vorannahmen zu beanspruchen, dass diese sich an Gütekriterien wie Objektivität, Validität und Reliabilität im Sinne der quantitativen Forschung messen lassen (Rapley und Flick 2009, S. 128).

Allerdings variieren die Vorstellungen von dem, was – wenn nicht Objektivität, Validität und Reliabilität – die Gütekriterien rekonstruktiver Sozialforschung sein sollen. Einige betrachten die Übertragung modifizierter quantitativer Kriterien auf die rekonstruktive Forschung als passend, andere fordern die Formulierung eigener rekonstruktiver Kriterien, wieder andere lehnen explizite Qualitätskriterien pauschal ab (Steinke 2010, S. 319–321).

Diese Bandbreite von Ansichten ist gemäß Reichertz auf die Zersplitterung der rekonstruktiven Methodentraditionen zurückzuführen. Er weist darauf hin, dass die Gefahr besteht, dass die daraus entstehenden Unklarheiten über die Gütekriterien rekonstruktive Forschungsprojekte beliebig wirken lassen (Reichertz 2007, S. 197). Bleibt eine Verständigung über die Güteansprüche oder zumindest eine Offenlegung dieser aus, wird die jeweilige Methode kaum außerhalb ihrer eigenen Schule Akzeptanz finden (Steinke 2010, S. 321 f.). Dies gilt insbesondere dann, wenn wie im gerontologischen Kontext transdisziplinär gearbeitet wird und eine Anschlussfähigkeit unterschiedlicher Disziplinen gewährleistet sein soll. Hier etwa werden für den „Zangengriff" aus Theorie, Empirie und Material sowohl Forschungsergebnisse aus der rekonstruktiven als auch aus der quantitativen empirischen gerontologischen und marketingorientierten Forschung berücksichtigt.

Gerade im Hinblick auf eine Anschlussfähigkeit zu den Marketingwissenschaften wäre es naheliegend, die Übertragung von quantitativen Gütekriterien auf den rekonstruktiven Ansatz zu versuchen. Doch daraus ergeben sich die genannten logischen Ungereimtheiten. Dazu kommen praktische Schwierigkeiten, denn die quantitativen Gütekriterien wurden für Vorgehensweisen, etwa standardisierte Tests oder Experimente, entwickelt, die in der rekonstruktiven Forschung nicht üblich sind. Es besteht die Gefahr, dass der Versuch einer Anpassung quantitativer Gütekriterien an die rekonstruktive Arbeitsweise nicht zur Vereinfachung, sondern zum Erschweren des Verständnisses der angelegten Kriterien führt. Allein schon die vertrauten Begrifflichkeiten von Objektivität, Validität und Reliabilität, auch wenn sie entsprechend rekonstruktiver Paradigmen modifiziert werden, können zu unbeabsichtigten und nicht erfüllbaren Erwartungen führen (Steinke 2010, S. 322 f.).

Vor diesem Hintergrund erscheint es sinnvoller, solche Gütekriterien anzulegen, die für die Ziele, Kennzeichen und Grundlagen der rekonstruktiven Forschung eigens entwickelt wurden, statt den Versuch einer Anpassung zu unternehmen (Steinke 2010, S. 322). Da es aufgrund der unterschiedlichen Methodenschulen hierzu unterschiedliche Auffassungen gibt, müssen für den jeweiligen Einzelfall verfahrens- und gegenstandsbezogene Kriterien ausgewählt werden (Meuser 2011a, S. 82). In dieser Arbeit kommen die von Steinke (2010) konkretisierten Gütekriterien intersubjektive Nachvollziehbarkeit, Indikation des Forschungsprozesses, empirische Verankerung, reflektierte Subjektivität, Relevanz und Limitationen (Steinke 2010, S. 324–331) zur Anwendung. Diese werden im nächsten Abschnitt vorgestellt und auf die Fragestellung bezogen.

5.1.5.2 Gütekriterien dieser Arbeit

Intersubjektive Nachvollziehbarkeit bedeutet, dass plausibel und glaubwürdig dargestellt wird, wie eine Forschungsarbeit zu ihren Ergebnissen gekommen ist. Hierfür ist es notwendig, sowohl den Forschungsprozess als auch die Forschungsergebnisse ausführlich vorzustellen und Beispiele aus dem Material anzuführen, die zu diesen Ergebnissen geführt haben (Rapley und Flick 2009, S. 128). Reichertz fügt hinzu, dass die Güte von Verfahren und Methoden daran zu messen ist, ob sie die eigenen Prämissen offenlegt und reflektiert (Reichertz 2007). Dazu dient nicht nur dieser Abschnitt, sondern auch die folgende Darstellung der Durchführung der Studie sowie die vorausgegangenen Überlegungen. Als, in Anlehnung an Steinke (2010, S. 324 f.), für die Nachvollziehbarkeit besonders relevant sollen die folgenden Punkte genannt werden:

- Dokumentation des Vorverständnisses über den Untersuchungsgegenstand – hier also zur Annahme der Ökonomisierung des Alter(n)s und einer kulturellen Ökonomie des Alter(n)s, insbesondere in den Kapiteln 1–4

■ Dokumentation von Erhebungsmethoden und Erhebungskontext, speziell in Kapitel 5.2.1

■ Dokumentation der Daten, hier Archivierung mit Hilfe von MAXQDA, dargestellt anhand von Beispielen im Text

■ Dokumentation von Auswertungsmethode und -schritten, in Kapitel 5 und 6

■ Dokumentation von Entscheidungen, fortlaufend

■ Dokumentation von Problemen, beispielsweise in Kapitel 6.4

■ Dokumentation der verwendeten Gütekriterien, in diesem Abschnitt

Die Indikation des Forschungsprozesses beinhaltet, dass der Forschungsprozess in seiner rekonstruktiven Vorgehensweise angemessen ausgestaltet ist, und zwar unter anderem bezüglich der Fragestellung, der Methodenwahl und der Samplingstrategie (Steinke 2010, S. 326–328). Dass es sinnvoll ist, die Fragestellung nach der Konstruktion subjektiven Alterserlebens in der Werbung rekonstruktiv im Rahmen eines wissenssoziologischen Ansatzes zu bearbeiten, wurde bereits einleitend, vor allem in Kapitel 1.2, ausgeführt. Auch die Methodenwahl wurde dort und in diesem Kapitel, in Kapitel 5.1.3 auf einer allgemeinen Ebene, in Kapitel 5.1.4 speziell für die dokumentarische Methode, erläutert. Die Samplingstrategie wird im nächsten Abschnitt vorgestellt. Sie wurde so gestaltet, dass Homogenität in Bezug auf intervenierende Faktoren, aber Heterogenität hinsichtlich der zu untersuchenden Fragestellung gewährleistet ist (Kapitel 5.2.1.2).

Empirische Verankerung bedeutet, dass sichergestellt werden soll, dass die Theorieentwicklung bzw. die Beschreibung des Phänomens dicht an den Daten und unter flexibler Einbeziehung theoretischen Vorwissens erfolgt (Steinke 2010, S. 328). Dies wird durch die Anwendung der dokumentarischen Methode und durch den, auch in Tabelle 3 für diese Arbeit dargestellten, Zangengriff aus Theorie, Empirie und Material sichergestellt.

Bei der reflektierten Subjektivität geht es darum, die eigene Rolle als Subjekt mit Forschungsinteressen, Vorannahmen, biografischem Hintergrund und als Teil des Phänomens, das erforscht wird, z. B. durch Selbstbeobachtung und Reflexion der persönlichen Voraussetzungen bewusst zu hinterfragen (Steinke 2010, S. 330 f.). Jedes Wissen, jede Annahme, jedes Urteil ist gemäß der konstruktivistischen Sichtweise auch Ergebnis wandelbarer Vorstellungen und Ideen. Es ist nicht möglich, im Forschungsprozess einen neutralen Standpunkt einzunehmen, weil es ihn nach dieser Denkweise nicht gibt. Wie sich einem Forschungsgegenstand genähert wird und welche Ergebnisse erzielt werden, ist immer auch vom eigenen Blickwinkel geprägt. „Wahrheit" ist ein normativer, kein objektiver Sachverhalt (Schirmer 2009, S. 46). Es muss also bedacht werden, dass auch Forschende gemäß dem Ansatz von Mannheim seinsverbunden handeln. Um mit dieser Subjektivität umzugehen, versucht die rekonstruktive Forschung eine Objektivierung durch inhaltliche Reflexion zu erreichen. In dieser Arbeit geschieht dies durch die Auseinandersetzung mit anderen Forschenden und vor allem durch den Diskurs mit potenziellen Probandinnen für die Umfrage, die in vielen Fällen ein Bedürfnis hatten, das Thema Alter(n) zu diskutieren, ihr Alter(n) in Relation zu anderen und zur Forschungsfrage zu stellen und die Relevanz der Thematik zu erörtern. Das Thema Alter(n) wurde von kaum einer der Untersuchungsteilnehmerinnen unkommentiert gelassen und die jeweiligen Standpunkte wurden teilweise sehr emotional geäußert. In der Summe ergaben diese Kommunikationssituationen eine ständige Reflexionsmöglichkeit der eigenen Alterskonstruktionen im Forschungsprozess.

Mit Fragen nach Limitationen und Relevanz, also zu Grenzen des Geltungsbereiches und zu den Beiträgen der Ergebnisse zum subjektiven Alterserleben beschäftigt sich das abschließende sechste Kapitel. Dieses schließt an das nun folgende Kapitel an, welches die Durchführung der Studie vorstellt.

5.2 Durchführung der Studie

5.2.1 Sampling

5.2.1.1 Samplingstrategien

Am Anfang der Forschungsarbeit steht die systematische Erschließung des Untersuchungsfelds. Anders als bei anderen Fragestellungen ist es hier problemlos möglich, Zugang zum Feld zu erhalten. Marketingkommunikation ist frei zugänglich. Dringlicher als die Frage, wie Zugang zum Feld erlangt werden kann, stellt sich hier deshalb die Frage danach, welcher Ausschnitt von Marketingkommunikation für die Fragestellung passend ist und wie ein handhabbares Sample erzeugt werden kann.

Grundsätzlich werden in der rekonstruktiven Forschung Stichproben nicht aufgrund statistischer, wahrscheinlichkeitstheoretischer Überlegungen erstellt, wie in der quantitativen Forschung üblich. Kriterium ist vielmehr die theoretische Relevanz der ausgewählten Fälle. Das bedeutet, dass die Auswahl der Fälle auf Basis von Vorüberlegungen dazu, welche Fälle untersucht werden sollen, erfolgen soll. Die rekonstruktive Forschung folgt damit dem gleichen Denkansatz, aufgrund dessen in der quantitativen Forschung Stichprobenpläne auf der Grundlage wahrscheinlichkeitstheoretischer Überlegungen erstellt werden. Sowohl in der rekonstruktiven als auch in der quantitativen Forschung wird, wenn auch auf unterschiedlichem Weg, angestrebt, dass die Träger relevanter Merkmalskombinationen in der Stichprobe vertreten sind, um Verzerrungen der Ergebnisse zu vermeiden (Kelle und Kluge 2010, S. 41). Der in der quantitativen Forschung praktizierte Weg des Ziehens von Zufallsstichproben, um ein verkleinertes Abbild der Gesamtheit von Fällen zu erhalten, ist für die rekonstruktive Forschung wenig geeignet. Die Fälle werden intensiv analysiert, weshalb nur wenige Fälle bearbeitet werden können. Deshalb werden in der rekonstruktiven Forschung Verfahren der gezielten Fallauswahl und Fallkontrastierung eingesetzt (Kelle und Kluge 2010, S. 43).

In der rekonstruktiven Forschung wird an das Sample also nicht der Anspruch erhoben, statistisch repräsentativ zu sein. Generalisierungen auf Grundlage rekonstruktiver Samples sind dennoch möglich, wenn im Verlauf von rekonstruktivem Fallvergleich und Fallkontrastierung gezeigt werden kann, dass und wie ein Muster von Fällen zugrunde liegt, das auf Typizität hindeutet (Meuser 2011c, S. 142).

Die Menge des gesammelten oder erhobenen Materials ist bei einer rekonstruktiven Vorgehensweise für die Analysequalität dementsprechend von untergeordneter Bedeutung. Dass viel Material verwendet wird, bedeutet nicht, dass die Fragestellung deshalb präzise bearbeitet werden kann. Es besteht sogar die Gefahr, sich doch an einer quantifizierenden Vorgehensweise zu versuchen, anstatt sich auf die rekonstruktive Arbeit zu konzentrieren (Froschauer und Lueger 2009, S. 215).

Um zu einem aussagekräftigen Sample zu kommen, bedarf es also einer Samplingstrategie, die nicht vor Beginn des Forschungsprozesses feststehen kann. Es ist ein Teil des Forschungsprozesses, die Samplingstrategie gemäß dem Forschungsgegenstand angemessen zu entwickeln.

Dafür sind Kenntnisse des Forschungsgegenstandes Voraussetzung. Was ein passender Fall ist, kann deshalb kaum losgelöst von der Forschungsfrage entschieden werden. Schließlich wird durch das Sampling wesentlich bestimmt, was überhaupt analysiert werden wird. Die Materialauswahl ist deshalb der erste Einstieg in die Untersuchung. Die Materialauswahl sondiert das Feld und strukturiert die Möglichkeiten, was erforscht werden kann. Wie Langner und Wrana für die Diskursanalyse festhalten, ist demnach auch eine Dokumentation und Reflexion der Samplingstrategie unerlässlich (2013, S. 346).

Bei der Entwicklung der Samplingstrategie ist die folgende Überlegung grundlegend: Der zu untersuchende Aspekt sollte variieren, also in möglichst heterogenen Ausprägungen im Material vorkommen. Um diese Heterogenität in Bezug auf den zu untersuchenden Aspekt zu erreichen, stehen verschiedene Samplingfeinstrategien zur Verfügung, etwa das Theoretical Sampling, die Suche nach Gegenbeispielen oder die Entwicklung rekonstruktiver Stichprobenpläne (Kelle und Kluge 2010, S. 43). Der Sinn dieser Heterogenität liegt darin begründet, dass, wie bereits ausgeführt, Fallvergleich und Fallkontrastierung zentrale Elemente der rekonstruktiven Forschung sind. Für eine fallvergleichende Beurteilung der Fälle bedarf es folglich einer Heterogenität der zu untersuchenden Fälle (Przyborski und

Wohlrab-Sahr 2014, S. 245). Ohne Kontraste im Material wäre der Fallvergleich nicht möglich.

Parallel gilt es sicherzustellen, dass andere, intervenierende Einflussfaktoren, die nicht untersucht werden sollen, möglichst wenig variieren. Je mehr Faktoren variieren, umso schwieriger wird es, die einzelnen Fälle miteinander zu kontrastieren, weil nicht eingeschätzt werden kann, was womit in Beziehung steht. Möglich sind dann nur separate Fallbeschreibungen, die Vergleichsmöglichkeiten beschränken sich auf Aussagen über die Beobachtungen in dem einen und in dem anderen Fall. Deswegen muss angestrebt werden, die Variablen, die nichts mit der eigentlichen Fragestellung zu tun haben, konstant zu halten. Somit kann die Gefahr, dass die Unterschiede zwischen Fällen durch intervenierende Variablen anstatt durch den eigentlich zu untersuchenden Aspekt verursacht werden, minimiert werden (Gläser und Laudel 2010, S. 98).

Ein fast schon klassisches Beispiel für die Überlegungen zu Heterogenität und Homogenität bei der Konstruktion eines Stichprobenplans liefert – in einem inhaltlich völlig anderen Kontext als hier – eine Untersuchung von Hopf und Schmidt (1993). Diese erarbeiten für eine Frage nach Rechtsradikalität gezielt ein Sample, das sich aus Männern aus einer bestimmten Region mit einem bestimmten Bildungsniveau zusammensetzt. Somit sind möglicherweise intervenierende Faktoren homogen (Geschlecht, regionale Herkunft, Bildungshintergrund) und die Frage nach der politischen Einstellung kann ohne diese intervenierenden Faktoren bearbeitet werden. Natürlich bedeutet das nicht, dass es keinen Untersuchungsbedarf zur Rechtsradikalität anderer Gruppen mit anderen Ausprägungen dieser Faktoren gibt. Dies muss lediglich im Rahmen einer anderen Untersuchung geschehen.

Über diesen Grundgedanken von möglichst großer Heterogenität der Stichprobe in Bezug auf den zu untersuchenden Aspekt und möglichst großer Homogenität der Stichprobe hinsichtlich intervenierender Aspekte hinaus weist Kelle darauf hin, dass sich bei manchen Fragestellungen Handlungsfelder und -bedingungen als grundsätzlich heterogen herausstellen, dass es anhand von theoretischen Vorüberlegungen erst einmal gilt, Handlungsfeld und Forschungsfragestellung so einzugrenzen, dass die dort herrschende Pluralität für eine rekonstruktive Studie überhaupt beherrschbar wird (Kelle 2008b, S. 249).

Aufgrund dieser Überlegungen wurde hier für das zu bearbeitende Feld eine gezielte Auswahl getroffen, sowohl angesichts des Themas Alter(n) und Alterserleben (siehe Kapitel 2 und 3) im Allgemeinen als auch hinsichtlich tatsächlich zu untersuchender Werbeanzeigen.

Im folgenden Abschnitt werden diese Überlegungen zum Sampling im Rahmen einer gezielten Samplingstrategie dargestellt, insbesondere im Hinblick auf die angestrebte Heterogenität bezüglich des zu untersuchenden Faktors subjektives Alterserleben und der anvisierten Homogenität intervenierender Faktoren.

5.2.1.2   Samplingstrategie 1: gezieltes Sampling

5.2.1.2.1   Heterogenität in Bezug auf den Faktor subjektives Alterserleben

Um größtmögliche Heterogenität bezüglich des Faktors subjektives Alterserleben im Sample zu gewährleisten und gleichzeitig eine handhabbare Größe des Samples zu erreichen, wurden aus der Fülle möglicher Silber-Marketing-Maßnahmen Printanzeigen in Publikumszeitschriften, die sich an Frauen ab dem 40. Lebensjahr richten, ausgewählt.

Zur Marketingkommunikation gehören neben Printanzeigen in Publikumszeitschriften auch unter anderem Fernseh- und Hörfunkspots, Plakatwände, persönliche Verkaufsgespräche oder Internetangebote. Die einzelnen Werbeformen weichen stark voneinander ab. Es erscheint sinnvoll, sich auf eine einzelne besonders geeignete Werbeform zu beschränken. Die Wahl fiel vor allem deshalb auf Printanzeigen in Publikumszeitschriften, weil diese nach wie vor als eines der effektivsten Werbemittel gelten. Ein weiterer Vorteil von Werbeanzeigen in Publikumszeitschriften ist, dass sie in ihrer Zielgruppenadressierung recht präzise sind. Dies wird deutlich, wenn die unterschiedlichen Marketingkommunikationsmaßnahmen gemäß der Charakteristika „Integration in den redaktionellen Kontext" und „Genauigkeit der Zielgruppenadressierung" unterteilt werden. Plakatwerbung etwa ist eine Form der Marketingkommunikation, die gänzlich ohne redaktionellen Kontext auskommt, sogenanntes Product-Placement ist direkt in den redaktionellen Kontext integriert. Ein Beispiel für eine hohe Genauigkeit der Zielgruppenadressierung sind per Post verteilte Kataloge, eine ungenaue, aber kontakthohe Adressierung ist die Ansprache durch Werbung an öffentlichen Plätzen. Zeitschriftenwerbung in Publikumszeitschriften befindet sich in einer entsprechenden Matrix genau in der Mitte: Es lassen sich spezifische Zielgruppen adressieren (jedoch keine Einzelpersonen und nicht eine noch breitere Masse), sie steht in einem redaktionellen Kontext, ist aber von diesem zumindest formal unterscheidbar (Siegert und Brecheis 2010, S. 62 f.). Damit ist sie gegenüber anderen Maßnahmen der Marketingkommunikation ein vergleichsweise exakt kontrollierbares Werbemedium. Die Möglichkeit einer so passgenauen Platzierung in Medien, die von einer bestimmten Zielgruppe rezipiert werden, bieten nur wenige andere Werbeformen. Umgekehrt lassen sich aus der Platzierung auch Schlüsse auf die anvisierte Zielgruppen ziehen.

Da gezielt solche Anzeigen ins Sample aufgenommen werden sollten, die sich an den Markt für Alternde richten, wurden Werbeanzeigen aus solchen Trägermedien ausgewählt, die auf diese Zielgruppe abgestimmt sind.

Zur Sicherstellung einer größtmöglichen Heterogenität von Konstruktionen subjektiven Alterserlebens in den Werbeanzeigen bei einem gleichzeitigen Bezug zum Silber-Marketing werden solche Zeitschriften für das Sample ausgewählt, die zur Zielgruppenansprache erkennbar eine Alter(n)skonstruktion – die Konstruktion „ab 40" – verwenden und somit explizite Altersansprache praktizieren.

Damit ist nicht gemeint, dass dies die „richtige" oder einzig mögliche auf dem Zeitschriftenmarkt verwendbare Alter(n)skonstruktion ist. Schon gar nicht soll damit gesagt werden, dass Alter(n) ab dem 40. Lebensjahr beginnt, zumal sich die Alter(n)sansprache gemäß der Befunde zum subjektiven Alterserleben in der Marketingkommunikation (siehe Kapitel 4.4.4) in aller Regel auf ein um ca. zehn Jahre höheres chronologisches Alter bezieht. Auch stünde eine solche Festlegung im Widerspruch zur Grundannahme dieser Arbeit, dass Alter(n) auch von Konstruktionsprozessen geprägt ist und dass Altersabgrenzungen weitgehend willkürliche historisch und situationsbedingt veränderbare Festlegungen sind. Diesen Prämissen wird durch die Auswahl der Anzeigen gemäß der Maßgabe, dass sie in Zeitschriften erscheinen, die sich an ein bestimmtes Alterssegment richten, nicht widersprochen. Es wird lediglich ein im Silber-Marketing übliches Alter(n)skonstrukt aufgegriffen, um die Fragestellung so einzugrenzen, dass das Sample für eine rekonstruktive Fragestellung beherrschbar wird.

Eine vergleichbare Samplingstrategie verwenden auch Lumme-Sandt (2011) oder Williams et al. (2010b) in thematisch angrenzenden Untersuchungen.

In anderen Untersuchungen wird die Zielgruppenansprache an Alternde ermittelt, indem eine Orientierung an einem vergleichsweise hohen Durchschnittsalter der Leserschaft erfolgt (z. B. von Enslin (2003) oder Röhr-Sendlmeier und Ueing (2004)). Die Orientierung am Durchschnittsalter schließt jedoch eine als „jung" wahrgenommene Leserschaft nicht explizit als anzusprechende Zielgruppe aus, weshalb hier dem Konstrukt einer zu Marketingzwecken kommunizierten Altersuntergrenze anstatt eines faktischen Durchschnittswerts des chronologischen Alters der Vorzug gegeben wird.

Mit dieser Vorgehensweise, das Trägermedium anstatt die Werbemaßnahme selbst als relevant für das Sampling zu setzen, konnte Heterogenität für die zu untersuchende Variable subjektives Alterserleben in den Anzeigen erreicht werden. Denn Merkmale der Anzeigen selbst – etwa ein höheres chronologisches Lebensalter der Werbefiguren – bieten sich gerade nicht an, weil diese Vorgehensweise nicht zu Heterogenität, sondern zu einer gewissen Homogenität der Variable subjektives Alterserleben geführt hätte. Und die Frage nach dem subjektiven Alterserleben soll Bandbreiten und Variationen desselben ausfindig machen und nicht ein bestimmtes, vorher festgelegtes Muster von Alterserleben überprüfen.

5.2.1.2.2   Homogenität intervenierender Faktoren

Nachdem gezielt Heterogenität bezüglich der Frage nach dem subjektiven Alterserleben sichergestellt wurde, geht es im Weiteren darum, intervenierende Faktoren

– soweit dies möglich ist – zu beseitigen. Aus diesem Grund werden gezielte Einschränkungen für die Faktoren „Geschlecht der Zielgruppe der Werbeanzeigen" und „Branche der Werbeanzeigen" vorgenommen.

Wie in Kapitel 2, insbesondere in Kapitel 2.3.3.3, dargelegt wurde, ist davon auszugehen, dass sich Alter(n) geschlechtsspezifisch unterschiedlich gestaltet. Unter anderem müssen sich Frauen früher und pointierter mit der Kategorie „alt" auseinandersetzen und sie wählen typischerweise andere Bewältigungsstrategien des Alter(n)s als Männer. Und auch für das subjektive Alterserleben spielen geschlechtsspezifische Unterschiede eine Rolle. Ferner wird in der Marketingforschung von der Notwendigkeit geschlechtsspezifisch unterschiedlicher Ansprache von Männern und Frauen ausgegangen (Willems und Kautt 2002, S. 641, siehe auch Kapitel 4).

Anders als in anderen Untersuchungen, in denen die Kreuzung aus Konstruktionen von Doing Age und Doing Gender explizit angestrebt ist (z. B. Kumlehn (2011)), soll hier die Kategorie „Geschlecht" eben nicht mit der Kategorie „Alter(n)" überschnitten werden. Stattdessen wird nur die Gruppe der Frauen als Zielgruppe von Werbemaßnahmen in den Blick genommen. So kann die Homogenität des Samples in Bezug auf intervenierende Faktoren verbessert werden.

Branchenspezifische Unterschiede schlagen sich in unterschiedlichen Vermarktungsstrategien nieder, dies ist auch beim Silber-Marketing der Fall. Das jeweilige Produkt gibt die Sichtweise auf das Alter(n) vor. Während z. B. im Fall der Kosmetikwerbung Alter(n) als eine insbesondere äußerlich sichtbare Veränderung offensichtlich ist, fokussiert die Werbung für Arzneimittel eher auf die Steigerung der angeblich nachlassenden körperlichen Leistungsfähigkeit im Alter. Der Blick auf das Alter(n) ist deswegen durch den Produktkontext vorgegeben, auch Alterungsprozesse und -phasen werden entsprechend unterschiedlich entworfen. Passend dazu ändert sich auch die – wenn vorhandene – Definition des chronologischen Alter(n)sbeginns je nach Branche und Produkt (Willems und Kautt 2002, S. 641).

Um hier den Einfluss branchenspezifischer Unterschiede bei der altersbezogenen Marketingkommunikation zu minimieren, wird lediglich eine einzelne Branche in den Blick genommen. Aus den folgenden Gründen fällt die Wahl auf die Kosmetikbranche.

An Frauen gerichtete Botschaften über das Alter(n) finden sich gemäß Willems und Kautt (2002, S. 649, siehe auch Kapitel 1.2.3.2) überdurchschnittlich häufig in Werbung für Kosmetikartikel. Zu einem ähnlichen Ergebnis kommt Femers (2007) in der in Kapitel 1.2.3.2 vorgestellten Studie. Sie stellt fest, dass in der Kosmetikbranche nach der Gesundheitsbranche Alter(n) am zweithäufigsten thematisiert wird, besonders im Trägermedium Frauenzeitschrift (Femers 2007, S. 138).

Gegenüber der Marketingkommunikation der Gesundheitsbranche bietet die Kosmetikbranche den Vorteil, dass die dort vermarkteten Produkte in ihren Eigenschaften relativ homogen sind. Kosmetische Nutzenversprechen in der Werbung sind nicht mit medizinischen zu verwechseln. Von einer allzu starken physiologischen Wirkung, die alter(n)sbedingte Veränderungen beeinflussen könnte, wird hier nicht ausgegangen (dazu ausführlicher auch Kapitel 5.2.2.2).

In den vorangegangenen Kapiteln, insbesondere in den Kapiteln 2.3.3.4 und 3.3.2, wurde der Zusammenhang von Doing Age bzw. subjektivem Alterserleben und Körperpraktiken aufgezeigt, zu denen auch die Körperpflege und -dekoration mittels Kosmetik gehören. Für die Konstruktion von Alter(n) und Alterserleben spielt der Körper nicht nur in seiner Gesamtheit eine Rolle, sondern auch als Oberfläche und als optische Grenze zur Umwelt. Der Zustand der Gesichtshaut z. B. kann als Zeichen von Alter(n) sozusagen gelesen und interpretiert werden. Das unmittelbar sichtbare äußere Erscheinungsbild ist deshalb gegenüber anderen Körperzeichen des Alter(n)s – etwa eine für andere unmerkbare, aber trotzdem vorhandene unsichere Motorik – besonders bedeutsam (Willems und Kautt 2002, S. 649). Es liegt auf der Hand, dass dieser Zusammenhang zwischen äußerer Erscheinung und dem Alterserleben in der Werbung der Kosmetikbranche besonders direkt zum Tragen kommt. Empirisch zeigen Hurd Clarke und Griffin (2007), Hurd Clarke (2010), Hurd Clarke und Bundon (2009), Muise und Desmarais (2010) und Coupland (2009) die Beziehung zwischen Alter(n) bzw. Alterserleben und Körperpflegepraxis auf.

Zusammenfassend ist festzuhalten, dass das zu bearbeitende Sample – Printanzeigen aus dem Kosmetikmarkt in Publikumszeitschriften, die sich an Frauen ab dem 40. Lebensjahr richten – Ergebnis einer gezielten Samplingstrategie ist. Diese führt nicht zu einer vorangestellten Festlegung der erwarteten Inhalte der Konstruktionen subjektiven Alterserlebens in den Anzeigen. Doch dass solche Informationen vorhanden sind, ist durch die Wahl von Werbeanzeigen der Kosmetikbranche innerhalb der Zeitschriftengattung „Frauenzeitschriften ab 40" zu erwarten. Gleichzeitig soll die Beschränkung auf die Zielgruppe der Frauen und auf die Branche Kosmetikmarkt Homogenität bezüglich der intervenierenden Faktoren Geschlecht der Zielgruppe und Branche ermöglichen. Trotz des hohen inhaltlichen Bezugs von an Frauen gerichteter Werbung der Kosmetikbranche zum subjektiven Alterserleben ist es ebenso von Interesse, Konstruktionen subjektiven Alterserlebens auch in der Werbung anderer Branchen zu rekonstruieren, ebenso wie andere Zielgruppen und andere Instrumente der Marketingkommunikation. Solche Verknüpfungen sind im Rahmen anderer Samplingentscheidungen zu untersuchen. Eine Generalisierung für andere Silber-Marketing-Segmente ist bei der hier verwendeten gezielten Samplingstrategie nicht ohne Weiteres möglich (siehe auch Kapitel 6.4).

5.2.1.3 Samplingstrategie 2: Stichprobenplan

Im zweiten Schritt wurde auf Grundlage der obigen Bedingungen ein Stichprobenplan erstellt. Die erarbeiteten theoretisch relevanten Merkmale der Stichprobe sollen im Stichprobenplan in konkrete Fälle „übersetzt" werden. Es müssen folglich passende Trägermedien identifiziert werden, denen die Anzeigen entnommen werden können. Dabei muss sichergestellt werden, dass die theoretisch relevanten Merkmale in der rekonstruktiven Stichprobe in ausreichendem Umfang durch Einzelfälle vertreten sind (Kelle und Kluge 2010, S. 50). Wichtig erschien hier, dass die Trägermedien ausreichend aktuell, aber keine noch in der Anfangsphase befindlichen Neuerscheinungen sind. Sie sollten als kompletter Jahrgang vorliegen, denn es gibt gerade bei der Kosmetikwerbung saisonale Schwankungen bei der Werbung, solche Verzerrungen sind zu vermeiden. Ferner sollte das Kriterium Publikumszeitschrift bzw. die Untergruppe Frauenzeitschrift erfüllt sein. Außerdem muss das Alterskonstrukt einer Altersabgrenzung nach unten, festgemacht am chronologischen Alter „ab 40", erkennbar sein. Um passende Trägermedien zu bestimmen, wird die Zeitschriftenklassifikation von „Thomson Media Control" (TMC), einer Untergruppe der „XtremeInformation GmbH" herangezogen. Bei Thomson Media Control handelt es sich um einen sogenannten Mediendienstleister. Mediendienstleister erheben Werbemarktdaten und -statistiken, z. B. Informationen zu Werbeaufwendungen oder Werbemotiven. Üblicherweise werden diese Daten genutzt, um Werbetrends zu erfassen, Markt- und Wettbewerbsanalysen durchzuführen oder neue Werbekampagnen zu planen (Nielsen 2014, Stand 26.02.2014).

TMC z. B. erfasste für das Jahr 2009 – der Jahrgang, der zu Beginn der Konzeption der Erhebung als aktuellster Jahrgang komplett vorlag – die Werbeaktivitäten in 321 Publikumszeitschriften, 149 Fachzeitschriften, 155 regionalen Tageszeitungen und 12 überregionalen Tageszeitungen. Publikumszeitschriften werden hier weiter unterteilt in z. B. Gesundheitsmagazine, Kundenzeitschriften, Lifestylemagazine oder eben Frauenzeitschriften.

Gemäß der Klassifizierung von TMC existieren zwei Frauenzeitschriften auf dem deutschen Markt, welche die gewünschten Kriterien erfüllen: die Zeitschrift „Brigitte Woman" und die Zeitschrift „Frau im Leben". Als Kriterium für die Wahl der Anzeigen wurde festgelegt, dass solche Anzeigen in das Sample einbezogen werden, die für Produkte werben, die laut des „Industrieverbandes Körperpflege- und Waschmittel" (IKW) zum Produktspektrum der Körperpflege zu zählen sind. Da keine Kleinanzeigen oder Ähnliches berücksichtigt werden sollten, wurde festgelegt, dass die zu entnehmenden Anzeigen mindestens ¼ Seite groß sein sollten. Tabelle 4 zeigt den Stichprobenplan in der Übersicht.

Tabelle 4:   Stichprobenplan

Zeitschriften, die die Samplingkriterien erfüllen	Brigitte Woman	Frau im Leben
komplett vorliegender, möglichst aktueller Jahrgang	2009	2009
Anzeigen gesamt (laut TMC Anzeigenstatistik)	494	284
Anzeigen der Kosmetikbranche, mind. 1/4 Seite Hierzu wurden die Anzeigen ausgewählt, die für Produkte werben, die gemäß dem IKW zu den Kosmetik- und Körperpflegeprodukten zählen: • Haarpflegemittel • Hautpflegemittel • Dekorative Kosmetik • Zahn-/Mundpflegemittel • Damen-Parfums/-Düfte • Herren-Kosmetik • Bade-/Duschzusätze • Deodorants • Seifen/Syndets • Sonst. Körperpflegemittel (IKW – Industrieverband Körperpflege- und Waschmittel e. V.)	130	20
ohne mehrfach erschienene Anzeigen (aus beiden Zeitschriften)	118	
ohne nur in Nuancen unterschiedliche Anzeigen, z. B. Veränderungen der Schriftgröße oder -art, Zusätze im Sekundärtext, der mit der eigentlichen Produktbotschaft nichts zu tun hat wie „neue Verpackung", „Weihnachtsangebot", die keine inhaltliche Relevanz haben	88	
in die Stichprobe aufzunehmende Anzeigen (aus beiden Zeitschriften)	88	

Da es sich um eine Vollerhebung aller durch das gezielte Sampling und den ergänzenden Stichprobenplan identifizierten Anzeigen handelt, ist anzunehmen, dass ein ausreichendes Spektrum an unterschiedlichen Fällen im Sample vorhanden ist, so dass die Möglichkeit des Fallvergleichs und der Fallkontrastierung gegeben ist.

Abschließend stellt sich die Frage, ob die Stichprobe größenmäßig für die weitere Analyse handhabbar ist, wovon auszugehen ist. Zum einen, weil Werbeanzeigen meist kurz und prägnant sind und deshalb leichter miteinander kontrastiert werden können als etwa mehrstündige Interviewtranskriptionen. Zum anderen erleichtert eine computergestützte Vorgehensweise der Analyse die Systematisierung, Dokumentation und Archivierung des Forschungsprozesses.

Als Werkzeug für die computergestützte Analyse wurde die Software MAXQDA eingesetzt. MAXQDA ermöglicht eine strukturierte Vorgehensweise der rekonstruktiven Interpretation. Es macht die Interpretation Schritt für Schritt archivierbar und darstellbar und dient damit der intersubjektiven Nachvollziehbarkeit des Forschungsprozesses. Zudem ist es ein Werkzeug, das die Erfassung von Datentypen wie Werbeanzeigen mit ihren unterschiedlichen Bild- und Textelementen wesentlich erleichtert, wenn nicht gar überhaupt erst ermöglicht (Kuckartz 2007, S. 12 f.).

Der Beschreibung der weiteren computergestützt durchgeführten Arbeitsschritte sollen jedoch ausführlicher als bisher geschehen Hintergrundinformationen zur gewählten Stichprobe, und zwar sowohl zum Trägermedium der Publikumszeitschrift bzw. der Frauenzeitschrift als auch zum Kosmetikmarkt, vorangestellt werden. Dabei wird noch einmal die besondere Eignung dieses Stichprobenplanes für die Fragestellung illustriert.

5.2.2 *Exkurs: Hintergrundinformationen zum Sample*

5.2.2.1 Trägermedien „Frauenzeitschriften mit Silber-Marketing-Bezug"

5.2.2.1.1 Publikumszeitschriften: Trägermedien für Marketingkommunikation

Zeitschriften – das Trägermedium der zu analysierenden Anzeigen – sind im Alltag ständig präsent. Im Alltagsverständnis gibt es auch wenig Zweifel darüber, was unter einer Zeitschrift zu verstehen ist. Trotzdem existiert keine allgemein anerkannte Definition von Zeitschriften. Häufig werden Zeitschriften als Printprodukte, die zwischen Zeitungen und Büchern zu verorten sind, umschrieben. Sie erscheinen zwar ebenso wie Zeitungen regelmäßig, haben aber durch ihre aufwendige Bindung, Papierqualität usw. auch Ähnlichkeit mit Büchern.

Als Publikumszeitschriften werden solche Zeitschriften bezeichnet, die sich anders als Fachzeitschriften oder Mitarbeiterzeitschriften an ein relativ breites Publikum wenden. Publikumszeitschriften werden weiter unterschieden z. B. in General-Interest-Zeitschriften, zu denen auch Frauenzeitschriften gezählt werden, und Special-Interest-Zeitschriften, etwa solche, die sich an Menschen mit einem bestimmten Hobby richten (Wilhelm 2004, S. 40).

Etwa drei Viertel des Erlöses von Publikumszeitschriften stammen aus Anzeigenverkäufen (Wilhelm 2004, S. 42). Deshalb können Zeitschriften trotz ihrer aufwendigen Machart relativ günstig angeboten werden. Kunden der Zeitschriftenverlage sind also weniger diejenigen, welche die Zeitschriften lesen, sondern vor allem die Werbetreibenden, die in den Zeitschriften Anzeigen veröffentlichen. Entsprechend sind Verlage von Publikumszeitschriften erst in zweiter Linie mit redaktionellen Inhalten befasst, in erster Linie handeln sie mit der Aufmerksamkeit von Konsumentengruppen für Anzeigenkunden (Okigbo et al. 2005, S. 315).

Für diese Anzeigenkunden haben, wie auch in Kapitel 5.2.1.2.1 dargestellt, Publikumszeitschriften gegenüber anderen Werbeträgern den Vorteil, dass sich ihre Leserschaft recht exakt kontrollieren lässt. Die Zeitschriftenverlage ermitteln demografische und andere Informationen zu ihrer Leserschaft in sogenannten Mediaanalysen, die sie den Anzeigenkunden zur Verfügung stellen. Zu solchen Analysen gehören etwa die „Allensbacher Markt- und Werbeträgeranalyse" (AWA, durchgeführt durch das Institut für Demoskopie Allensbach), die „Brigitte Kommunikationsanalyse" (KA, durchgeführt vom Verlag Gruner und Jahr) und die „Verbraucheranalyse" (VA, durchgeführt vom Axel Springer Verlag und der Verlagsgruppe Bauer). Die Anzeigenkunden können auf Grundlage dieser Analysen Anzeigen zielgruppenspezifisch bei den Zeitschriftenverlagen buchen und so Streuverluste bei der Ansprache reduzieren (Boos 2008, S. 98). Anderes als beim erwähnten Mediendienstleister TMC stehen hier nicht die Anzeigen selbst, sondern die Leser der Zeitschriften im Fokus, auf die dann Anzeigen zugeschnitten werden.

Es wird von einem Trend hin zu einer Zunahme der Einflussnahme der Werbewirtschaft auf die Verlage von Publikumszeitschriften ausgegangen. Hier wird inzwischen sogar von „hybriden Werbeformen" (Siegert und Brecheis 2010, S. 40 f.) gesprochen, als Bezeichnung für die gezielte Vermischung von Werbung und redaktionellen Inhalten.

5.2.2.1.2 Zeitschriften mit Bezug zum Silber-Marketing

Für die vorliegende Fragestellung sind die Zeitschriften interessant, die einen Bezug zum Alterserleben ihrer Zielgruppen haben. Es gibt verschiedene Strategien von Zeitschriftenverlagen, einen solchen Bezug für ihre Anzeigenkunden herzustellen.

Greco unterscheidet zwischen Werbeträgern, welche die Möglichkeit einer Abgrenzung der alternden Zielgruppe – die Frage der zugrunde gelegten Definition von „Alter(n)" hintangestellt – von jüngeren Zielgruppen anbieten, und solchen, die sich grundsätzlich an ein in seiner Altersstruktur breiteres Publikum wenden, zu dem aber auch Alternde gehören. Ist eine Abgrenzung gegenüber jüngeren Zielgruppen möglich, kann die Werbebotschaft wesentlich genauer und gezielter auf die alternden Zielgruppen abgestimmt werden (Greco 1988, S. 41 f.). Tabelle 5 zeigt, wie sich Silber-Marketing-Werbebotschaften in Medien, die sich speziell an ein alterndes Publikum richten („Sheltered Audience"), wesentlich einfacher und konfliktfreier platzieren lassen als in solchen, in denen Alternde nur eine mögliche, wenn vielleicht auch zahlenmäßig stark vertretene Zielgruppe sind.

Tabelle 5:   Medien-/Produkt-Zielgruppenmatrix in Anlehnung an Greco 1989, S. 41

Medien-Zielgruppe / Produktzielgruppe	Ausschließlich Silber-Marketing	breit gestreut
breit gestreut	Werbebotschaft kann situativ auf die Zielgruppe abgestimmt werden	intergenerationale Ansprache oder Ansprache, die für alle Altersgruppen attraktiv ist
ausschließlich Silber-Marketing-Zielgruppe	auf Alternde abgestimmte Werbebotschaft	vorwiegend auf Alternde abgestimmte Werbebotschaft, die aber auch für Jüngere attraktiv ist

Wie im Stichprobenplan vorgestellt, wurden hier solche Zeitschriften als Trägermedien ausgewählt, die sich speziell an eine solche „Sheltered Audience" richten.

An sich ist ein Zeitschriftenmarkt für eine alternde „Sheltered Audience" in Deutschland bislang kaum etabliert. In aller Regel wird versucht, anstatt ausdrücklich das Alter(n) zu fokussieren, auf solche redaktionellen Themen zu setzen, die vor allem für Silber-Marketing-Zielgruppen interessant sind und so ohne eine explizite Zielgruppenansprache auskommen. Letztendlich gilt das Trägermedium der Publikumszeitschrift an sich schon als gutes Instrument, um Silber-Marketing-Zielgruppen zu erreichen, da der Altersdurchschnitt der Nutzer höher ist als bei anderen Medienformen. Die Alter(n)sansprache geschieht eher im Verborgenen, ohne jüngere Kundengruppen ausdrücklich davon abzuschirmen. Die wenigen existierenden Zeitschriften, die sich explizit an Silber-Marketing-Zielgruppen richten, sind bislang eher Nischenprodukte. Zwar wird immer wieder versucht, solche Zeitschriften auf dem Zeitschriftenmarkt zu etablieren, doch meist verschwinden diese nach einiger Zeit wieder vom Markt (Brechtel 2011, S. 26). Mit einer Ausnahme: dem Markt für Frauenzeitschriften. Hier haben sich in den letzten Jahren einige Produkte erfolgreich etabliert, die mit einer gezielten Alter(n)sansprache und einer Abgrenzung gegenüber jüngeren Zielgruppen arbeiten und sich als „anspruchsvolle Zeitschrift für die reife Frau" (van Rinsum 2006, S. 44) präsentieren. Das Alter(n)skonstrukt ist zwar vergleichsweise jung (z. B. „ab 40", „ab 45"), doch es ist vorhanden. Zumal bedacht werden muss, dass das subjektive chronologische Alterserleben sich um einige Jahre vom tatsächlichen chronologischen Alter unterscheidet. Dieses Phänomen ist im Marketing und bei der Vermarktung von Zeitschriften bekannt. Diese Abweichung wurde in der Zeitschriftenmarktforschung bereits untersucht. Dabei ergab sich z. B. für Leserinnen der Frauenzeitschrift „Jolie" eine durchschnittliche Abweichung des subjektiven chronologischen Alterserlebens vom tatsächlichen Durchschnittsalter (25 Jahre) von minus 4 Jahren, der Zeitschrift „Cosmopolitan" eine Abweichung von minus

8 Jahren (tatsächliches Durchschnittsalter 35,8 Jahre) und der Zeitschrift „Freundin" von minus 9 Jahren (tatsächliches Durchschnittsalter 40 Jahre) (Pimpl 2009, S. 28).

Es gibt Hinweise, dass sich auch über den Bereich der Frauenzeitschriften hinaus eine Trendwende hin zu mehr „Sheltered Audience"-Produkten andeutet. Seit 2013 ist ein Ableger des Magazins „Stern" namens „Viva" auf dem Markt, der für sich in Anspruch nimmt, auf die Bedürfnisse der Lebensphase „50plus" zugeschnitten zu sein (Gruner + Jahr AG & Co. KG 02.07.2013, Stand 27.02.2014). Nach einigen Testausgaben erscheint das Magazin nun regelmäßig. Wenn sich das Magazin etabliert, ist es denkbar, dass weitere Zeitschriftenprodukte, die sich nicht speziell an Frauen richten, auf den Markt kommen. Doch noch sind hier, anders als bei den Frauenzeitschriften, bestenfalls Anfänge einer Entwicklung zu beobachten. Der folgende Abschnitt befasst sich mit dem hier relevanten und bereits länger etablierten Segment der Frauenzeitschriften für das Silber-Marketing-Segment.

5.2.2.1.3   Frauenzeitschriften für Silber-Marketing-Zielgruppen

Mit Frauenzeitschriften verhält es sich ähnlich wie mit den übergeordneten Publikumszeitschriften: eine exakte Definition für Frauenzeitschriften gestaltet sich schwierig. Definitorische Anhaltspunkte sind, dass dann von einer Frauenzeitschrift gesprochen werden kann, wenn der überwiegende Teil der Leserschaft aus Frauen besteht, wenn sich die Inhalte primär an Frauen richten und wenn diese „mit dem Lebenszusammenhang von Frauen in Verbindung stehen" (Müller 2010, S. 21).

Verglichen mit anderen Publikumszeitschriften ist der Anteil der Werbeaufwendungen in Frauenzeitschriften sehr hoch, und natürlich stehen auch die dort beworbenen Produkte häufig im Zusammenhang mit den spezifischen Inhalten von Frauenzeitschriften.

Frauenzeitschriften haben sich zu einer Zeit etabliert, in der aufgrund der damaligen Rollenvorstellungen ein Großteil der familiären Kaufentscheidungen von Frauen gefällt wurde. Nach wie vor werden Kaufentscheidungen in einigen Konsumbranchen mit großen Gewinnmargen, also etwa Kleidung, Einrichtung und Kosmetika, überwiegend von Frauen gefällt, weshalb Frauenzeitschriften als bedeutende Werbeträger gelten. Die Gattung der Männerzeitschrift ist aufgrund eines – zumindest in der Vergangenheit – anderen gesellschaftlichen Rollenverständnisses für Männer und Frauen in dieser Form kaum traditionell etabliert (Eichler 2009, S. 111).

Frauenzeitschriften werden häufig als oberflächlich eingeschätzt und für das von ihnen vermittelte Frauenbild kritisiert. Aus wissenssoziologischer Perspektive sind sie aber als Artefakte zu verstehen, aus denen sich gesellschaftliche Konstruktionen erschließen lassen. Twigg verwendet in einem ähnlichen Zusammenhang den Ausdruck „neuer soziokulturelle[n] Arenen", auf die der gerontologische Blickwinkel ausgeweitet werden müsse (Twigg 2012, S. 1031).

Schon mehrfach waren Frauenzeitschriften Gegenstand rekonstruktiver Analysen sowohl hinsichtlich ihrer redaktionellen Inhalte als auch der enthaltenen Werbung. Allerdings wurden bislang eher jüngere Frauen fokussiert und vor allem Gender-Konstruktionen. Beispiele sind z. B. die Arbeiten von Gough-Yates (2005), von Wilk (2002), Müller (2010) oder Kumlehn (2011). Gough-Yates (2005) bezieht sich in ihrer Analyse auf das Phänomen der „neuen Frau" und erkundet, wie neue Zielgruppen, ihre Identitäten und Lebensstile durch Medienschaffende mitkonstruiert werden. Kumlehn (2011) ergründet „Konstruktionen gelingenden Alters" in der Zeitschrift „Brigitte Woman", stellt jedoch ebenfalls überwiegend den Gender-Aspekt in den Fokus.

Die für die hier durchzuführende rekonstruktive Analyse im Stichprobenplan ermittelten Frauenzeitschriften, die „Brigitte Woman" und die „Frau im Leben", werden im folgenden Abschnitt vorgestellt.

5.2.2.1.4   Besonderheiten des Samples

Sowohl bei der Brigitte Woman als auch bei der Frau im Leben handelt es sich um monatlich erscheinende Frauenzeitschriften. Beide Zeitschriften erscheinen nur im deutschsprachigen Raum, internationale Ausgaben gibt es nicht.

Die *Brigitte Woman* wurde im Jahr 2000 vom Verlag Gruner + Jahr – ursprünglich als Sonderheft zur bekannten Frauenzeitschrift „Brigitte" – auf dem deutschen Markt eingeführt. Damit war die Brigitte Woman die erste auflagenstarke Zeitschrift, die sich explizit an eine Zielgruppe im chronologisch höheren Lebensalter richtet. Die Brigitte Woman rückt Themen wie das Alter(n) von Frauen in den Fokus, auf andere für Frauenzeitschriften typische Rubriken wie Haushalt und Kochen wird verzichtet.

Die Strategie der Alter(n)sabgrenzung gegenüber jüngeren Rezipientinnen wird bei der Brigitte Woman bereits auf der Titelseite der Zeitschrift explizit kommuniziert („Das Magazin für Frauen über 40") und in der Eigenwerbung für die Zeitschrift und im korrespondierenden Internetauftritt (www.brigitte-woman.de) immer wieder hervorgehoben. So wird für die Zeitschrift z. B. mit den Slogans „ab 40 bricht man bei Liebeskummer nicht gleich zusammen", „ab 40 ist man alt genug, um das Glück zu erkennen" und „ab 40 ist es mit oberflächlichen Gesprächen und faulen Kompromissen vorbei" (Gruner + Jahr AG & Co. KG, Stand 04.02.2012) geworben. Auch gegenüber den Anzeigenkunden wird argumentiert, dass diese Abgrenzung der Brigitte Woman zu jüngeren Zielgruppen diese zu einem „maßgeschneiderten Werbeträger" macht (Gruner + Jahr AG & Co. KG 2010, Stand 28.10.2011). In einer Eigendarstellung für potenzielle Anzeigenkunden wird die Zeitschrift folgendermaßen präsentiert:

„"Frauen über 40" – die Zielgruppe des Heftes ist zugleich auch Programm. BRIGITTE WOMAN ist wie ihre Leserinnen. Entspannt, aber voller Begeisterung für neue Erfahrungen. Etabliert, erfolgreich, selbstsicher, dabei aber offen für intensiveres, bewussteres Leben. Genussorientiert, aber nicht oberflächlich. BRIGITTE WOMAN weiß, dass Frauen über 40 andere Ansprüche an Mode und Kosmetik haben als jüngere Frauen und dass sie andere Ansprüche haben bei Themen wie Geld und Versicherung, Reise, Psychologie, Gesundheit und Partnerschaft. Frauen über 40 haben mehr Zeit für sich und ihre Familie und BRIGITTE WOMAN nimmt sich viel Zeit für ihre Leserinnen, um sie in Ruhe, gründlich und mit höchstem Qualitätsstandard zu informieren, zu inspirieren und zu unterhalten." (Gruner + Jahr AG & Co. KG 2011, Stand 26.10.2011)

Weiterhin wird gegenüber Anzeigenkunden betont, dass die Brigitte Woman eine Zeitschrift ist, deren Leserschaft nicht nur aus einem bestimmten Alterssegment kommt, sondern auch eine hohe Kaufkraft aufweist. Dies wird z. B. daran festgemacht, dass sie eine hohe Reichweite bei Leserinnen der sogenannten „Top 25"-Bevölkerungsgruppe hat. Diese Bevölkerungsgruppe ist laut des Marktforschungsunternehmens Allensbach, das die entsprechende „TOP Level 2005"-Studie durchführt, „besonders luxusaffin, überdurchschnittlich markenorientiert und bevorzugt generell Markenartikel. Mit einer Reichweite von 7,4 % in dieser Zielgruppe hat die Brigitte Woman mehr „Top 25"-Leserinnen als vergleichbare Zeitschriften wie Vogue, Elle oder Cosmopolitan" (Gruner + Jahr AG & Co. KG 03.08.2005, Stand 11.02.2012). Die Zielgruppe, für welche die Brigitte Woman von Anfang an konzipiert wurde, ist laut Eigendarstellung des Verlags die „etablierte Genießerin". Damit sind „Frauen ab 40 angesprochen, die das Leben intensiv und bewusst genießen, mehr Geld als jüngere Frauen besitzen, Verantwortung übernehmen, ein breites Interessenspektrum und eine hohe Formalbildung haben, das Leben gelassen sehen sowie offen für neue Erfahrungen sind" (Gruner + Jahr AG & Co. KG 24.02.2002, Stand 28.10.2011).

Die *Frau im Leben* erscheint im Augsburger Bayard Verlag und ist bereits seit 1967 auf dem Markt, ursprünglich als ein Produkt des Weltbild-Verlags. In einer Eigendarstellung wird die Frau im Leben wie folgt charakterisiert:

„Frau im Leben ist das monatliche Qualitäts-Magazin für Menschen in der zweiten Lebenshälfte. Dieser Lebensabschnitt ist geprägt durch Veränderungen und Aufbruch. (…) Frau im Leben – das hochwertige Qualitäts-Magazin für alle in der zweiten Lebenshälfte, die jeden Monat praktische Tipps haben wollen für Gesundheit & Fitness, Beauty, Mode, Reisen, Essen, Trinken & Genießen. Kurz: Für alle, die ein schöneres, reicheres & gesünderes Leben wünschen. Frau im Leben bietet seinen Anzeigen-Kunden dank optimaler Themen-Umfelder und einer klar umrissenen Leserschaft beste Platzierungen mit hoher Aufmerksamkeit." (Bayard Media GmbH & Co. KG 2011, Stand 28.10.2011)

Bei der Frau im Leben wird die Altersabgrenzung nach unten nicht direkt an die Zielgruppe kommuniziert (wenn auch der Titel auf die Lebensmitte hindeutet), allerdings in der Eigendarstellung sowie in den Mediadaten ausdrücklich – wenn auch mit unterschiedlichen Altersgrenzen – erwähnt (für die Frau ab 40 in der Beschreibung auf der Verlags-Webseite, Zielgruppe 50+ in den Mediadaten).

Auch hier wird folglich das klar umrissene, von jüngeren Zielgruppen abgegrenzte Profil der Zielgruppe zum Anzeigen-Verkaufsargument. Die Frau im Leben erhebt allerdings nicht wie die Brigitte Woman den Anspruch, eine Leserschaft mit besonders hoher Kaufkraft anzusprechen, und bedient – anders als die Brigitte Woman, die als einzige Frauenzeitschrift auf dem Markt Themen wie Diät, Rezepte und Haushalt gezielt ausspart – redaktionell das klassische Themenspektrum von Frauenzeitschriften. Als Besonderheit wird der hohe Abonnementenanteil unter den Lesern angeführt (Bayard Media GmbH & Co. KG 2011, Stand 28.11.2011).

In der wissenschaftlichen Auseinandersetzung mit Zeitschriftenkonzepten für Alternde haben beide Zeitschriften Beachtung gefunden. Gerade die Brigitte Woman wird häufig als erfolgreiches Beispiel für gelungene Silber-Marketingkommunikation angeführt (z. B. von Reidl (2007, S. 240) oder Kumlehn (2011, S. 192)). Es gibt darüber hinaus die Einschätzung, dass die Brigitte Woman mit dieser gezielten Alter(n)sansprache dazu beiträgt, das Thema „Alter(n)" zu enttabuisieren (Kumlehn 2011, S. 191).

Kaum überraschend hat die Brigitte Woman als etablierte Frauenzeitschrift sowohl einen größeren Anzeigenanteil als auch einen höheren Anzeigenumsatz als die Frau im Leben. Tabelle 6 zeigt den Heftumfang der beiden Zeitschriften sowie den Anteil der Anzeigen in beiden Publikationen für das Jahr 2009.

Im konkreten Vergleich der beiden Zeitschriften als Werbeträger zeigt sich für das Jahr 2009, dass die Frau im Leben mit insgesamt 283 Anzeigen etwa 57 % weniger Anzeigen als die Brigitte Woman mit 494 Anzeigen enthält. Der Anzeigenumsatz der Brigitte Woman liegt wesentlich höher als bei der Frau im Leben, was sowohl auf die Anzeigenmenge als auch auf Unterschiede der Anzeigenpreise zurückzuführen ist. Insgesamt erzielt die Frau im Leben nur 25 % des Anzeigenumsatzes der Brigitte Woman. Die Auflage der Frau im Leben lag laut der IVW, der Informationsgemeinschaft zur Feststellung der Verbreitung von Werbeträgern, 2009 insgesamt bei 727 233 Exemplaren, die Auflage der Brigitte Woman bei 1 469 924 Exemplaren (IVW, Stand 04.03.2014). Die Reichweite liegt üblicherweise über der Auflage, bei der Brigitte Woman z. B. bei ca. 2,4 Personen pro Exemplar (Gruner + Jahr AG & Co. KG 2009, Stand 23.03.2012).

Nachdem die beiden Trägermedien der zu analysierenden Anzeigen vorgestellt worden sind, werden im Folgenden die in diesen Trägermedien erschienenen Anzeigen in den Blick genommen.

Tabelle 6:   Sample-Zeitschriften nach Anzeigenumfang und -umsatz für das Jahr 2009 (IVW, Stand 08.10.2011)

Abfragezeitraum 01/2009 – 12/2009	Heftumfang gesamt in Seiten	Anzeigen gesamt	Anzeigen in Seiten
Brigitte Woman	1 794	494	429
Frau im Leben	1 424	283	239
Differenz	370	211	190

5.2.2.2   Branchenspezifische Merkmale von Werbeanzeigen der Kosmetikbranche

Die für Deutschland geltende gesetzliche Definition von Kosmetikprodukten legt fest, dass unter Kosmetikprodukten solche Produkte zu verstehen sind, welche die Aufgabe haben, den Körper zu reinigen, zu pflegen, zu schützen, in einem guten Zustand zu erhalten, zu parfümieren/den Geruch zu beeinflussen. Im Fall der dekorativen Kosmetik soll auch das Aussehen verändert, jedoch nicht die Veränderung von Körperformen bewirkt werden. Außerdem dienen kosmetische Produkte der Steigerung des Wohlbefindens, der Hebung des Selbstwertgefühls und sie sollen eine höhere Akzeptanz durch Mitmenschen erreichen. Kosmetika sollen jedoch nicht der Verhütung oder Behandlung von Krankheiten dienen. Physiologische Wirkungen von Kosmetikprodukten sind zwar möglich, doch die Produkte müssen auch dann überwiegend als Produkte kosmetischer Art vermarktet werden, anderenfalls fallen sie unter die Kategorie der Medizinprodukte (IKW 2011, Stand 29.11.2011).

Silber-Marketing-Zielgruppen spielen für die Kosmetikbranche in Deutschland eine wichtige Rolle (Garber 2012, Stand 06.10.2012). Es wird davon ausgegangen, dass alternde Zielgruppen auch weiterhin wachsen werden (Baur Media KG 2009, Stand 23.03.2012). Diese Entwicklung wird aufgrund des demografischen Wandels und sich damit verändernder Konsumentenbedürfnisse schon seit längerem prognostiziert (z. B. Reidl 2007, S. 277). Demzufolge verwundert es nicht, dass in der Literatur zum Silber-Marketing dem Kosmetikmarkt das Attribut „Gewinnerbranche" (Cirkel et al. 2006, S. 24) zugeschrieben wird.

Die Werbeausgaben der Kosmetikbranche sind beträchtlich und steigen stetig. Rund 105 Millionen Euro betrugen die Werbeausgaben aller Unternehmen im Produktbereich Körperpflege in Deutschland allein im Juli 2009, eine Steigerung von 6,4 % gegenüber dem Juli des Vorjahres (Statista 2009, Stand 30.10.2011).

Für das Jahr 2012 ging ein Sprecher von L`Oreal von einem Gesamtaufkommen der Kosmetikwerbung von 1,66 Milliarden Euro und einem weiterhin stetig wachsenden Werbemarkt aus. Nach wie vor ist der Kosmetikmarkt vor allem ein

Markt, der sich an die Zielgruppe Frauen richtet, wenn auch männliche Zielgruppen in letzter Zeit an Bedeutung gewinnen (Garber 2012, Stand 06.10.2012).

Bei der Werbung in Publikumszeitschriften konnte im Jahr 2009 die Zeitschrift Brigitte die höchsten Einnahmen aus Anzeigen der Kosmetikbranche mit 3,1 Millionen Euro für sich verbuchen (Statista 2009, Stand 30.10.2011).

Insgesamt sind die Werbeausgaben der Kosmetikbranche in Publikumszeitschriften seit dem Jahr 2004 auf einem konstant hohen Niveau von über 300 Millionen Euro pro Jahr (Gruner + Jahr Media Sales 2010, S. 7, Stand 25.05.2012).

Die oben genannte Definition von Kosmetik setzt keinen eindeutigen Rahmen für die inhaltliche Gestaltung der Werbebotschaft, was Versprechen und Wirkung von Kosmetika angeht. Es gibt eine Grauzone zwischen Arzneimitteln, Lebensmitteln, Medikamenten und Kosmetika, und es ist auch eine Frage der Vermarktung, ob ein Produkt eher der einen oder der anderen Gruppe zuzuordnen ist, denn die Abgrenzung von Kosmetika zu Arzneimitteln, Lebensmitteln oder Medizinprodukten erfolgt z. B. nach der Zweckbestimmung des Produkts. Die Werbung ist mit daran beteiligt, durch eine entsprechende Vermarktung die Zweckbestimmung und damit die Klassifizierung festzulegen (Stroemer 2005, S. 34).

Soll für ein Kosmetikprodukt geworben werden, muss sich die Werbung also überwiegend auf einen kosmetischen Effekt beschränken. Doch da es keine genauen Festlegungen gibt, wo die Abgrenzungen zu anderen Produktbereichen mit einem überwiegend physiologischen Effekt liegen und worin sich z. B. der kosmetische Effekt einer „Steigerung des Wohlbefindens" oder einer „Hebung des Selbstwertgefühls" äußert, überrascht es nicht, dass beim Marketing für kosmetische Produkte häufig fehlende Transparenz oder überzogene Werbeversprechen angemahnt werden. In der Werbung für kosmetische Mittel werden z. B. nicht selten Inhaltsstoffe vermarktet, die aus der Medizin bekannt sind und eher medizinische Wirkung versprechen. Dabei wird nicht immer deutlich, dass diese im Kosmetikprodukt nur in sehr geringen Mengen enthalten sind und deshalb kaum Wirkung entfalten können – würden sie dies tun, würde es sich ja um Medizinprodukte handeln. Dementsprechend kommt es immer wieder vor, dass bei Werbemaßnahmen für kosmetische Mittel Verstöße gegen das Verbot irreführender Werbung vermutet werden (Meynen 2005, S. 64).

Alles in allem machen der große Marktumfang der Kosmetikbranche, ihre hohen Werbeaufwendungen, die Spielräume bei der kommunikativen Vermarktung und die besondere Verbindung zwischen Kosmetikmarkt, Körper und subjektivem Alterserleben Werbung für Kosmetikprodukte zu einer besonders interessanten Branche für die empirische Bearbeitung der Frage nach der Konstruktion des Alterserlebens in der Werbung.

Mit dieser wird, nachdem das Sample erarbeitet und erläutert ist, fortgefahren. Dabei steht an nächster Stelle der Arbeitsschritt „Überblick über den thematischen Verlauf". Standen in diesem Abschnitt Rahmenbedingungen, die das konkrete Sample charakterisieren, im Vordergrund, geht es im nächsten Abschnitt um typische Bestandteile von Werbeanzeigen. Diese bilden die Grundlage für die Auswahl der Elemente, die Relevanz für die spätere formulierende und reflektierende Interpretation haben (Bohnsack 2010b, S. 134 f.).

5.2.3   *Anzeigeninterpretation*

5.2.3.1   Überblick über den thematischen Verlauf – Werbeanzeigen als Materialart

Mit dem Stichwort „Überblick über den thematischen Verlauf" ist im Kontext der Gruppendiskussion, für welche die dokumentarische Methode ursprünglich entwickelt wurde, gemeint, dass beim Abhören von aufgezeichneten Interviews Ober- und Unterthemen identifiziert werden. Entlang dieser Struktur wird die Diskussion nachgezeichnet. Der Grundgedanke dieses Arbeitsschrittes besteht darin, dass das Material durch die Aufschlüsselung in unterschiedliche Elemente aus seinem Alltagszusammenhang herausgelöst wird und so besser analysiert werden kann.

Die Idee der thematischen Entschlüsselung mit dem Ziel der Distanzierung soll hier beibehalten werden, muss aber in ihrer Ausgestaltung an die Dokumentenart Werbeanzeigen angepasst werden. Die Strukturierung einer Werbeanzeige unterscheidet sich von der Strukturierung eines Interviewprotokolls und von der Struktur der meisten anderen Dokumentenarten, die für rekonstruktive Auswertungen genutzt werden können, erheblich, weshalb dieser Arbeitsschritt passend zum Material modifiziert werden muss.

Ein Unterschied zum Material, das beispielsweise im Rahmen von Interviews erhoben wurde, besteht darin, dass es sich bei Werbeanzeigen um sogenanntes emergiertes Material handelt.

Emergiertes Material entsteht im Unterschied zu forciertem Material auch ohne das Zutun von Forschenden (Froschauer und Lueger 2009, S. 142). Es kann deshalb ausgeschlossen werden, dass der zu untersuchende Aspekt durch die Erhebung der Daten verzerrt wird, denn das Material entsteht unabhängig davon. Gleichzeitig entsteht das Material in einem bestimmten Kontext und mit bestimmten Absichten. Es ist deshalb auch und gerade bei emergiertem Material notwendig, sich dessen Entstehungskontext, Besonderheiten und Funktionen zu vergegenwärtigen (Froschauer und Lueger 2009, S. 137). Zu einem guten Teil ist dies bereits im vorangegangenen Abschnitt geschehen, denn dort wurden Gegebenheiten der Trägermedien und des Kosmetikmarkts beschrieben, unter denen die Anzeigen entstehen. Im folgenden Abschnitt zur Materialsichtung werden inhaltliche Charakteristika von Werbeanzeigen hervorgehoben.

Beim Überblick über den thematischen Verlauf soll es nun um die Struktur der Anzeigen gehen. Es sollen hier anstelle einer Strukturierung des Interviewmaterials die für die Fragestellung relevantesten Elemente von Werbeanzeigen aus Publikumszeitschriften herausgearbeitet werden. Zwar lassen sich viele relevante Bestandteile von Werbeanzeigen berücksichtigen, z. B. Papierart, Platzierung, Farbgebung, Schriftart oder Schriftgröße – um die Analyse einzugrenzen erfolgt hier jedoch eine Konzentration auf die Elemente, von denen angenommen wird, dass sie für die zu analysierende Werbebotschaft eine entscheidende Rolle spielen. Als diese Hauptelemente von Werbeanzeigen gelten die beiden Elemente „Texte" und „Bilder". Es wird kontrovers diskutiert, welches dieser Elemente dominiert, weitgehende Einigkeit herrscht allerdings darüber, dass es sich bei werblichen Bildern und Texten um verzahnte, sich gegenseitig ergänzende wesentliche Bestandteile der Werbebotschaft handelt (Janich 2010, S. 252).

Für die Werbepraxis weisen Kroeber-Riel und Esch (2011, S. 302) darauf hin, dass nur dann, wenn sich Werbebild und Werbetext sinnvoll ergänzen, die Werbebotschaft eindeutig verstanden werden kann. Wenn die Texte nicht in Bezug zu den Bildern stehen, werden das Verständnis und die Erinnerung an die Werbeanzeige erschwert.

Auch in der Werbeforschung hat sich laut Bendel (2008, S. 229) die Ansicht durchgesetzt, dass Werbeanzeigen als Ganzes zu begreifen sind und Analysen von Werbeanzeigen visuelle und textliche Botschaften sowie deren Wechselwirkung beinhalten sollten. Hierfür steht auch der Begriff des „Kommunikats", der die verschiedenen Zeichensysteme von Text und Bild begrifflich miteinander vereint.

Wie aber laufen diese Verzahnungen und Wechselwirkungen des Kommunikats bei der Rezeption von Werbeanzeigen ab? In aller Regel fällt, bevor der Text gelesen wird, erst einmal das Werbebild auf. Die Wahrnehmung von Bildern bedarf relativ geringer gedanklicher Kontrolle, für die Wahrnehmung von Texten ist mehr Denkaufwand erforderlich, denn die Textwahrnehmung erfolgt sequenziell und analytisch. Es wird davon ausgegangen, dass Bilder besser erinnert werden können als Texte. Weil die Bilder zuerst fixiert werden, übernehmen sie in Werbeanzeigen häufig die Funktion des „Eye-Catchers", das heißt, sie sollen Interesse stimulieren. Gelesen wird meist dann, wenn das Interesse an der Werbung durch das Bild geweckt wurde. Darüber hinaus erfüllen Bilder und Texte verschiedene Aufgaben bei der Vermittlung der Werbebotschaft. Werbebilder dienen vor allem der emotionalen Ansprache, wohingegen konkrete produktbezogene Argumente vor allem sprachlich, also im Werbetext vermittelt werden können. Eine Reihe von Kommunikationsmöglichkeiten ist bei Bildern nur indirekt gegeben. Sie können nur indirekt abstrakte Botschaften vermitteln, nicht differenziert negieren oder

Einschätzungen und Bewertungen abgeben. Mit Bildern lassen sich kaum direkte Behauptungen aufstellen, in der Folge sind trügerische Bilder schwieriger zu entlarven als schriftliche Falschbehauptungen. Texte hingegen bieten die Möglichkeit, konkret zu argumentieren, zu negieren und Inhalte präzise zu formulieren. Werbetexte können zudem anders als Bilder direkte Aufforderungen enthalten oder die Empfänger der Werbebotschaft direkt ansprechen (Golonka 2009, S. 310–314).

Wegen dieses Wechselspiels der unterschiedlichen Kommunikationspotenziale von Text und Bild, die erst zusammen ein vollständiges Werbekommunikat ausmachen, ist es zur Erfassung und Analyse von Werbeinhalten wichtig, die wechselseitige Bezugnahme von Werbetexten auf Werbebilder zu berücksichtigen (Janich 2010, S. 76).

Um dies zu erreichen, werden hier Text- und Bildelemente der einzelnen Anzeigen für die formulierende und reflektierende Interpretation getrennt voneinander analysiert und erst im nächsten Schritt der Typenbildung wieder miteinander kombiniert.

Mit einer Trennung von Text- und Bildelementen wird auch den Befunden von Thimm zur alter(n)sbezogenen Werbung Rechnung getragen. Thimm sieht im Zusammenspiel von Bild-und Textelementen eine Schlüsselfunktion für das Gelingen alter(n)sbezogener Printwerbung (Thimm 1998, S. 137). Nach ihrer Analyse hat die bildliche Darstellung von „alten" Rollenträgern in der Printwerbung an Breite gewonnen, nicht jedoch die sprachlichen Bezugnahmen auf das Alter(n). Dieses empirische Beispiel spricht dafür, die beiden Hauptelemente von Werbeanzeigen in einem ersten Analyseschritt voneinander zu trennen, und sie später für eine bessere Gesamtschau des Kommunikats Werbeanzeige wieder miteinander zu verknüpfen.

Die konkrete Vorgehensweise, deren Grundlage die Identifikation der Hauptelemente von Werbeanzeigen als Modifikation des Arbeitsschrittes „Übersicht über den thematischen Verlauf" der dokumentarischen Methode ist, wird in Abbildung 11 überblicksartig skizziert.

Es gilt zu bedenken, dass durch die Trennung von Werbetexten und Werbebildern die ursprüngliche Gestalt des Artefakts Werbeanzeige verändert wird. Dieser Schritt, unterschiedliche Rubriken zu bilden, ist jedoch notwendig, um die Analyse der aus ergänzenden Elementen bestehenden Werbeanzeigen mit unterschiedlichen Kommunikationspotenzialen, die miteinander konkurrierende Informationen aussenden, zu systematisieren. Genau dies ist das Ziel des Arbeitsschritts „Überblick über den thematischen Verlauf". Die Trennung von Werbebildern und Werbetexten stellt eine Entkopplung zwischen Forschungsprozess und Alltagserfahrung „Rezeption von Werbung" dar, was für die Analyse hilfreich ist.

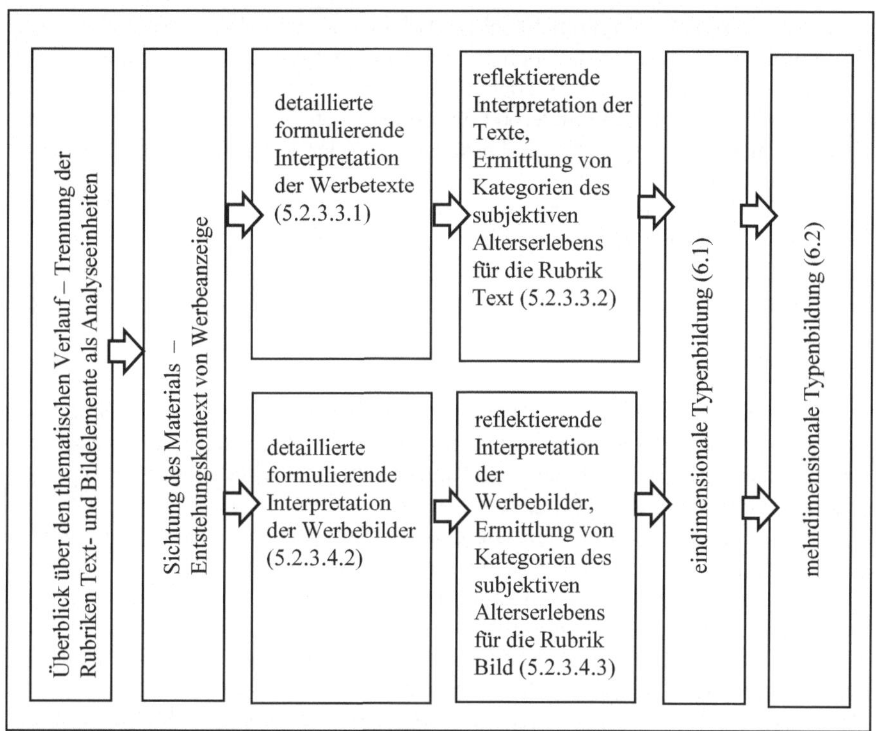

Abbildung 11: Materialspezifische Modifikationen der Arbeitsschritte der dokumentarischen Methode

5.2.3.2 Materialsichtung – Merkmale von Werbeanzeigen

5.2.3.2.1 Entstehungskontext von Werbeanzeigen

Die Sichtung des Materials dient dazu, einen ersten Eindruck erlangen, der die Identifikation von für die Fragestellung relevanten Elementen ermöglicht. Hierbei handelt es sich in diesem Fall noch nicht um ein systematisches Ordnen der Daten, sondern um eine erste überblicksartige Durchsicht.

Werbeanzeigen entstehen, wie in Kapitel 4 beschrieben, im Kontext von Marketingkommunikation. Es handelt sich um geplante Kommunikationsmaßnahmen von Unternehmen, um den Bekanntheitsgrad einer Marke oder eines Produktes zu erhöhen, Lerneffekte beim Kunden zu bewirken, Kundeneinstellungen zu verändern oder die generelle Kaufabsicht zu verstärken (Meffert et al. 2012, S. 608).

Zwar nimmt Werbung nicht selten Anleihen an alltägliche und authentische Kommunikationssituationen, doch immer handelt es sich um geplante und absichtsvolle Inszenierungen solcher Kommunikationssituationen (Janich 2010, S. 4). Werbung folgt damit anderen kommunikativen Gesetzen als andere Materialien, seien es Alltagsgespräche, Diskussionen oder z. B. Sach- oder Fachtexte (Janich 2010, S. 40).

In den folgenden Abschnitten sollen einige wesentliche Charakteristika dieser kommunikativen Gesetze skizziert werden. Dies dient dem besseren Verständnis des Materials und hilft später im Rahmen der formulierenden Interpretation den Orientierungsrahmen der Akteure nachzuzeichnen.

5.2.3.2.2   Grundmuster doppelte Ausblendungsregel

Da Werbung geplante Kommunikation ist, auch dann, wenn sie sich alltäglicher Kommunikationsmuster bedient, und das Ziel verfolgt, Einstellungen gegenüber Produkten und Marken zu ändern und Kaufabsichten zu erhöhen, müssen ihre Botschaften im Sinne ihrer Auftraggeber gestaltet werden.

Dies führt zur für die Werbung charakteristischen sogenannten „doppelten Ausblendungsregel" von sozialen und sachlichen Ausblendungen. Als „soziale Ausblendungsregel" wird der Umstand bezeichnet, dass die Werbung immer nur ihrer Zielgruppe die Erfüllung ihrer Wünsche verspricht, also denen, die sich die beworbenen Produkte zur Erfüllung solcher Wünsche finanziell auch leisten können. Zweitens stellt sie gemäß der „sachlichen Ausblendungsregel" all das in den Hintergrund, was die Attraktivität der beworbenen Leistung und die Integrität des Werbenden in irgendeiner Weise mindern könnte. Beide Ausblendungsregeln zusammen können als das Fundament der Werbung angesehen werden (Zurstiege 2002, S. 129 f.).

Die soziale Ausblendungsregel ist hier vor allem deswegen relevant, weil sie daran erinnert, dass Silber-Marketingkommunikation bislang vor allem auf kaufkräftige Zielgruppen abzielt. Zukünftige Verschiebungen der Einkommens- und Vermögensverhältnisse im Zuge des demografischen und sozialen Wandels könnten dies ändern. Doch noch werden vor allem Zielgruppen aus den höheren Einkommenssegmenten durch Silber-Marketing adressiert. Die „unteren" Einkommensschichten dieses Segments – so heißt es z. B. in der Brigitte Kommunikationsanalyse – bringen wegen ihrer wirtschaftlichen Situation nur wenig Konsumpotenzial mit und sind deshalb für die Marketingkommunikation kaum interessant (Gruner + Jahr AG & Co. KG 2007, S. 12, Stand 08.11.2011).

Eine sozialwissenschaftliche Analyse zum Silber-Marketing kommt zu dem Schluss, das gesamte „junge Alter" als Hauptzielgruppe des Silber-Marketings sei ein am Mittelstand orientiertes Konstrukt der Marketingindustrie (Graefe et al. 2011, S. 303).

Die sachliche Ausblendungsregel erklärt das immer wieder hervorgehobene Überwiegen „positiver Altersbilder" in der Werbung. Gemäß der sachlichen Ausblendungsregel hat die Werbung – wenn es sich um Werbung für Alternde handelt – keine Alternativmöglichkeit, als Alter(n) bildlich als positiv darzustellen, zumindest wenn die Entscheidung für eine direkte Alter(n)sdarstellung getroffen wird. Williams et al. (2007, S. 4) erläutern dies folgendermaßen:

"It is easy to understand why the advertising context fosters positive portrayals of elderly people. First, we have magazines aimed at older consumers and some of these have an explicit anti-ageist stance. (…) Second, advertising practitioners have to be careful to produce images that do not deter consumers, but evoke motivating feelings within them. It is plausible to assume that, generally, more positive and thus more attractive (and attracting) images, and the subsequent consumer reactions based upon those, would tend to be the more sought after ideal for advertisers (the specialised case of advertising based on 'fear appeals' and age-contrastive strategies notwithstanding). Thus, the general pressure is to present a more positive side of ageing and older adults." (Williams et al. 2007, S. 4)

Die soziale und sachliche Ausblendungsregel gibt folglich Hinweise auf Grundmuster der in den Werbeanzeigen zu erwartenden werblichen Verzerrungen von Konstruktionen des subjektiven Alterserlebens, die bei der Analyse zu beachten sind.

5.2.3.2.3 Kommunikation eines Produkt(zusatz)nutzens

Werbung dient dazu, Nutzenaspekte zu kommunizieren – anderenfalls gäbe es, abgesehen von einer Informationsfunktion über die Existenz eines Produktes, keinen Grund für Unternehmen, Werbung einzusetzen. Schließlich sind es weniger die Produkteigenschaften, als vielmehr die daraus resultierenden Nutzen, die für die Zielgruppe interessant sind (Kotler et al. 2011, S. 616).

Wie in Abschnitt 4.4.2 dargestellt, stehen angesichts gesättigter und homogenisierter Märkte kaum mehr funktionale Nutzenaspekte, sondern vor allem emotionale Aspekte, die dem Produkt einen Zusatznutzen verleihen sollen, bei der Marketingkommunikation im Vordergrund. Häufig wird für die Kommunikation eines solchen Zusatznutzens das Konzept der Markenpersönlichkeit eingesetzt. Ob basierend auf dem Konzept der Markenpersönlichkeit oder auf anderem Wege: immer geht es bei der Werbung darum, darzustellen, dass und warum Kunden ein spezielles Produkt benötigen.

Hier muss die Frage nach dem Nutzenaspekt mit der Frage nach dem subjektiven Alterserleben verknüpft werden. Es ist zu überprüfen, welche mit dem subjektiven Alterserleben verknüpfte Produktnutzen oder Produktzusatznutzen die Werbung beinhaltet. In der Marketingforschung existieren, obwohl im Konzept der Markenpersönlichkeit Alter als relevanter zu berücksichtigender Anteil der

Persönlichkeit identifiziert ist, mit Ausnahme des in Kapitel 4.4.4.2 vorgestellten Konzeptes von Moody und Sood (2010) bisher keine etablierten Konzepte dazu. Gleichzeitig ist bekannt, dass nicht jede Marketingpraxis aus der Marketingforschung hervorgeht und Marketingkommunikation häufig als kreativer Prozess verstanden wird und nicht als Ergebnis von Forschungstätigkeit. Es lässt sich also vermuten, dass es durchaus Produktnutzen- und Produktzusatznutzenkonzepte gibt, die mit dem subjektiven Alterserleben in Zusammenhang stehen, wenn diese auch nicht direkt aus der Marketingliteratur erschlossen werden können. Es wird deshalb Aufgabe der formulierenden bzw. reflektierenden Interpretation sein, Schlüsselstellen, die einen mit dem subjektiven Alterserleben in Bezug stehenden Nutzenaspekt kommunizieren, zu identifizieren und zu beschreiben.

5.2.3.2.4   Werbeanzeigen als Inszenierung

Werberaum und Aufmerksamkeit der gewünschten Zielgruppe sind knappe und daher teure Güter. Werbung wird daher häufig kurz, prägnant und gleichzeitig auffällig inszeniert. Wichtig ist zudem, dass Werbung auch vorsatzlos, z. B. beim Durchblättern einer Zeitschrift, Aufmerksamkeit erzielen kann. Deshalb sind Übertreibungen und Verzerrungen typisch für Werbung (Zurstiege 2002, S. 129 f.). Die Zeichen und Botschaften der Werbung werden so gestaltet, dass sie von der Zielgruppe unwillkürlich und unmittelbar entschlüsselt werden können (Williams et al. 2007, S. 4). Weil jede einzelne Werbeanzeige die Aufmerksamkeit auf sich und weg von anderen Reizen weg lenken soll, gibt es eine Reihe von Werbestilmitteln, die keine inhaltlichen Botschaften beinhalten, sondern den Zweck haben, Aufmerksamkeit zu erregen oder das Behalten der Werbebotschaft zu fördern (Janich 2010, S. 113).

Um Aufmerksamkeit zu erregen, wird Werbung oft auf überraschende Art und Weise in Szene gesetzt. Es ist demnach ein Stilmittel von Werbung, Werbegewohnheiten aufzubrechen. Entsprechend ist es kaum möglich, ein allgemeingültiges Schema zur Werbeanalyse zu entwickeln (Janich 2010, S. 268).

Für das weitere Vorgehen bedeutet dies, dass, da Überzeichnungen und auffällige Inszenierungen in der Werbung die Regel sind, versucht werden muss, die Kernbotschaft zum Produktzusatznutzen von für die Werbebotschaft eher funktionsarmen Werbeelementen zu trennen und die anderen bereits genannten Merkmale und den Entstehungskontext von Werbung im Blick zu behalten. Es gilt demzufolge, im folgenden Arbeitsschritt der formulierenden Interpretation jede einzelne der im Sample enthaltenen Werbeanzeigen unter Berücksichtigung der genannten Punkte zu analysieren. Dabei muss jeweils am Material orientiert entschieden werden, ob durch die jeweilige Anzeige ein mit dem subjektiven Alterserleben in Bezug stehender Produktnutzen oder -zusatznutzen vermittelt wird.

Gemäß der in Kapitel 5.2.3.1 festgelegten Vorgehensweise werden Text- und Bildelemente der Werbeanzeigen unabhängig voneinander interpretiert. Im folgenden Abschnitt geht es deshalb zunächst um die Analyse der Werbetexte, die Bildelemente kommen später hinzu.

5.2.3.3 Interpretation der Werbetexte

5.2.3.3.1 Formulierende Textinterpretation

Die Textanalyse ist die wohl gängigste Methode der rekonstruktiven Sozialforschung, insbesondere ist sie üblicher als die Bildanalyse. Auch die dokumentarische Methode wurde anfangs vor allem zur Textanalyse entwickelt und dafür angewandt. Bei genauerem Hinsehen zeigt sich allerdings, dass viele der als „Texte" bezeichneten analysierten Dokumente eigentlich Gesprächs- oder Diskussionsprotokolle sind, also transkribierte mündliche Kommunikation. Tatsächlich sind die meisten rekonstruktiven Methoden mit Blick auf die Auswertung solcher Spezialtexte, also mit Blick auf die Auswertung transkribierter mündlicher Kommunikation entwickelt worden (Wolff 2010, S. 503).

Werbeanzeigen sind keine Transkriptionen, denen mündliche Kommunikation zugrunde liegt. Da aber die Unterschiede zwischen gesprochener (transkribierter) Sprache und schriftlich produzierten Dokumenten gering ausfallen – schließlich beruhen Lesen und Schreiben auf der Grundlage von mündlicher Kommunikation – lassen sich die methodischen Praktiken, die bei der Interpretation sprachlicher Interaktionen eingesetzt werden, auf die Interpretation von Texten, die von vornherein in Schriftform vorliegen, zu weiten Teilen übertragen bzw. können an diese angepasst werden (Wolff 2010, S. 507).

Hier bedeutet die Übertragung und Anpassung zunächst, dass es ein vorbereitender Schritt der formulierenden Interpretation ist, die textlichen Inhalte des Samples zu identifizieren und in ein Textverarbeitungsprogramm zu übertragen und sie so für die weitere Bearbeitung, insbesondere im Hinblick auf die Computerunterstützung durch MAXQDA, verfügbar zu machen. Transkriptionsregeln im eigentlichen Sinne waren hierfür nicht aufzustellen – schließlich konnten die verfügbaren Inhalte samt Interpunktion ohne Verlust von Merkmalen wie Stimmlage oder Betonung, wie es bei der Transkription gesprochener Sprache der Fall gewesen wäre, übernommen werden. Nicht übernommen werden konnten und sollten Layoutelemente wie Schriftgröße, Schriftart und Schriftfarbe, weil bereits vorher festgelegt worden war, dass eine Konzentration auf die beiden Hauptelemente von Werbeanzeigen, Texte, hier im Sinne von Textinhalten, und Bilder, erfolgen sollte. Orthografische Besonderheiten wie die Verwendung von Großbuchstaben in Eigennamen wurden beibehalten. Auch Sonderformen von Textelementen wurden, soweit sie gut lesbar waren und soweit es sich um vollständige Wörter handelte, in die Analyse einbezogen. Hierzu zählen z. B. Hinzufügungen zu Produkt- oder

Markennamen wie das Zeichen für das registrierte Markenzeichen ®, in den Anzeigen enthaltene Coupons oder Bildtexte. Bildtexte oder auch sekundäre Texte sind Texte wie die gut lesbare Schrift auf einem Kosmetikprodukt, die eher Teil eines Bildes als Anzeigentext in Reinform sind, für die Werbebotschaft aber trotzdem von Bedeutung sein können (Janich 2010, S. 75). Bei den Anzeigen, die sich stark ähneln und deswegen im Samplingprozess zusammengefasst wurden, wurden diejenigen weiterverarbeitet, die den meisten Text enthielten.

Nach dieser Vorbereitung konnte das Textmaterial der eigentlichen formulierenden Interpretation unterzogen werden.

Die formulierende Interpretation hat die Aufgabe, sich dem Sinngehalt der vorliegenden Daten zu nähern. Alle im Material ermittelten Inhalte sollen im Rahmen der formulierenden Interpretation expliziert werden. Der Nachvollzug soll sich dabei nah an den Daten bewegen, um vorschnelle weitergehende Interpretationen zu verhindern (Kleemann et al. 2009, S. 174). Die Frage „Was wird gesagt?" ist leitend. Ziel ist es, Inhalte, die sich nicht unbedingt bei der ersten Durchsicht des Materials erschließen, sichtbar zu machen (Przyborski und Wohlrab-Sahr 2014, S. 293). Damit stellt die formulierende Interpretation den ersten Zugang zu den nicht unmittelbar verständlichen Aussagen und Zusammenhängen dar, bleibt aber im Orientierungsrahmen der Akteure (Bohnsack 2010b, S. 134).

Bei der formulierenden Interpretation werden die Schlüsselpassagen ausgewählt, also die Textpassagen, die später zum Gegenstand der reflektierenden Interpretation werden sollen. Die Orientierung erfolgt an der Ausgangsfragestellung und gleichzeitig an der thematischen Vergleichbarkeit mit Passagen aus anderen Dokumenten. Die ausgewählten Passagen werden im Anschluss einer Feingliederung unterzogen (Bohnsack 2010b, S. 343).

Bei der Auswahl der Schlüsselpassagen in den Texten war gemäß den beschriebenen Besonderheiten von Werbeanzeigen die Frage nach dem Produktnutzen bzw. -zusatznutzen, also nach dem Kern der Werbebotschaft, der im Text vermittelt wurde, leitend. Für jede Werbeanzeige wurde eine solche Schlüsselpassage identifiziert. Die Feingliederung bestand darin, die Kernbotschaft zusammenfassend zu beschreiben. Gemäß den Vorgaben der formulierenden Interpretation, den Orientierungsrahmen der Akteure nicht zu verlassen, wurde an dieser Stelle davon abgesehen, den Bezug zum subjektiven Alterserleben dieser Schlüsselstellen zu bewerten. Diese Fragestellung wird erst im nachfolgenden Arbeitsschritt, der reflektierenden Interpretation, bearbeitet. In der folgenden Tabelle finden sich einige Beispiele zur formulierenden Interpretation.

Tabelle 7: Beispiele zur formulierenden Interpretation

Anzeigennr.	Schlüsselpassage – Identifikation der Kernbotschaft (Produktnutzen oder/und Produktzusatznutzen)	Feingliederung (Konkretisierung des Produktnutzens/ -zusatznutzens)
PR996981	„Trockene Haut? Ist für mich Vergangenheit." Jane Fonda Weniger Trockenheit, mehr Festigkeit! AGE RE-PERFECT Extra-Reichhaltig Wiederaufbauende Intensivpflege Tag	Das Produkt stellt einen früheren Zustand wieder her, das Alter wird überwunden und ein „perfekter" Zustand zurückgeholt
PR996392	Neu – Génifique – Jugendlichkeit aktivierende Tagespflege Erste Zeichen der Zeit werden sichtbar gemildert. Feine Linien werden geglättet. Erobern Sie die Jugend Ihrer Haut zurück Das Geheimnis liegt in Ihren Genen Grundlegender wissenschaftlicher Durchbruch: GENIFIQUE JUGENDLICHKEIT AKTIVIE-RENDE PFLEGE Die Gene sind für die Bildung jener Proteine verantwortlich, die die Jugendlichkeit unserer Haut bestimmen. Mit dem Alter nimmt die Anzahl und Konzentration dieser Proteine ab – die Haut verliert an Vitalität und Ausstrahlung.	Das Produkt bringt die Jugendlichkeit zurück, indem die vorhandene, aber derzeit passive Jugendlichkeit aktiviert wird
PR996014	Strahlend schöne Haut ist keine Frage des Alters Dove pro-age Body Lotion. Dove pro age. Denn Schönheit kennt kein Alter	Durch das Produkt ist die Schönheit nicht mehr abhängig vom Alter
PR949479+ PR960557	„Lifting Effekt" Foundation „Liftet nicht nur meine Laune"	Die Milderung von Alterszeichen durch das Produkt sorgt für positive Stimmung
PR890261+ PR821436	„Meine Weiblichkeit endet glücklicherweise nicht mit den Wechseljahren." Dayle Haddon Innovation speziell Wechseljahre Das 1. Serum*, das der Haut Substanz zurückgibt – gegen Hauterschlaffung und fahlen Teint. Age Perfect	Weibliche Attraktivität kann mit Hilfe des Produktes über die Wechseljahre hinaus erhalten werden

PR990221	Deshalb wird bei SensitiveDerm Produkten bewusst auf Stoffe mit hohem Allergiepotenzial verzichtet. Für gesunde Haut und ein starkes Selbstvertrauen – damit Sie Ihr Lachen behalten.	Das Produkt stärkt das Selbstbewusstsein und erhält die Lebensfreude
PR949487	Entdecken Sie das neue Plus an Schutz für ein Plus in Ihrem Leben. Einfach erfrischend spontan sein.	Mit dem Produkt kann man spontan sein, das Leben wird bereichert

5.2.3.3.2   Reflektierende Textinterpretation

Mit der reflektierenden Interpretation wird der Analyseschwerpunkt vom „Was" zum „Wie" verschoben. An dieser Stelle wird demnach der Orientierungsrahmen der Akteure verlassen und durch die Leitfrage danach, auf welche Weise der zu untersuchende Aspekt thematisiert wurde, das „Wie" selbst zum Analysegegenstand (Bohnsack 2010b, S. 135). Leitende Fragen sind, welche Absichten bzw. welche Abgrenzungen in den Schlüsselpassagen erkennbar sind und welches Prinzip Grundlage der Aussage ist. Diese Sinnmuster sind nicht immer explizit im Material erkennbar, sondern erst durch Interpretation zu identifizieren (Przyborski und Wohlrab-Sahr 2014, S. 295).

Hier bezieht sich die Leitfrage dementsprechend darauf, ob bzw. auf welche Weise das subjektive Alterserleben in den durch die formulierende Interpretation erarbeiteten Kernaussagen der Anzeigen thematisiert wird.

Auch bei diesem Arbeitsschritt muss der Ablauf der dokumentarischen Methode für die Analyse der Werbetexte so modifiziert werden, dass sie für diese Materialart anwendbar ist. Bezogen auf die Analyse von Gruppeninterviews wird bei der dokumentarischen Methode vor allem eine Analyse der Organisation des Gesprächsverlaufs, die sogenannte Sequenzanalyse, vorgeschlagen. Werbetexte sind dafür schlicht zu kurz, zudem sind Werbetexte anders als Interviews strukturiert. Außerdem arbeiten sie, wie oben beschrieben, mit Überzeichnungen und werbesprachlichen Stilmitteln, wie etwa Wiederholungen, die nicht unbedingt von inhaltlicher Bedeutung sein müssen, sondern z. B. eher dem besseren Behalten und Erinnern dienen sollen.

Deshalb steht hier statt der Sequenzanalyse die komparative Analyse im Vordergrund. Was den Sinngehalt eines Dokumentes ausmacht, wird durch die komparative Analyse erschlossen, indem bei jeder Schlüsselpassage dargelegt wird, wie dasselbe oder auch ein vergleichbares Thema in anderer Weise hätte behandelt werden können oder behandelt worden ist (Bohnsack 2010b, S. 169).

Dieser Arbeitsschritt wird – losgelöst vom Kontext der dokumentarischen Methode – auch als erste von vier Stufen einer übergreifenden Methodologie der rekonstruktiven Typenbildung angesehen, die alle typenbildenden Verfahren ähnlich verwenden (Kelle und Kluge 2010, S. 92). Um die komparative Analyse durchführen zu können, müssen Kategorien erarbeitet und definiert werden, mit deren Hilfe Ähnlichkeiten und Unterschiede zwischen den Fällen angemessen zu erfassen sind. Hierfür können bereits vorhandene und bekannte Kategorien genutzt oder aber im Forschungsverlauf neue entwickelt werden. Die Entwicklung neuer Kategorien bietet sich dann an, wenn das Material überraschende Phänomene zeigt, die mit den verfügbaren Kategorien nicht erfasst werden können. Kategorien, die vorab festgelegt werden, müssen entsprechend den Grundgedanken der rekonstruktiven Forschung hinreichend offen sein und nicht zu viel an empirischem Gehalt besitzen, um das für die rekonstruktive Forschung charakteristische Prinzip der Offenheit zu erfüllen. Dieser Prozess wird auch als Kodieren bezeichnet (Kelle und Kluge 2010, S. 70).

Hier ist noch einmal anzumerken, dass im Gegensatz zur quantitativen Vorgehensweise keine genau zu definierenden Brückenannahmen zwischen dem zu untersuchenden Konzept und dem konkreten empirischen Gegenstandsbereich notwendig sind, sondern allgemeine, abstrakte und empirisch gehaltlose Kategorien und Aussagen ohne zusätzliche Brückenannahmen als Heuristiken für das Kodieren eingesetzt werden können. Sie dienen als Raster, das durch empirische Beobachtungen bzw. Fallvergleich und Fallkontrastierung zunehmend aufgefüllt wird. Das heuristische Rahmenkonzept der Vergleichskategorien dient also als formales Gerüst, das die Konstruktion empirisch gehaltvoller Kategorien anhand des Datenmaterials ermöglichen soll (Kelle und Kluge 2010, S. 63).

Um dies zu erreichen, werden die in der formulierenden Interpretation als relevant identifizierten Textpassagen durch rekonstruktives Kodieren den vorher oder während der Auswertung entwickelten Kategorien zugeordnet. Der Begriff des rekonstruktiven Kodierens ist nicht mit dem Begriff des Kodierens der quantitativen Inhaltsanalyse zu verwechseln. Im quantitativen Kontext bedeutet Kodieren, dass einzelnen Items Kategorien zugeordnet werden, die sich wechselseitig ausschließen und die standardisierte Daten für eine statistische Auswertung zur Verfügung stellen sollen. Häufig wird auch mit mehreren Kodierern gearbeitet und es wird ein Wert für die Interkodierreliabilität ermittelt, der anzeigen soll, dass die ermittelten Kodierungen objektiv sind. Beispiele für quantitative Kodierungen wurden in der Literaturübersicht gegeben. Dabei wurde auch auf die Problematik hingewiesen, dass statistisch aussagekräftige Kodierungen des chronologischen Alters immer mit der Problematik behaftet sind, dass sie bei Werbeanalysen auf kaum mehr als – eher zur rekonstruktiven Vorgehensweise passenden – Schätzungen beruhen können. Selbst wenn die Interkodierreliabilität hoch ist, bedeutet das nicht, dass die Schätzung der einzelnen Kodierer dadurch richtig wird, sondern nur, dass mehrere Personen eine ähnliche Schätzung abgeben. Dieses Problem ergibt sich beim rekonstruktiven Kodieren in dieser Form nicht. Denn Ziel der rekonstruktiven Kodierung ist keine Zuordnung von Items zu Kategorien, sondern es gilt, sicherzustellen, dass die relevanten Fundstellen zu einem bestimmten Sachverhalt miteinander in Bezug gebracht werden. Dies erfolgt durch eine synoptische interpretative Analyse der Rohdaten (Kelle und Kluge 2010, S. 59).

An dieser Stelle bedeutet dies konkret eine synoptische interpretative Analyse der formulierenden Interpretation der Werbetexte, bei der auf ein grobes Raster von theoretischem Vorwissen zu Konstruktionen subjektiven Alterserlebens zurückgegriffen werden kann, ohne dass jedoch vorab genau definierte, sich wechselseitig ausschließende, empirisch gehaltvolle Kategorien bereitgehalten werden müssen.

Hierzu wurden im ersten Schritt auf Basis der formulierenden Interpretation die Fälle herausgestellt, die im Text einen Bezug zum Alterserleben aufweisen. Die entsprechenden Textstellen wurden synoptisch gegenübergestellt. Im ersten Schritt gab es folglich nur zwei mögliche zu kodierende Kategorien. In der ersten war ein Bezug zum subjektiven Alterserleben erkennbar, in der zweiten nicht. Dabei wurde, wie in Kapitel 3 dargestellt, davon ausgegangen, dass subjektives Alterserleben multidimensional ist und weit mehr als eine Frage des gefühlten chronologischen Alters.

Bei der weiteren komparativen Analyse ging es dann darum, welche Dimensionen des subjektiven Alterserlebens als Nutzenversprechen in den Textstellen zu finden waren. Dabei war die Grundlage weiterhin die Theorie und Empirie zum Alter(n) und zum Alterserleben – immer unter Berücksichtigung der Besonderheiten der spezifischen Merkmale und des Orientierungsrahmens der Dokumentenart Werbeanzeigen.

Diese Gegenüberstellung der Textstellen, die einen Bezug zum subjektiven Alterserleben aufweisen, führte zur Identifizierung von vier Kategorien von auf das subjektive Alterserleben bezogenen Nutzenversprechungen. Die Anzeigen, die keinen Bezug zum subjektiven Alterserleben aufweisen, wurden einer fünften Kategorie zugeordnet. Diese Kategorien sind:

- Alter(n) ist modifizierbar

- Alter(n) ist vermeidbar

- Alter(n) ist irrelevant

- Alter(n) wird beiläufig angedeutet

- Alter(n) wird nicht thematisiert (kein auf das Alterserleben bezogenes Nutzenversprechen)

Die beiden ersten Kategorien bewegen sich im Bezugsrahmen des chronologischen subjektiven Alterslebens – das werbliche Nutzenversprechen ist die Wiedererlangung oder die Bewahrung der Jugend. Hier ist also das Alter(n) bzw. eben

Nicht-Alter(n) das Nutzenversprechen. Dabei wird nicht argumentiert, warum Jugend bewahrt oder wiedererlangt werden soll, sondern es wird als gegeben vorausgesetzt, dass es sich um einen erstrebenswerten Zustand handelt.

Bei der dritten Kategorie ist nicht das chronologische Alter(n) bzw. die Jugend Gegenstand des Nutzenversprechens, sondern es wird argumentiert, dass dieses eine vernachlässigbare Kategorie sei. Nicht das chronologische Jüngerfühlen bzw. Jüngerwerden ist das Ziel, für das das Nutzenversprechen abgegeben wird, sondern das subjektive Alterserleben wird betont vom chronologischen Alter(n) getrennt. Dies bedingt eine andere werbliche argumentative Vorgehensweise des Nutzenversprechens als bei den ersten beiden Ausprägungen. Wenn das Nutzenversprechen nicht das Nicht-Alter(n) sondern die Nicht-Relevanz des Alter(n)s ist, muss dargestellt werden, warum das Alter(n) nicht bedeutsam ist. Dies geschieht z. B., indem argumentiert wird, dass sich Lebensstil oder soziale Beziehungen durch das Alter(n) nicht ändern. Ein Textbeispiel ist etwa „Alter? Nebensache!" in der Anzeige PR666921.

Bei der vierten Kategorie werden Nutzenversprechen zur Linderung von Beschwerden transportiert, z. B. bei Krankheiten, die im höheren Lebensalter statistisch häufiger auftreten, etwa Diabetes. Es gibt aber keinen direkt erkennbaren Bezug zum Alterserleben, lediglich einen vagen Hinweis darauf.

Die fünfte Kategorie zeichnet sich dadurch aus, dass der Bezug zum Alterserleben nicht erkennbar ist.

Bei einer Reihe von Anzeigen überschneiden sich mehrere Ausprägungen eines auf das Alterserleben bezogenen Nutzenversprechens in der Schlüsselstelle. Zum Beispiel taucht der Begriff „Anti-Ageing" sehr gehäuft und in den unterschiedlichsten Zusammenhängen auf, oft auch in Verbindung mit einer damit konkurrierenden Aussage – siehe als Beispiel die Anzeige PR666921 in der folgenden Tabelle. Bei der Kodierung wurde deswegen am Einzelfall abgewogen, welches der Nutzenversprechen als das entscheidende anzusehen ist, um die Ausprägung der Kategorie subjektives Alterserleben zu bestimmen. Auf Mischformen von Kategorien wurde im Hinblick auf die weitere Handhabbarkeit der Daten verzichtet. Tabelle 8 zeigt einige Beispiele für Kodierungen auf Grundlage der in der formulierenden Interpretation erarbeiteten Schlüsselstellen.

Die erarbeiteten Kategorien bilden bei weitem nicht das Spektrum der Dimensionen von Alterserleben ab, wie es in Kapitel 3 aufgefächert wurde. Wahrscheinlich ist dies auf die Besonderheiten der Materialart zurückzuführen. Die Kosmetikwerbung beschäftigt sich nur mit den zur Produktart passenden Dimensionen des Alterserlebens, Rahmenbedingungen wie Bildung oder die Wohnsituation spielen bei der Vermarktung keine besondere Rolle. Deswegen kann später für die Typenbildung auch eine Konzentration auf die drei Dimensionen „subjektives chronologisches Alterserleben", „subjektives Alterserleben und Körper" und „subjektives Alterserleben und Umwelt" erfolgen.

Doch vorher folgt im nächsten Abschnitt gemäß der unter 5.2.3.1 dargestellten Vorgehensweise die Interpretation der Bildelemente der Werbeanzeigen.

Tabelle 8:   Beispiele zur reflektierenden Interpretation

Anzei-gennr.	Schlüsselstelle	Formulierende Interpretation	Reflektierende Interpretation der Kategorie Alterserleben
PR762347	Reife, anspruchsvolle Haut Vichy entdeckt: Die Lebenskraft der Zellen zu stärken kann das Hautbild verjüngen. Für eine jünger wirkende, frische und erholte Haut bereits beim Aufwachen	Indem die Lebenskraft der Zellen gestärkt wird, wirkt gealterte Haut jünger und gesund	Alter(n) ist modifizierbar
PR814681	Warum findet die Stress Control Creme spontan so viel Anklang bei Frauen? Die einen sagen, weil 14,95 Euro einfach ein sensationeller Preis für solch eine Creme ist. Die anderen sagen, weil Hautstress ihre Haut sonst alt macht.	Das Produkt kontrolliert Stress und verhindert so die Alterung der Haut. Es ist zudem preislich günstig.	Alter(n) ist vermeidbar
PR666921	Schönheit ist Lebensfreude Alter? Nebensache! 3-Fache Anti-Age Wirkung	Mit dem Produkt wird das Alter zur Nebensache, weil die Schönheit dadurch nicht mehr vom Alter(n) abhängt, was Lebensfreude bewirkt	Alter(n) ist irrelevant
PR1029021	Glanz Guhl Farbglanz Blond Für strahlende Blondreflexe* – die Kraft der Kamille. GUHL. Von Natur aus stark. GUHL * Optimale Pflege-Ergänzung Blond Reflex-Spülung	Das Produkt sorgt für strahlend blondes Haar	Alter(n) wird nicht thematisiert (kein auf das Alterserleben bezogenes Nutzenversprechen)
PR821559	Von Dermatologen empfohlen: Spezialpflege mit hautglättendem, Feuchtigkeit bindendem UREA für trockene und sehr trockene Haut, z. B. auch bei Neurodermitis und Diabetes	Spezialpflege für besonders trockene Haut, auch bei Diabetes	Alter(n) wird angedeutet

5.2.3.4 Interpretation der Werbebilder

5.2.3.4.1 Bilder als Materialart der rekonstruktiven Forschung

In den letzten Jahren werden die rekonstruktiven Methoden auf immer mehr Gebieten und für immer mehr Materialarten angewandt. Gleichzeitig gibt es eine steigende Anzahl an Medienformen, also auch potenziellen Materialarten, in denen Bilddarstellungen vorkommen. Gleichwohl sind Bilder als Analysematerial in der rekonstruktiven Forschung noch nicht so etabliert wie Texte. Vielleicht, weil die meisten rekonstruktiven Methoden ursprünglich als Analysemethoden für Texte entwickelt wurden, erscheinen Textmaterialien zunächst passender als Bilder. Nicht selten wird als erste Voraussetzung für einen wissenschaftlichen Zugang zu Daten das Vorliegen dieser Daten in Textform verlangt. Spätestens, wenn Forschungsergebnisse veröffentlicht werden sollen, bedarf es der Textform und damit der Umformung von Bild- in Textdaten. Es besteht die Befürchtung, dass dabei so viele Informationen verloren gehen, dass die Analyse verzerrt wird (Bohnsack 2010b, S. 155 f.).

Dieser Einwand gegen die Verwendung von Bildern als Analysematerialart lässt sich jedoch leicht relativieren. Schließlich handelt es sich bei der Transkription gesprochener Sprache in Textform, wie es bei der Analyse von Gruppendiskussionen oder Interviews in der Regel geschieht, auch um eine – wenn auch gängigere – Umformung von Daten (Przyborski und Wohlrab-Sahr 2014, S. 164).

Die Beschreibung von Bildern ist nur eine andere Art einer solchen Umformung, wenn auch deutlich umfangreicher, denn bei der Beschreibung von Bildmaterial in Worten wird das Material weitergehender verändert als bei der Transkription gesprochener Sprache. Es wird das primäre Medium gewechselt, da nicht gesprochene Sprache in schriftliche Sprache transkribiert wird, sondern Bilder in Schriftform gebracht werden. Das Material verliert seine typischen optischen Merkmale, alles, was Sprache nicht beschreiben kann, geht verloren. Andererseits bedeutet die Versprachlichung eine erhebliche Reduktion der Daten, die ohnehin für die Interpretation notwendig ist (Schirmer 200 9, S. 161).

Auch wäre es nicht zielführend, die Bildanalyse zu meiden, bloß weil die Umformung herausfordernd ist, auch angesichts der allgegenwärtigen und immer weiter steigenden Verwendung von Bildern in vielen Medien. Deren Bedeutung ist inzwischen klar, und so überrascht es nicht, dass Bilder als Analysematerial der rekonstruktiven Forschung inzwischen weitaus selbstverständlicher verwendet werden als früher und dass auch eine entsprechende Weiterentwicklung der rekonstruktiven Methoden in der Diskussion ist (Przyborski und Wohlrab-Sahr 2014, S. 315).

Dass die Auseinandersetzung mit Bildmaterial angezeigt ist, gilt besonders dann, wenn es, wie es bei Werbeanzeigen der Fall ist, ein wesentliches Charakteristikum des Untersuchungsgegenstandes ist. Eine Beschränkung auf die Textform vorliegender Werbebotschaften ignoriert wesentliche Informationen aus den Werbeanzeigen. Nur die Gesamtschau von Bild und Text liefert einen Rundumblick auf das Kommunikat Werbeanzeigen (siehe Kapitel 5.2.3.1), so dass es unumgänglich erscheint, Werbebilder zu berücksichtigen.

Die dokumentarische Methode gehört zu den wenigen Methoden der rekonstruktiven Forschung, die sich der Herausforderung der Interpretation von Bildern schon früh systematisch angenommen haben. Zwar ist das Potenzial von Bildmaterial als Analysegegenstand inzwischen auch im Zusammenhang mit anderen rekonstruktiven Zugängen erkannt worden, doch die Kanonisierung der Bildrekonstruktion ist bei den meisten Ansätzen nicht weit fortgeschritten (Przyborski und Wohlrab-Sahr 2014, S. 315). Noch stellt das spezielle dokumentarische Verfahren der Bildinterpretation in seiner Strukturierung und Fundierung eine Besonderheit dar. Wenngleich auch hier gilt, dass weniger eine Abgrenzung gegenüber anderen Methoden als zielführend verstanden wird, sondern vielmehr von einer gegenseitigen Bereicherung ausgegangen wird.

Die dokumentarische Bildinterpretation schließt ebenso wie die dokumentarische Interpretation von Texten an die Wissenssoziologie von Mannheim an, wird aber darüber hinaus ergänzt durch die von Panofski und Imdahl im kunsthistorischen Kontext entwickelte ikonografisch-ikonologische Methode mit Rückgriff auf semiotische Theorien und Methodologien (Bohnsack 2011a, S. 19).

Auf diese Kerngedanken wird bei der vorliegenden Bildinterpretation aufgebaut. Allerdings werden einige Arbeitsschritte der Interpretation der Datenart und -menge entsprechend modifiziert.

Dies gilt etwa für den Arbeitsschritt der Rekonstruktion der formalen Bildkonstruktion. Dieser Arbeitsschritt dient dazu, die Formalstruktur eines Bildes, also die Zusammenstellung der verschiedenen Elemente, zu erfassen und damit einen Zugang zum Bild als eigengesetzliches System zu erschließen. Die Idee ist, dass die einzelnen Elemente nicht isoliert, sondern im Ensemble interpretiert werden (Bohnsack 2011c, S. 41). Für eine ausführliche Interpretation eines einzelnen Bildes oder eine vergleichende Gegenüberstellung von zwei bis drei Bildern ist dieser Schritt angebracht, bei der hier zu bearbeitenden Datenmenge von über 80 Werbebildern wäre ein gezieltes Herausarbeiten aller Details und der Vergleich zwischen den einzelnen Bildern in all diesen Punkten wohl kaum möglich. Zudem ist fraglich, ob dieser Arbeitsschritt zu Informationen geführt hätte, die zur Beantwortung der Fragestellung beitragen könnten, denn nicht in jedem Bilddetail einer Werbeanzeige sind Informationen zum subjektiven Alterserleben zu vermuten.

Deswegen konzentriert sich die Analyse auf die Arbeitsschritte, die mit der formulierenden und reflektierenden Interpretation von Textmaterial vergleichbar sind. Dabei handelt es sich um die Analyse der vorikonografischen und ikonografischen Sinnebene analog zur formulierenden Interpretation und um die Analyse der ikonologischen Sinnebene analog zur reflektierenden Interpretation. Diese Arbeitsschritte werden in den nächsten Abschnitten vorgestellt und an Beispielen aus dem Material veranschaulicht.

5.2.3.4.2 Formulierende Bildinterpretation: vorikonografische und ikonografische Ebene

Die beiden Ebenen der vorikonografischen und ikonografischen Sinnebene lassen sich gemäß Michel (2007, S. 103–108) wie folgt beschreiben. Die *vorikonografische Sinnebene* ist die Ebene, die auf dem Bild sichtbare Gegenstände, Lebewesen, Bewegungen oder Ähnliches erfasst, ohne darauf einzugehen, welchen Zweck diese Lebewesen oder Dinge als Bildelemente erfüllen. Die Interpretation auf vorikonografischer Sinnebene beschränkt sich demzufolge auf das Erkennen von Lebewesen und Gegenständen des Alltags, im Fall von Werbetexten z. B. von Cremes, Blumen oder Menschen. Auf der nächsten Ebene, der *ikonografischen Sinnebene*, geht es um die Interpretation des intendierten Bedeutungssinnes des Bildes. Hierfür ist die Kenntnis von Bräuchen und kulturellen Traditionen Voraussetzung. Die ikonografische Analyse stützt sich demnach auf allgemeine Konventionen und auf die Vertrautheit des Betrachtenden mit kulturell geteilten Vorstellungen. Es wird auf dieser Ebene eine Verbindung hergestellt zwischen den vorikonografisch erkannten Bildelementen und ihrer ikonografischen Bedeutung auf der Basis allgemeiner Wissensbestände. Um z. B. in der Werbung abgebildete Personen als bekannte Schauspielerinnen zu erkennen, ist eine Interpretationsleistung auf der Basis geteilter Konventionen notwendig. Wer keinen Bezug zur Populärkultur hat, wird einen solchen Bezug nicht immer herstellen können, sondern verbleibt interpretatorisch auf der vorikonografischen Ebene des Erkennens von Personen und kann diese nicht in ihrer intendierten Vorbildfunktion dechiffrieren.

In der vorliegenden Arbeit wurde dieser Arbeitsschritt so bearbeitet, dass auf *vorikonografischer Ebene* alle in den Werbeanzeigen vorkommenden Bildelemente erfasst wurden. Anders als bei der formulierenden Interpretation des Textmaterials wurden an dieser Stelle also noch keine Schlüsselstellen bzw. Schlüsselelemente herausgearbeitet, sondern zunächst das Bild selbst erfasst. Erst im zweiten Schritt, auf der *ikonografischen Ebene*, ging es um diese Schlüsselelemente. Hier steht nicht mehr im Fokus, die Bildelemente zu erkennen, sondern Hintergrundwissen über kulturell geteilte Symbole, die diese Bilder darstellen, herauszuarbeiten. Die Identifikation der Schlüsselelemente ging einher mit der Transformation der Bildinformation in Textmaterial. Es wurde bei diesem Schritt zunächst dasjenige der Bildelemente identifiziert, welches das Hauptargument für den Produktnutzen bzw. den Produktzusatznutzen darstellte. Darauf aufbauend wurde die Kernwerbebotschaft des Bildes herausgearbeitet – analog zur Festlegung der zu interpretierenden Schlüsselstellen der Werbetexte bei der formulierenden Interpretation der Texte. Danach wurde der im Bildinhalt dargestellte Produktnutzen bzw. -zusatznutzen in Textform transformiert und so für die weitere Interpretation handhabbar gemacht. Dabei war entscheidend – ebenso wie bei der Interpretation der Texte und bei den weiteren Schritten der Bildinterpretation – die Interpretation im Austausch mit anderen Forschenden ständig auf ihre intersubjektive Nachvollziehbarkeit zu überprüfen.

In Tabelle 9 ist die Interpretation auf vorikonografischer und ikonografischer bespielhaft dargestellt.

Zusammengefasst geht es auf dieser Ebene der Vorikonografie und der Ikonografie darum, zu erfassen, was von den Produzenten der Werbeanzeigen mit größter Wahrscheinlichkeit als Werbebotschaft vorgesehen ist und offensichtlich ins Auge springt. Mit den darüber hinausgehenden Botschaften beschäftigt sich der nächste Abschnitt.

Tabelle 9:   Beispiel zur Identifikation vorikonographische und ikonographische Ebene

Anzeigennr.	Interpretation auf vorikonografischer Ebene – Identifikation der für die Interpretation in Frage kommenden Bildelemente	Interpretation auf ikonografischer Ebene – Feingliederung: Kernbotschaft zum Produktnutzen bzw. Produktzusatznutzen und Transformation der Bildinhalte in Textform
PR859007 +PR864894	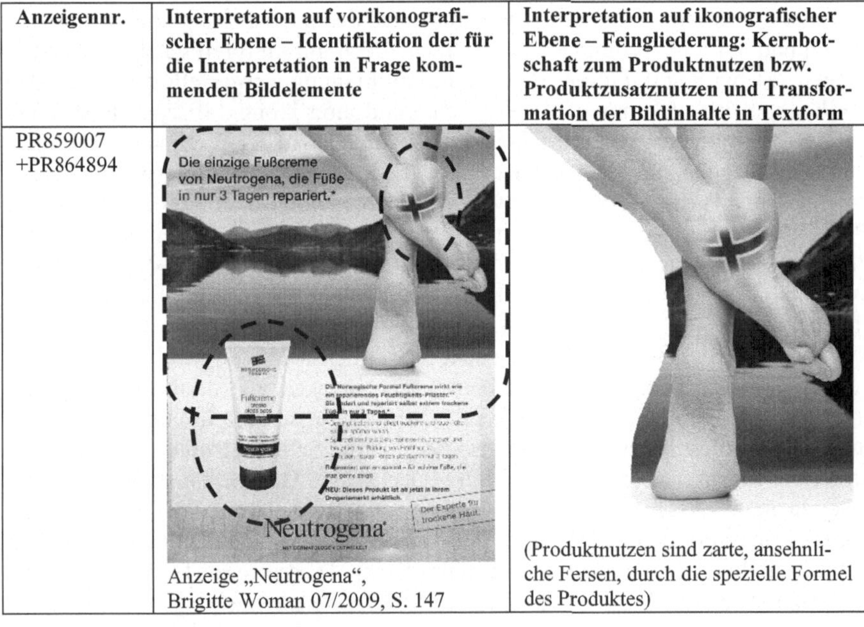 Anzeige „Neutrogena", Brigitte Woman 07/2009, S. 147	(Produktnutzen sind zarte, ansehnliche Fersen, durch die spezielle Formel des Produktes)

5.2.3.4.3   Reflektierende Bildinterpretation: ikonologische Ebene

Die Interpretationsleistung besteht darin, das Bild nicht nur auf Absichten des Bildproduzenten hin zu untersuchen, sondern die möglicherweise unbewussten Informationen zu grundsätzlichen Einstellungen zu entschlüsseln. Damit handelt es sich bei der Bildinterpretation auf der ikonologischen Ebene um eine Analogie zur reflektierenden Interpretation von Textmaterial (Michel 2007, S. 103–108).

Gemäß der Fragestellung nach dem subjektiven Alterserleben wurde hier gezielt nach Informationen zu dieser Thematik gesucht. Dafür wurde bei der Kodierung zunächst zwischen den Bilddarstellungen unterschieden, bei denen Personen die Kernbotschaften des Produktnutzens übermitteln, und solchen, bei denen dies durch Gegenstände erfolgt.

Wurden Gegenstände bzw. Darstellungen von Produkten zum Transport einer Botschaft über den Produktnutzen eingesetzt, wurde davon ausgegangen, dass aus der Bilddarstellung keine Botschaft zum Alterserleben hervorgeht – von einer Interpretation auf mögliche Hinweise auf Alter(n) in Bildelementen wie Farben, Schriftarten und sonstigen formalen gestalterischen Merkmalen wurde abgesehen. Dann wurde analog zur Vorgehensweise bei der Interpretation der Werbetexte vorgegangen. Die Werbebilder, die aufgrund des Fehlens von Personendarstellungen keine unmittelbaren Botschaften zum Alterserleben enthalten, wurden der Kategorie „keine Altersdarstellung" zugeordnet.

Anschließend wurden die Bilder dieser Kategorie, die Personenabbildungen enthalten, mittels komparativer Analyse zueinander in Bezug gesetzt, immer unter Berücksichtigung der bei der Materialsichtung aufgezeigten Merkmale und Entstehungsbedingungen von Werbeanzeigen (siehe Kapitel 5.2.3.2). Dabei war das spezifische Kommunikationspotenzial von Bildern zu bedenken, z. B., dass Bilder nur indirekt abstrakte Botschaften vermitteln und eine Bildbotschaft nicht differenziert negieren oder Einschätzungen und Bewertungen abgeben können.

Es war deshalb zu erwarten, dass die Werbebilder vor allem Aussagen über das chronologische Alterserleben enthalten, weniger zu anderen Dimensionen, die abstrakter oder weniger eindeutig sind und deshalb schwierig bildlich dargestellt werden können und/oder zumindest verschiedenste Interpretationen zulassen. Um die Nachvollziehbarkeit der Interpretation zu gewährleisten, wurde deshalb der Aspekt des chronologischen Alterserlebens fokussiert.

Doch trotz dieser Beschränkung zeigt die komparative Analyse von Botschaften über das Alterserleben in Werbebildern methodische Schwierigkeiten. Es gibt verschiedenste – in letzter Konsequenz fast unendlich viele – Möglichkeiten, chronologisches Alter zu unterteilen. Neben der Einordnung in z. B. die Kategorien alt und jung sind Phasenmodelle von Jugend, mittlerem Alter, jungem Alter und hohem Alter u. ä. möglich. Hinzu kommen Unterscheidungen nach Dekaden wie 20er-, 30er-, 40er-, 50er-Jahre. Genauso ist es denkbar, nach einzelnen Jahren und konsequenterweise, wenn dies auch kaum praktiziert wird, nach Monaten oder Tagen zu unterscheiden.

Überdies ist die Beobachtung von Willems und Kautt (2002, S. 642) zu bedenken. Sie unterscheiden zwischen der Konstruktion von Erscheinungs- oder Erkennungsalter, dem einer Anzahl von Jahren zugeordnet wird, einerseits und einem Seins- oder Eigenschaftsalter andererseits. Dies lässt sich an der bekannten Phrase, dass eine Person „für ihr Alter gut aussieht" verdeutlichen: Jemand ist zwar tatsächlich so und so alt, hat sich aber „gut gehalten". In einem Bild kann dies kaum ausgedrückt werden – denn genau dieses höhere Alter soll der Person „nicht anzusehen" sein. Das geht kaum anders als durch die Darstellung von Jugend. Hinzu kommt, dass Werbefiguren, selbst dann, wenn sie tatsächlich „älter" aussehen, trotzdem in der Regel eine eigentümliche Jugendlichkeit ausstrahlen. Möglich wird dies durch die inzwischen allgegenwärtige Bildbearbeitung. Praktiziert wird dies, indem aus Bildern mit alternden Werbefiguren „Altersmarker" wie Falten entfernt und jüngere Werbefiguren gezielt mit solchen versehen werden. Dieses eigentümliche Jungaussehen führt wohl auch zu dem wiederholten quantitativ-inhaltsanalytischen Befund einer häufig nicht näher definierten „positiven" Alter(n)sdarstellung. Ylänne-McEwen et al. (2009, S. 56) beschreiben diese Phänomen so: Was Werbebilder von Alternden positiv macht, ist, dass sie eben gerade nicht besonders alt aussehen. Selbst wenn gezielt nach der Darstellung von Alter(n) in Werbebildern gesucht wird, finden sich fast ausschließlich „junge Alte".

Hinzu kam beim Sample der vorliegenden Untersuchung, dass manche Bilder durchaus Personendarstellungen enthalten, trotzdem aber für die Frage nach dem Alter(n) kaum passend erschienen. Zwar gehen Personendarstellungen immer auch mit Körperdarstellungen einher, doch in Werbeanzeigen gibt es auch hier Wege, Aussagen über das Alter(n) zu vermeiden. Möglichkeiten sind z. B., den Körper nur schematisch darzustellen oder nur solche Körperteile zu zeigen, etwa Füße oder Rücken, die nur wenig Anhaltspunkte zum Alter(n) der abgebildeten Person bieten.

Um mit diesen Schwierigkeiten umzugehen, wurde bei der komparativen Analyse ermittelt, welche der Personendarstellungen eher als „jung" und welche als „alternd" charakterisiert werden können. Auf eine weitere Feingliederung von Alter(n)sphasen wurde auch im weiteren Vorgehen verzichtet, da eine Konzentration auf die Frage erfolgen sollte, ob eine Werbefigur als alternd oder als jung präsentiert wurde, und weniger darauf, wie weit der Alterungsprozess im Einzelfall schon fortgeschritten ist. Die Ausprägung „alternd" steht immer in Relation zu den „jungen" Werbefiguren und basiert auf der Annahme, dass Werbung wie von Ylänne-McEwen et al. (2009) ausgeführt in aller Regel auf ein „junges Alter" setzt. Als Orientierungszahl wurde das von den Trägerzeitschriften konstruierte Merkmal „ab dem 40. Lebensjahr" herangezogen. Die solchermaßen als „alternd" charakterisierten Werbefiguren würden mit Sicherheit in anderen Zusammenhängen als „jung" charakterisiert werden – hier zeigt sich einmal mehr die Relationalität des Alter(n)sbegriffs.

Die Bilder, die, obwohl eine Person oder zumindest Körperteile dargestellt werden, weder in die eine noch in die andere Kategorie passten, wurden zunächst in der Kategorie „Alterslosigkeit" zusammengefasst. Dies geschah, wenn wie dargelegt von einer Person nur die Füße gezeigt werden oder eine Person abgewandt steht, so dass das Gesicht nicht erkennbar ist, oder wenn ein Bild ganz offensichtlich stark retuschiert ist.

Im Laufe der Arbeit und in der Diskussion mit anderen Forschenden zeigte sich jedoch, dass daraus wieder Abgrenzungsprobleme zur Ausprägung „keine Altersdarstellung" entstanden, die eigentlich für die Produktdarstellungen vorgesehen war. An anderen Stellen gab es Überschneidungen der Ausprägungen „jung" und „alterslos". Diese Mehrdeutigkeit und das Hin- und Herchangieren einiger der Anzeigen führten dazu, dass die Ausprägungen ein zweites Mal überarbeitet wurden und den Kategorien „jung" und „alternd" schließlich die Kategorie „mehrdeutig" anstelle von „alterslos" hinzugefügt wurde. Abbildung 12 zeigt ein entsprechendes Beispiel.

Im Ergebnis wurden auf ikonologischer Sinnebene folgende vier Kategorien subjektiven Alterserlebens festgelegt und alle Anzeigen einer der Kategorien zugeordnet:

- jung

- alternd (im Vergleich zur Ausprägung „jung")

- mehrdeutig (für Personen bzw. Körperdarstellungen, die keiner der Kategorien jung oder alternd zugeordnet werden konnten)

- keine Alter(n)sdarstellung (für Produktdarstellungen)

Damit ist die formulierende und reflektierende Interpretation abgeschlossen. Die Kodierungen müssen nun wieder zu einem Gesamtbild zusammengefügt werden, um so Muster von Konstruktionen des Alterserlebens – Typen – in der Werbung erkennen zu können. Die Ergebnisse dieser Typisierung werden im nächsten Abschnitt vorgestellt.

Abbildung 12:   Anzeigenbeispiel Bildkategorie „mehrdeutig" (Brigitte Woman 11/2009, S. 45)

6 Ergebnisse und Fazit

6.1 Ablauf und Ergebnisse der eindimensionalen Typenbildung

6.1.1 Grundlagen der eindimensionalen Typenbildung

Die Typenbildung ist ein für die rekonstruktive Sozialforschung charakteristischer Vorgang, um Datenmaterial zu strukturieren. Sie soll vorher ermittelte Kategorien miteinander in Bezug setzen, hier also die im letzten Kapitel genannten Ausprägungen des subjektiven Alterserlebens in Werbetexten und Werbebildern. Eine Typologie ist das Ergebnis eines entsprechenden Gruppierungsprozesses. Die „Fälle" – hier also die Werbeanzeigen – werden in gemäß ihren Kategorien ähnliche Untergruppen aufgeteilt. Der Begriff Typus steht für die jeweiligen gebildeten Untergruppen, die gemeinsame Eigenschaften aufweisen, die sich also bezüglich bestimmter Merkmale ähnlicher sind als andere (Kelle und Kluge 2010, S. 85).

An sich sind Typenbildungen eine alltägliche Angelegenheit: Auch im Alltag muss ständig von konkreten Vorkommnissen auf größere Konzepte geschlossen werden, z. B. von einem Winken mit der Hand auf einen Typus des Grüßens (Kelle und Kluge 2010, S. 84). Typenbildungen finden auch in der Wissenschaft in den unterschiedlichsten Zusammenhängen statt. Hier soll nun der für die rekonstruktive Sozialforschung bezeichnende Prozess der Typenbildung dargestellt werden.

Typenbildungen in der rekonstruktiven Forschung laufen in aller Regel nach einem Stufenmodell ab, das nach der Festlegung von Kategorien (Stufe 1) im nächsten Schritt die Gruppierung der Fälle und die Analyse empirischer Regelmäßigkeiten (Stufe 2) sowie die Analyse inhaltlicher Sinnzusammenhänge mit darauffolgender Typenbildung (Stufe 3) vorsieht. Stufe 4 stellt die Dokumentation dieser Charakterisierung dar (Kelle und Kluge 2010, S. 92).

Bei einer an der dokumentarischen Methode angelehnten Vorgehensweise wird diesen Schritten in einem fünften Schritt noch die mehrdimensionale Typenbildung hinzugefügt, welche die gefundenen Typen mit anderen Dimensionen verknüpft, die außerhalb der entwickelten Typologie liegen (Abbildung 13).

Dieses Stufenmodell, ob nun in vier oder fünf Schritten, ist jedoch nicht als starres, linear abzuarbeitendes Schema zu verstehen, ebenso wenig wie das in Kapitel 5.1.4.4 dargestellte Schema der Arbeitsschritte der Typenbildung der dokumentarischen Methode. Oft bietet es sich an, den Stufenprozess mehrfach zu

durchlaufen oder von einer höheren Stufe zu einer vorangegangenen Stufe zurück-
zukehren, diese zu verändern und dann den nachfolgenden Schritt noch einmal
auszuführen (Kelle und Kluge 2010, S. 92).

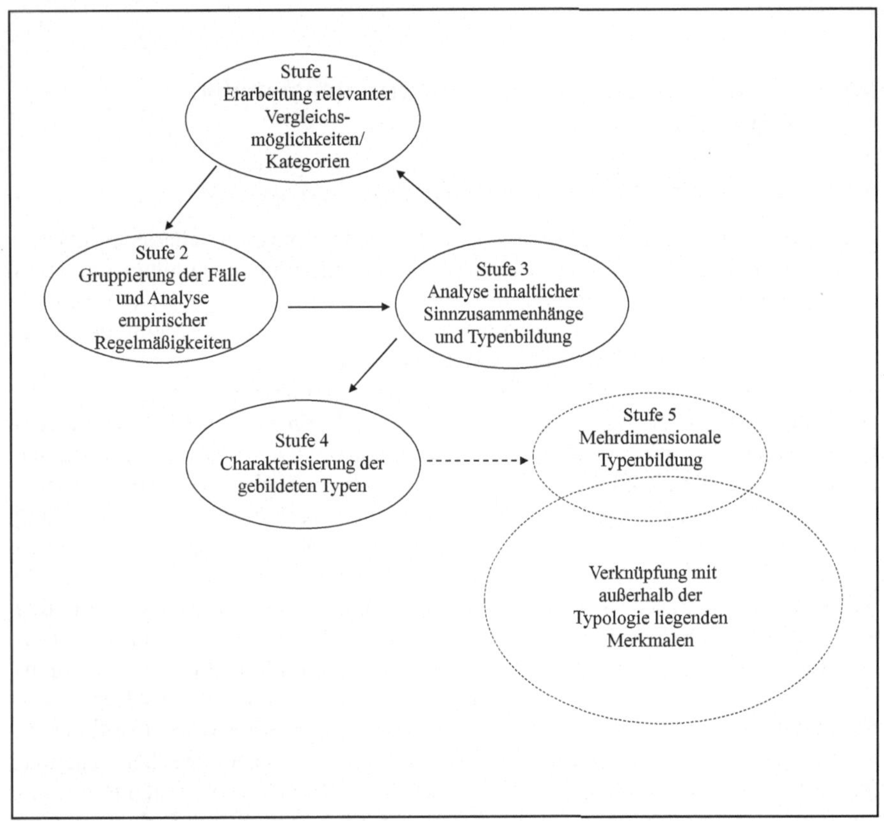

Abbildung 13:   Stufenmodell empirisch begründeter Typenbildung (Kelle und Kluge
2010, S. 92, eigene Ergänzungen)

Typenbildung in der rekonstruktiven Forschung kann mit unterschiedlichen Zielsetzungen erfolgen. Der Anspruch an die Typenbildung reicht von der Beschreibung und deskriptiven Gliederung eines Untersuchungsfeldes bis zur Hypothesen-
generierung bzw. Theorieentwicklung.

   Hier geht es gemäß dem wissenssoziologischen Ansatz darum, Konstruktionen subjektiven Alterserlebens sichtbar zu machen und damit Orientierungswissen

zur Verfügung zu stellen. Die Typenbildung stellt eine Gliederung des untersuchten Aspekts dar und dient der Informationsreduktion. Eine Einteilung in wenige Typen erhöht die Übersichtlichkeit der Beschreibung. Gleichzeitig werden die charakteristischen Züge, eben das „Typische", hervorgehoben (Kelle und Kluge 2010, S. 10).

Beim ergänzenden Schritt, der mehrdimensionalen Typenbildung, treten die Unterschiede zwischen den einzelnen Typen und deren Ausprägungen in den Hintergrund. Es werden stattdessen die Typen selbst im Zuge einer komparativen Analyse mit anderen „Erfahrungsräumen" in Relation gebracht. Während die eindimensionale Typenbildung das Ergebnis einer komparativen Analyse auf der Ebene der Fälle darstellt, ist die mehrdimensionale Typenbildung das Ergebnis einer komparativen Analyse auf der Ebene der – im vorhergehenden Schritt entwickelten – Typologie (Bohnsack und Nentwig-Gesemann 2011, S. 164 f.).

In der Literatur zur dokumentarischen Methode wird auch der Begriff der „praxeologischen Typenbildung" verwendet, der auf den besonderen Bezug der dokumentarischen Methode zur praxeologischen Wissenssoziologie hinweist und der gemäß dieser spezifischen Herangehensweise nicht die Frage, was gesellschaftliche oder kulturelle Tatsachen sind, bearbeitet, sondern vielmehr darauf abzielt, wie soziale Wirklichkeit hergestellt wird (Nentwig-Gesemann 2007, S. 277).

Ob mehrdimensional oder praxeologisch, dieser Schritt bedeutet hier konkret, dass die erarbeitete Typologie von Konstruktionen des subjektiven Alterserlebens in über das Sample hinausgehenden Publikationen nachvollzogen wird. Die Eigenschaften der Typologie des Samples werden verglichen mit Eigenschaften anderer Trägermedien, in denen die gleichen Anzeigen abgebildet sind, die sich aber an eine andere und/oder breitere Leserschaft wenden.

An erster Stelle steht im nächsten Abschnitt die eindimensionale Typenbildung und damit die Entwicklung eines Modells zur Typisierung der Anzeigen.

6.1.2 Durchführung der eindimensionalen Typenbildung

Wie beschrieben, besteht jeder Typus aus einer Kombination von Kategorien, die zusammen die Merkmale einer Anzeige bilden. Hier ging es um die Kategorien der Rubriken „subjektives Alterserleben im Text" und „subjektives Alterserleben im Bild". Die jeweiligen Kategorien wurden für jede Anzeige zugeordnet.

Die einzelnen Fälle, die unter einem Typus zusammengefasst werden, sind nicht identisch. Die hier zu bildenden Typen sind deshalb als gruppierende Typen zu bezeichnen. Deren Merkmal ist es, dass sich die Ausprägungen der jeweiligen Kategorien innerhalb eines Typus möglichst ähneln (interne Homogenität auf der Ebene des Typus) und sich die Typen voneinander möglichst stark unterscheiden (externe Heterogenität auf der Ebene der Typologie). Die auf diese Art gebildeten und beschriebenen Typen werden auch Idealtypen genannt. Dieser Begriff steht im Unterschied zum Begriff des Realtypus nicht für den Versuch einer Realitäts-abbildung durch die Typenbildung. Vielmehr ist der Idealtypus zwischen Empirie und Theorie angesiedelt. Er bezieht sich auf reale empirische Phänomene, beschreibt sie aber nicht nur, sondern übersteigert auch einige ihrer Merkmale, um auf diesem Weg zu einer modellhaften Beschreibung gesellschaftlicher Phänomene zu gelangen (Kelle und Kluge 2010, S. 83–85).

Jeder sich aus einer solchen gruppierenden Typenbildung resultierende Typologie liegt ein Merkmalsraum von Kategorien zugrunde. Durch die Darstellung dieses Merkmalsraums erhält man einen Überblick über sämtliche Kombinationsmöglichkeiten der Kategorien.

Da in der Regel bei einer konkreten Fragestellung nicht alle Kombinationsmöglichkeiten vorkommen, weil sie sich gegenseitig ausschließen oder widersprechen, und da manche Unterschiede zwischen einzelnen Kategorienkombinationen für die Forschungsfrage nicht entscheidend sind, können einige Felder zusammengefasst bzw. als nicht relevant gesetzt werden. Auf diese Weise lässt sich der Merkmalsraum reduzieren (Kelle und Kluge 2010, S. 92).

Konkret bedeutet das, eine Kreuztabelle zu entwerfen, welche die zu bearbeitenden Rubriken Alterserleben im Text und Alterserleben im Bild und ihre verschiedenen Kategorien verknüpft, um so den Merkmalsraum zu konkretisieren.

Das heißt, die Kategorien der Rubrik Alterserleben im Text

- Alter(n) ist modifizierbar

- Alter(n) ist vermeidbar

- Alter(n) ist irrelevant

- Alter(n) wird angedeutet

- Alter(n) wird nicht thematisiert (kein auf das Alterserleben bezogenes Nutzenversprechen)

sind mit den Kategorien der Rubrik Alterserleben in der Bilddarstellung

- jung

- alternd (im Vergleich zur Ausprägung „jung")

- mehrdeutig (für Personen bzw. Körperdarstellungen, die keiner der Kategorienausprägung jung oder alternd zugeordnet werden konnten)

- keine Alter(n)sdarstellung (für Produktdarstellungen)

zusammenzufügen. Damit wird Schritt 2 im Stufenmodell der Typenbildung, also die „Gruppierung der Fälle" vorgenommen. Ergebnis dieses Schrittes ist, dass jeder Fall nicht mehr nur in einer „Bedeutungsschicht" erfasst wird, sondern dass unterschiedliche Typen in ihrer Verschränkung sichtbar werden (Nentwig-Gesemann 2007, S. 290).

Bei einer gruppierenden Typenbildung geht jeder Fall vollständig in einem so zu bildenden Typus auf, was bereits dadurch bedingt ist, dass als vorbereitender Schritt bei der reflektierenden Interpretation bzw. Interpretation auf ikonologischer Sinnebene jedes Bild- oder Textelement genau einer Kategorie zugeordnet wurde.

Nach der Überführung der Anzeigen des hier untersuchten Samples in eine Kreuztabelle mit den entsprechenden Kategorienkombinationen als Tabellenfelder zeigte sich, dass nur 14 der 20 theoretisch möglichen Kombinationen tatsächlich im Material vorkamen. Damit konnten die anderen entsprechend als nicht relevant für die weitere Analyse betrachtet werden. Weiterhin konnten im Zuge der typologischen Operation der Reduktion durch Analyse inhaltlicher Sinnzusammenhänge ähnliche Typen zusammengefasst werden, so dass der Merkmalsraum auf fünf aussagekräftige Typen reduziert werden konnte (Tabelle 10 und Tabelle 11).

Tabelle 10: Kreuztabelle der Merkmalsausprägungen

		Kategorienkombinationen der Rubrik „Alterserleben im Bild"				
		a) jung	**b) alternd**	**c) mehrdeutige Altersdarstellung**	**d) keine Altersdarstellung**	
Kategorienkombinationen der Rubrik „Alterserleben im Text"	**1) Alter(n) ist vermeidbar**	4	nicht relevant	nicht relevant	5	9
	2) Alter(n) ist modifizierbar	2	3	5	9	19
	3) Alter(n) ist irrelevant	nicht relevant	21	3	nicht relevant	24
	4) Alter(n) wird angedeutet	1	1	5	nicht relevant	7
	5) Alter(n) wird nicht thematisiert	15	nicht relevant	8	6	29
		22	**25**	**21**	**20**	**88**

Hieraus ergaben sich die unten aufgeführten fünf Typen (Tabelle 11), für die jeweils inhaltlich ähnliche Fälle zusammengefasst wurden. Diese Zusammenerfassung erfolgte aufgrund von Überlegungen zu Gemeinsamkeiten der Kategorien bezüglich der Dimensionen subjektives chronologisches Alterserleben, Alterserleben und Körper und subjektives Alterserleben in Verhandlung mit der Umwelt.

Im Zuge der Charakterisierung der einzelnen Typen im folgenden Kapitel (6.1.3.2) wird auf diese Sinnzusammenhänge genauer eingegangen. Abschließend ist erneut darauf hinzuweisen, dass die Anzahl der Typen zu diesem Zeitpunkt der Typenbildung noch keine Rolle spielt und an dieser Stelle nur der Orientierung halber aufgeführt wird. Erst in der mehrdimensionalen Typenbildung wird die Häufigkeit des Vorkommens der verschiedenen Typen im Sample in Relation zum Vorkommen der Typen in Zeitschriftengruppen, die nicht zum Sample gehören, für die weitere Auswertung relevant. Hier geht es erst einmal darum, die Typen zu bilden und daran anschließend – im nächsten Abschnitt – zu beschreiben.

Tabelle 11: Typen und Bezeichnungen

Kurzbezeichnung des Typus	Kombinationen von Merkmalsausprägungen
Typ 1: Alter(n)svermeider	1) + a) oder d) → 9 Fälle, d. h.: 1) Alter(n) ist vermeidbar in Kombination mit a) jung oder d) keine Altersdarstellung
Typ 2: Jungbrunnen	2) + a) oder b) oder c) oder d) oder 4) + a) → 20 Fälle, d. h.: 2) Alter(n) ist modifizierbar in Kombination mit a) jung oder b) alternd oder c) mehrdeutig oder d) keine Altersdarstellung oder 4) Alter(n) wird angedeutet in Kombination mit a) jung
Typ 3: Alter(n)svorbild	3) + b) oder c) oder 4) + b) oder c) → 30 Fälle, d. h. 3) Alter(n) ist irrelevant in Kombination mit b) alternd oder c) mehrdeutig oder 4) Alter(n) wird angedeutet in Kombination mit b) alternd oder c) mehrdeutige Alter(n)sdarstellung
Typ 4: Jugendklassiker	5) + a) → 14 Fälle, d. h. 5) Alter(n) wird nicht thematisiert in Kombination mit a) jung
Typ 5: Universalklassiker	5) + c) oder d) → 15 Fälle, d. h. 5) Alter(n) wird nicht thematisiert in Kombination mit c) mehrdeutige Alter(n)sdarstellug oder d) keine Altersdarstellung

6.1.3 Charakterisierung der gebildeten Typen

6.1.3.1 Möglichkeiten der Charakterisierung

Den Abschluss des Prozesses der eindimensionalen Typenbildung bildet eine umfassende und möglichst genaue Charakterisierung der gebildeten Typen anhand der Kombinationen von Kategorien sowie der rekonstruierten Sinnzusammenhänge. Dieser Schritt beschreibt die ermittelten Gemeinsamkeiten der einzelnen Fälle eines Typus sowie die Unterschiede zwischen den zu einem Typus zusammengefassten Gruppen von Fällen (Kelle und Kluge 2010, S. 105).

Da sich bei der gruppierenden Typenbildung die Fälle, die in einem Typus zusammengefasst werden, nicht in allen Merkmalen gleichen, sondern nur ähneln, stellt sich die Frage, wie das Gemeinsame der Typen treffend charakterisiert werden kann. Hierfür gibt es verschiedene Möglichkeiten. Es muss anhand des Materials entschieden werden, welche die für die Fragestellung passende ist. Eine Variante ist die prototypische Auswahl von tatsächlich im Material vorkommenden Fällen. Eine andere Möglichkeit besteht darin, in verschiedenen Fällen besonders charakteristische Merkmale mit einem zwar nicht tatsächlich im Material vorkommenden, aber besonders anschaulich die Merkmale des Typen zeigenden Fall zu kombinieren. Bei dieser Vorgehensweise werden die rekonstruktiven Daten nochmals für eine Art Montage der am besten geeigneten Segmente zusammengestellt. Dabei bietet es sich für eine möglichst eindeutige Charakterisierung der einzelnen Typen und für eine möglichst anschauliche Unterscheidung zwischen den Typen an, charakteristische Aspekte pointiert darzustellen und weniger relevante Gesichtspunkte in den Hintergrund zu stellen (Kelle und Kluge 2010, S. 106).

Diese Vorgehensweise der Montage charakteristischer Eigenschaften erscheint für die Materialart Werbeanzeigen besonders angemessen. Die einzelnen Werbebotschaften sind kurz und komprimiert und nicht so umfassend wie etwa transkribierte, mehrstündige Interviews, die bei vielen anderen rekonstruktiven Untersuchungen das Material bilden. Es ist zur Konturierung sicher hilfreich, einen Querschnitt aussagekräftiger Werbeaussagen und -bilder zur Veranschaulichung der Facetten der Typen zusammenzustellen, anstatt zu stark an einem Einzelfall orientiert zu generalisieren.

6.1.3.2 Ausgangspunkte für die Charakterisierung

Die gefundenen Gemeinsamkeiten der einzelnen Fälle eines Typus sowie die Unterschiede zwischen den Typen zu beschreiben bedeutet nicht nur, die verschiedenen Kombinationen von Kategorien darzustellen, sondern auch zu zeigen, welche inhaltlichen Bezugspunkte zum subjektiven Alterserleben für die einzelnen Typen jeweils charakteristisch sind. Diese sind hier das subjektive chronologische Alterserleben, subjektives Alterserleben und Körper sowie subjektives Alterserleben in Verhandlung mit der Umwelt.

Das bedeutet gemäß dem vorher erläuterten Grundverständnis nicht, zu prüfen, ob subjektives Alterserleben gemäß einem spezifischen Vorverständnis korrekt, angemessen, repräsentativ o. ä. dargestellt wird. Eine solche Art der Überprüfung wäre unter anderem deshalb nicht angezeigt, weil über das subjektive Alterserleben noch relativ wenig bekannt ist und es sich nicht um ein statisches Phänomen handelt, so dass eindeutige Prüfmöglichkeiten nicht bestehen. Außerdem stellt sich die Frage nach dem subjektiven Alterserleben im spezifischen Kontext der kulturellen Ökonomie des Alters. Es wäre demnach schon im Ansatz schwierig, entsprechende Eckdaten zu formulieren.

Diese Charakterisierung soll stattdessen herausarbeiten, wie die ermittelten Typen von Konstruktionen des Alterserlebens zu wichtigen Dimensionen des Alterserlebens in Bezug gesetzt werden können, und zwar nicht in ihrer Passung zu einem spezifischen Vorverständnis des subjektiven Alterserlebens, sondern beschreibend anhand für das Alterserleben als relevant angesehener Themenfelder. Dies geschieht vor dem Hintergrund, dass Werbung hier als ein illusionäres Medienprodukt im Kontext der kulturellen Ökonomie des Alters angesehen wird. Als solches greift Werbung bestehende Konstruktionen des Alterserlebens auf, stellt sie zur Verfolgung ihrer eigenen Ziele nach eigenen Vorstellungen neu zusammen und ergänzt sie entsprechend ihrer eigenen Absichten.

Mit der Bezugnahme zu den hier gewählten Anknüpfungspunkten soll das Leitmotiv der Abduktion noch weiter verfolgt werden, indem erneut der Zangengriff aus theoretischem Vorwissen und dem bereits bearbeiteten Material angewandt. Damit reicht die Charakterisierung über die im Material gefundenen Hinweise auf das subjektive Alterserleben hinaus, indem sie vorstellt, welche Verknüpfungen zwischen gefundenen Typen und Dimensionen des Alterserlebens denkbar sind.

Aus den folgenden Überlegungen heraus erschienen die Anknüpfungspunkte „subjektives chronologisches Alterserleben", „subjektives Alterserleben und Körper" sowie „subjektives Alterserleben in Verhandlung mit der Umwelt" für das Material besonders passend.

Der Anknüpfungspunkt „subjektives chronologisches Alterserleben" ist speziell in der Marketingforschung ein wichtiges, häufig das einzige Charakteristikum von Alterserleben, das für die werbliche Ansprache relevant ist. Weitergehende Konzepte finden nur vereinzelt Anwendung (Kapitel 4.4.4). Zudem ist Werbung für Kosmetikprodukte traditionell eng mit Themen wie „jung sein" oder „jung aussehen", also mit dem chronologischen Alter(n), verknüpft. Auch in der gerontologischen Forschung zum subjektiven Alterserleben ist das subjektive chronologische Alterserleben ein Kernbaustein (Kapitel 3.3.1), so dass dieser Anknüpfungspunkt sich beinahe aufdrängt.

Auch die Verknüpfung zwischen Kosmetikprodukten und Körper und damit der Anknüpfungspunkt „subjektives Alterserleben und Körper" ist offensichtlich. Die Bedeutung des Körpers für das Alterserleben wurde in Kapitel 3.3.2 ausführlich dargestellt.

Der dritte, mit der Bedeutung des Körpers verbundene Anknüpfungspunkt, ist die Frage nach dem Umgang mit dem eigenen Älterwerden in Verhandlung mit der Umwelt, also der Aspekt des Doing Age. Anhand von empirischen Beispielen wurde in Kapitel 3.3.3 aufgezeigt, dass gerade die Verwendung von Kosmetikprodukten als Strategie, die beim Umgang mit dem eigenen Älterwerden in Auseinandersetzung mit der Umwelt eine besondere Bedeutung hat, fungiert.

Eine scharfe Trennlinie zwischen den beiden Punkten „Alterserleben und Körper" und „Alterserleben in Verhandlung mit der Umwelt" lässt sich nicht ziehen, da sie sich bedingen und gegenseitig beeinflussen. Zu besseren Beschreibung der verschiedenen Typen werden die drei Anknüpfungspunkte jedoch jeweils gesondert voneinander betrachtet.

Hierfür werden im nächsten Abschnitt für jeden Typ besonders charakteristische Text- und Bildausschnitte der Werbeanzeigen zusammengestellt. Die Typen werden jeweils erst allgemein und dann in Bezug auf die drei ausgewählten Aspekte charakterisiert.

6.1.3.3 Charakterisierung des Typs 1: „Alter(n)svermeider"

Konstruktion des Nutzenversprechens des Typs Alter(n)svermeider

Die Anzeigen des Typs Alter(n)svermeider entwerfen Konstruktionen subjektiven Alterserlebens, in denen Alter(n) nicht als unausweichliche Entwicklung angesehen wird, sondern mit Hilfe der beworbenen Produkte vermeidbar erscheint. Nutzenversprechen ist entsprechend die Bewahrung der Jugendlichkeit.

Charakteristische Textbeispiele
„Die anderen sagen, weil Hautstress ihre Haut sonst alt macht." (Anzeige PR814681)
„eine Wirkstoffkombination, die nachhaltig vor freien Radikalen schützt und damit die Haut vor frühzeitigem Altern bewahrt" (Anzeige PR879334+PR941560+PR942750)
„Sofort-Effekt: Das Photonic Network™ perfektioniert den Teint, steigert die Leuchtkraft und sorgt den ganzen Tag für jugendliche Ausstrahlung." (Anzeige PR788974)

Bei der Bilddarstellung wird sowohl mit Personenabbildungen als auch mit Produktdarstellungen gearbeitet. Häufig wird eine jung aussehende Werbefigur als Beweis für die Wirksamkeit des Produkts dargestellt. Oder das Produkt selbst wird auffällig in Szene gesetzt und die Eigenschaft textlich zugeschrieben, die Jugendlichkeit bewahren zu können. Auf die Darstellung von Altersanzeichen bei den Werbefiguren wird verzichtet.

Ergänzend sei angemerkt, dass anhand des Stichworts „frühzeitiges Altern", das sehr häufig in den Anzeigen dieses Typs auftaucht, die Vorteile der interpretatorischen Vorgehensweise beispielhaft nachvollzogen werden kann.

Der Ausdruck des Bewahrens vor „frühzeitigem Altern" lässt sich auf unterschiedliche Art und Weise auslegen und es ist anzunehmen, dass genau dieser Interpretationsspielraum von den Produzenten der Anzeige beabsichtigt wird.

Im Rahmen dieser Interpretation wurde unter Berücksichtigung der Gütekriterien der qualitativen Sozialforschung davon ausgegangen, dass von den Produzenten der Werbeanzeigen einkalkuliert wurde, dass die Formulierung des „frühzeitigen Alter(n)s" von den Rezipientinnen so aufgenommen werden kann, dass Alter(n) als Ereignis in sehr ferner, bei Verwendung des Produktes die eigene Lebensgeschichte nicht tangierender Zukunft liegt. Somit ist der Produktzusatznutzen die Möglichkeit, sich dem Alter(n) entziehen zu können, auch wenn dies in dieser Eindeutigkeit nicht direkt dem Text zu entnehmen ist, sondern als Ergebnis aus der Interpretation hervorgeht. Für die Werbeproduzenten ergibt sich aus dieser Vagheit der Vorteil, auf der einen Seite die Verheißung andeuten zu können, dass es möglich ist, dem Alter auszuweichen, auf der anderen Seite die rechtlichen Rahmenbedingungen der Kosmetikwerbung nicht zu verletzen und sich nicht direkt dem Vorwurf aussetzen zu müssen, unrealistische Erwartungen zu wecken. Ohne eine interpretatorische Vorgehensweise sind solche Nuancen kaum analytisch greifbar.

Anknüpfungspunkte „subjektives chronologisches Alterserleben, „subjektives Alterserleben und Körper", „subjektives Alterserleben in Verhandlung mit der Umwelt" mit dem Typ „Alter(n)svermeider"

Subjektives chronologisches Alterserleben

Der Anzeigentypus des Alter(n)svermeiders knüpft an ein subjektiv junges Alterserleben an („(…) weil Hautstress ihre Haut sonst alt macht"). Ganz offensichtlich geschieht dies unabhängig vom tatsächlichen chronologischen Alter der Zielgruppe, die im hier gewählten Sample mindestens das mittlere Lebensalter typischerweise schon erreicht hat.

Subjektives Alterserleben und Körper

Beim Typus des Alter(n)svermeiders werden die körperlichen Anzeichen des Alter(n)s entsprechend des als „jung" konstruierten chronologischen Alters als vermeidbar dargestellt. Mit Hilfe des jeweiligen Produktes ist es – so wird es im Werbeversprechen angedeutet – möglich, den jungen Körper dauerhaft zu bewahren und den Alterungsprozess aufzuhalten. Damit knüpft der Typus des Alter(n)svermeiders vor allem an die Kategorie des Körperbildes an. Wie in Kapitel 3.3.2 beschrieben, verweist die Kategorie des Körperbildes auf die Bedeutung des Körpers auf kognitiver Ebene in Form von Wahrnehmungen, Vorstellungen, Einstellungen und Bewertungen des eigenen Körpers (Gugutzer 2008, S. 184). Der werbliche Verweis auf das eigene Körperbild lautet in diesem Fall, dass die Rezipientinnen nach wie vor einen jungen Körper besitzen und sich entsprechend ein junges Körperbild bewahren können. Das Werbeversprechen zielt darauf, dass Fähigkeiten, Zustände und Aktivitäten eines jungen Körpers durch den Kauf entsprechender Produkte dauerhaft bewahrt werden können, dem Körperbild dementsprechend keinen Anpassungen an das Alter(n) unterzogen werden müssen.

Andere Körperkategorien (siehe Kapitel 3.3.2) werden erst bei den folgenden Typen direkt relevant, weil hier die Möglichkeit der Bewahrung eines konstant jugendlichen Körpers über den Lebenslauf hinweg konstruiert wird. So sind etwa die die Kategorie „Körperbiografie und Alterserleben" kennzeichnenden biografischen Vergleiche zu früheren körperlichen Zuständen nicht notwendig, weil sich gemäß dem Körperbild gegenüber früheren Zuständen nichts geändert hat oder ändern wird. Die Körperkategorien „leiblich-körperliche Grenzerfahrung und Alter(n)" und „Leib-Körper-Kontrolle und Alter(n)" sind höchstens dahingehend relevant, um zu bestätigen, dass keine Grenzerfahrungen des Körpers zu erwarten sind und auch die Leib-Körper-Kontrolle unverändert bleibt.

Subjektives Alterserleben in Verhandlung mit der Umwelt

Zwar sind im Bezugssystem des Alter(n)svermeiders keine relationalen biografischen Vergleiche mit einem früheren Körperbild notwendig, doch intersubjektive Vergleiche, also Vergleiche mit den Körpern anderer, schwingen in den Werbeaussagen häufig mit. Alter(n) wird in diesem Anzeigentyp nicht ausgespart, aber so konstruiert, dass es zwar andere betreffen kann, mit dem eigenen Alterserleben aber nichts zu tun hat – wie im oben angeführten Textbeispiel deutlich wird(„(…) weil Hautstress ihre Haut sonst alt macht").

Die Abgrenzung gegenüber anderen, älteren, vielleicht auch gleichaltrigen oder jüngeren als „alt" empfundenen Personen ist – aufgrund des eigenen jungen subjektiven Alterserlebens und des als jung gedeuteten Körpers – also ohne Einschränkungen möglich, denn Alter(n) kann andere durchaus betreffen. Die anderen altern, man selbst nicht. Die von Gugutzer beschriebenen Identitätsprobleme eines Auseinanderfallens von Idealbild und Realbild des Körpers lassen sich – zumindest in der Werbeaussage – umgehen.

6.1.3.4   Charakterisierung des Typs 2: „Jungbrunnen"

Konstruktion des Nutzenversprechens des Typs Jungbrunnen

Die Anzeigen, die dem Typus Jungbrunnen zugeordnet sind, ähneln dem Typ des Alter(n)svermeiders in vielen Punkten. Der entscheidende Unterschied zum Typ des Alter(n)svermeiders ist, dass beim Jungbrunnen beim Nutzenversprechen nicht nur das Jungbleiben, sondern darüber hinaus die Möglichkeit einer Umkehrung des Alterungsprozesses suggeriert wird. Dieses Konzept weist Parallelen zu der namensgebenden, vielfach künstlerisch bearbeiteten Vorstellung eines Jungbrunnens auf, wie sie etwa in einem bekannten Gemälde von Lucas Cranach dargestellt wird. Das Motiv des Jungbrunnens wird auch als kulturelle Umsetzung der Sehnsucht nach dem verlorenen Paradies verstanden (z. B. Rieger 2008). Wenngleich das Jungbrunnenkonzept im Bezugsrahmen der Kosmetikwerbung nicht ganz so weit reicht, so wird doch das Zurückdrehen der (Lebens-)Zeit als Versprechen explizit genannt oder zwischen den Zeilen der Werbeanzeigen dieses Typs versteckt.

In den Texten der Werbeanzeigen findet sich entsprechend bei diesem Typus als Nutzenversprechen ein Hinweis auf diese angebliche Möglichkeit der Verjüngung (etwa: „Ihre Haut sieht bis zu 10 Jahre jünger aus!").

In der bildlichen Umsetzung des Typs Jungbrunnen werden alle Variationen des Alterserlebens eingesetzt, also sowohl „jung" als auch „alternd" oder „mehrdeutig", bzw. es wird auf eine Personen- und damit eine Alter(n)sdarstellung verzichtet (keine Alter(n)sdarstellung). Jede dieser Variationen kann auf ihre Art die textliche Nutzenbotschaft, durch das Produkt Jugend zurückgewinnen zu können, unterstützen. Eine junge oder in der Alter(n)sdarstellung mehrdeutige Werbefigur kann als Ergebnis der bewahrten Jugend gedeutet werden. Die Darstellung einer alternden Werbefigur kann so inszeniert werden, dass die Werbefigur gerade den Prozess des Jüngerwerdens durchläuft oder dass sie zwar älter, aber „für ihr Alter jung aussehend" wirkt. In Anzeigen, die ohne Werbefiguren auskommen, indem sie die Produktdarstellung in den Vordergrund stellen, steht das Produkt selbst für den Prozess des Jüngerwerdens. Zum Beispiel gibt es Anzeigen, in denen die Produkte ähnlich wie Medikamente dargestellt werden, mit denen sich das Alter(n) „kurieren" lässt. Auch stilisierte grafische Elemente, die den Prozess des Jüngerwerdens veranschaulichen, indem etwa der Einfluss des Produktes auf die DNA nahegelegt wird, sind als Gestaltungselemente zu finden. Am letzten Beispiel lassen sich noch einmal die unterschiedlichen Kommunikationspotenziale von Texten und Bildern aufzeigen, die in Kapitel 5.2.3.1 erläutert wurden. Bilder können, wie dort ausgeführt, nur indirekt abstrakte Botschaften vermitteln und sprechen stärker auf einer emotionalen Ebene an als Texte. Gerade deswegen bieten sie sich für Verheißungen an, die als direkte Textbotschaften vielleicht irreführend wären oder zumindest unglaubwürdig wirken würden. Beim Typus des Jungbrunnens geht es um die angebliche Option des Jüngerwerdens. In der Anzeige PR781265 wird dafür ein vermutlich stark retuschiertes Bild einer bekannten Schauspielerin eingesetzt. Aufgrund ihrer Popularität kann davon ausgegangen werden, dass der Zielgruppe der Werbeanzeige das chronologische Alter der Schauspielerin ungefähr bekannt ist. Auf dem Bild wirkt sie sehr jung bzw. weist sie zumindest keine Anzeichen des Älterwerdens auf, obwohl sie chronologisch im mittleren Lebensalter ist. Daraus ergibt sich die Andeutung, dass das Produkt fähig ist, Jugend wiederherzustellen. Die dazugehörige Textbotschaft („Anti-Age") wird damit verstärkt und ergänzt. Für die Produzenten der Werbeanzeigen hat diese Vorgehensweise den Vorteil, dass keine nachprüfbar falschen Aussagen gemacht werden, aber Raum für über die textliche Botschaft hinausgehende Interpretationen der Werbeanzeige gelassen wird.

<table>
<tr><td>

Charakteristische Textbeispiele
„Jugendlichkeit aktivierende Pflege" „Erobern Sie die Jugend Ihrer Haut zurück" „Youth Activator" (Anzeige: PR996392)
„Überzeugende Anti-Age Wirkung:Ihre Haut sieht bis zu 10 Jahre jünger aus!" (Anzeige PR903048)
„Geben Sie der Haut die Fähigkeit zurück, für sich selbst zu sorgen" (Anzeige. PR890293)
„Ein makelloses, jugendliches Finish zaubert CHEEK BLUSH – das luxuriöse Puderrouge mit drei aufeinander abgestimmten Farbtönen" (Anzeige PR866235)

</td></tr>
</table>

Anknüpfung „subjektives chronologisches Alterserleben, „subjektives Alterserleben und Körper", „subjektives Alterserleben in Verhandlung mit der Umwelt" mit dem Typ „Jungbrunnen"

Subjektives chronologisches Alterserleben

Der Typus des Jungbrunnens weist gegenüber dem Alter(n)svermeider entsprechend der in ihm implizierten Möglichkeit der Verjüngung die Besonderheit auf, dass er nicht notwendigerweise von einem kontinuierlich „jungen" Alterserleben ausgeht, sondern dass das bereits ältere subjektive Alterserleben wieder in einen „jungen" Zustand versetzt werden kann („Ihre Haut sieht bis zu 10 Jahre jünger aus!").

Dieses Konzept kommt in den in Kapitel 3.3.1 vorgestellten empirischen Untersuchungen zum subjektiven chronologischen Alterserleben nicht vor. Zwar wird festgestellt, dass das subjektive chronologische Alterserleben meistens unter dem tatsächlichen chronologischen Alter liegt, aber keine Untersuchung legt nahe, dass dieses noch weiter „verjüngt" werden kann. Lediglich der Abstand zwischen chronologischem Alter und subjektivem Alterserleben vergrößert sich durchschnittlich mit steigendem Alter. Von einer „Verjüngung" kann aber nicht gesprochen werden, denn immer korrelieren die Maßzahlen in den Untersuchungen zum subjektiven chronologischen Alterserleben positiv mit dem jeweiligen chronologischen Alter, wie z. B. die Untersuchung von Kaufman und Elder (2002) zeigt.

Doch wie in Kapitel 5.2.3.2 ausgeführt, folgen werbliche Konstruktionen ihren eigenen Gesetzen. Häufig werden übersteigerte Inszenierungsformen gewählt und Aspekte, welche die Kaufabsicht nicht erhöhen, ausgespart. Deshalb ist es nicht verwunderlich, dass das Jungbrunnenmotiv als Option für das subjektive chronologische Alterserleben in der teilweise illusionären Werbewelt angeboten wird. Die Werbung greift das Jungbrunnenmotiv auf und formuliert entsprechende Andeutungen, diesen Wunsch erfüllen zu können.

Subjektives Alterserleben und Körper

Der Körper spielt beim Konzept des Jungbrunnens eine Schlüsselrolle, denn eine Verjüngung bedeutet erst einmal eine Verjüngung des Körpers. Und natürlich wird diese Rolle in der Kosmetikwerbung noch einmal besonders betont.

Die gemäß Gugutzer für das Alterserleben relevanten Körperkategorien Körperbiografie, Körperbild, körperliche Grenzerfahrung und Körperkontrolle (Gugutzer 2008, S. 183) lassen sich mit dem Typus des Jungbrunnens folgendermaßen verknüpfen:

Für die Kategorie Körperbiografie, die auf den Körper als Produkt biografischer Selbsterzählungen verweist, bei der die Veränderungen des eigenen Körpers und die Erfahrungen, die damit einhergehen, in eine subjektiv stimmige Körperbiografie integriert werden, kann der Jungbrunnen als ein Ausweg aus einer nicht mehr stimmigen Körperbiografie angesehen werden. Ein Jungbrunnen ermöglicht deutlicher und stärker als der Alter(n)sverweigerer die gezielte Veränderung des eigenen Körpers. Mittels dieser Konstruktion kann der – eigentlich gealterte – Körper wieder in eine stimmige junge Körperbiografie integriert werden.

Dies berührt auch die Kategorie Körperbild. Der Jungbrunnen erlaubt, zumindest als werbliche Konstruktion, ein negatives Körperbild in ein positives umzumünzen und damit ein positives Selbstbild, Selbstakzeptanz und -wertschätzung zu gewinnen. Während der Alter(n)svermeider mit der Argumentation arbeitet, dass das Ideal- und Realbild des Körpers dauerhaft in Einklang bleiben können, verspricht der Jungbrunnen darüber hinaus eine bereits vorhandene Kluft wieder zu schließen.

Auch bereits durchlebte leiblich-körperliche Grenzerfahrungen und das Gefühl des Verlustes der Leib-Körper-Kontrolle können mit Hilfe des Jungbrunnens wieder ausgemerzt werden, weiterhin nur bezogen auf die illusionäre Welt der Werbung.

Subjektives Alterserleben in Verhandlung mit der Umwelt

Mit dem Älterwerden steigt die Wahrscheinlichkeit, dass biografische Vergleiche mit dem eigenen Körper und intersubjektive Vergleiche mit den Körpern anderer nicht wie gewünscht ausfallen. Empirisch zeigen die Beispiele von Hurd (1999) oder Lund und Engelsrud (2008), wie gängig der Versuch einer Abgrenzung gegenüber als „alt" wahrgenommenen Personen ist (siehe Kapitel 3.3.3.2). Gelingt dies nicht mehr, kann der Jungbrunnen Abhilfe schaffen – wenn vielleicht auch nur für die Dauer der Betrachtung einer Werbeanzeige.

Heikel ist für den Jungbrunnen jedoch die Frage nach dem „altersgemäßen Auftreten". Wie Schoemann und Branscombe (2011) empirisch zeigen, ist der sichtbar unternommene Versuch, jünger auszusehen, z. B. durch Operationen, bislang wenig sozial akzeptiert. Twigg analysiert, dass bei der Wahl von Kleidung auch Überlegungen zur Einordnung in eine Altersgruppe mitspielen und dass ein „zu junges" Auftreten häufig als unangemessen beurteilt wird. Im Englischen gibt es dafür den Ausdruck „mutton dressed as lamb", in Deutsch „auf jung machen".

Für Kosmetikprodukte jedoch relativiert sich diese Problematik. Schließlich findet der Konsum von Kosmetikprodukten anders als das Tragen von Kleidung in der Regel nicht in der Öffentlichkeit statt und stellt anders als ein operativer Eingriff auch keine starke und plötzliche Veränderung dar. Durch dekorative Kosmetik werden sichtbare Signale an die Umwelt gesendet, durch Pflegeprodukte weniger. Deshalb ist der Einsatz des Werbetyps Jungbrunnen für Pflegeprodukte relativ konfliktfrei möglich. Dekorative Kosmetik hingegen wird zumindest hier im Sample passenderweise nicht mit dem Typus des Jungbrunnens beworben (siehe dazu auch Kapitel 6.2.4).

6.1.3.5 Charakterisierung des Typs 3: „Alter(n)svorbild"

Konstruktion des Nutzenversprechens des Typs Alter(n)svorbild

Der Typ des Alter(n)svorbilds unterscheidet sich vom Alter(n)svermeider oder vom Jungbrunnen vor allem darin, dass zumindest das chronologische Alter(n) nicht als vermeidbar oder veränderbar konstruiert wird. Eher wird offensiv mit dem chronologischen Alter(n) umgegangen.

Deshalb ist das Nutzenversprechen nicht das Jungbleiben oder gar die Möglichkeit einer Umkehrung des Alterungsprozesses, sondern es wird argumentiert, dass das chronologische Älterwerden keine, positive oder vernachlässigbare Veränderungen mit sich bringt.

Entsprechend wird in den Texten häufig und explizit auf das Alter(n) Bezug genommen, dabei aber betont, dass das Thematisierte eigentlich keiner Erwähnung wert ist („Denn Schönheit kennt kein Alter" oder „Mein Alter? Nebensache!

Hauptsache man sieht es mir nicht an"). Letztlich wird eine widersprüchliche Botschaft gesendet: Zum einen wird das chronologische Alter(n) als Gradmesser für das subjektive Alterserleben herausgestellt, gleichzeitig wird betont, wie unbedeutend es sei.

Diese Widersprüchlichkeit setzt sich in der Bilddarstellung fort. Beim Alter(n)svorbild wird, auch deshalb die Bezeichnung des Typs als Alter(n)svorbild, immer mit Personenabbildungen gearbeitet. Diese werden zumindest als mehrdeutig, häufig aber auch als alternd präsentiert. An den Werbefiguren sind häufig Falten, die auf Alterungsprozesse hinweisen, etwa um die Augen oder um den Mund, sichtbar. Oft handelt es sich gleichzeitig um prominente „Testimonials", deren Alter einer breiten Öffentlichkeit bekannt ist. Trotz des erkennbaren höheren Alters machen die Werbefiguren einen jugendlichen Eindruck. Dementsprechend ist das Alter(n) in diesen Anzeigen zwar vorhanden und sichtbar, aber es ist auf eine eigentümlich „jugendliche" Art höchstens erahnbar. Veränderungen der Körperform und des Körpervolumens, Hauterschlaffungen z. B. am Hals oder eine Umwandlung der Gesichtsproportionen, die ebenfalls mit dem Alter(n) einhergehen können, werden ausgespart.

Eine ähnliche Beobachtung zur gleichzeitigen Sichtbarkeit und Unsichtbarkeit des Alter(n)s in Werbeanzeigen machen Ylänne-McEwen et al. (2009), die für ihre Untersuchung zur Porträtierung Alternder gezielt solche Werbefiguren in ihr Sample aufgenommen haben, die als mindestens 60 Jahre alt kodiert sind. Trotz dieser Altersschätzung durch die Kodierenden wirken die Werbefiguren eigentümlich „jung"-alt (Ylänne-McEwen et al. 2009, S. 56).

Eine weitere Parallele zu den Beobachtungen der Untersuchung von Ylänne-McEwen et al. ist, dass ebenso wie in deren Sample auch hier typischerweise die Inszenierung der alternden Werbefiguren so gestaltet ist, dass diese direkt in die Kamera schauen. Damit, so Kress und van der Leeuwen, wird auf visuellem Wege eine Aufforderung zur Identifikation oder zumindest Verbundenheit mit der Werbefigur inszeniert. Entsprechend werden diese Bilder als „demand images" bezeichnet (Kress und van Leeuwen 2004, S. 122).

Zu einiger Bekanntheit hat es eine Anzeigenserie der Marke Dove gebracht. Unter anderem Kühne (2005) oder Boos (2008) haben diese Anzeigenmotive diskutiert. Die teilweise auch im Sample vorkommenden Bildmotive dieser Marke stehen beispielhaft für die alltagsnahe Porträtierung alternder Werbefiguren, im Kontrast zur häufig beim Jugendklassiker vorkommenden stilisierten Darstellung.

Zudem gibt es, ebenfalls wie bei der Untersuchung von Ylänne-McEwen et al., eine auffällige Häufung von prominenten Werbefiguren bei diesem Typ. Auch diejenigen Werbefiguren, die nicht prominent sind, werden häufig als Persönlichkeiten inszeniert, z. B. durch Namensgebung („Holly trägt Beauty Lift Make-up Nr. 030 Beige", Anzeige PR PR949479 +PR960557).

Der Typ Alter(n)svorbild wird vor allem als Leitbild inszeniert, die Werbefiguren werden als Vorkämpferinnen für das „richtige" Altern ins Licht gerückt.

Charakteristische Textbeispiele
„Strahlend schöne Haut ist keine Frage des Alters
Dove pro age. Denn Schönheit kennt kein Alter" (Anzeige PR996014)
„"Meine Weiblichkeit endet glücklicherweise nicht mit den Wechseljahren". Dayle Haddon" (Anzeige PR890261+PR821436)
„Schönheit ist Lebensfreude. Mein Alter? Nebensache! Hauptsache man sieht es mir nicht an" (Anzeige PR866306)
„Die Haarwurzel der Frau ist bis zur Menopause (Wechseljahre) durch einen hohen Anteil weiblicher Hormone (Östrogen) geschützt. Danach sinkt dieser Anteil und der Einfluss der männlichen Hormone nimmt zu. Die coffeinhaltige Rezeptur dieses Tonikums trägt dazu bei, dass das Haarwachstum nicht erschlafft. Plantur39 für das Haar ab 40" (Anzeige PR838849)
„50 – na und?" (Anzeige PR783691)

Anknüpfung „subjektives chronologisches Alterserleben, „subjektives Alterserleben und Körper", „subjektives Alterserleben in Verhandlung mit der Umwelt" mit dem Typ „Alter(n)svorbild"

Subjektives chronologisches Alterserleben

Wie beschrieben, wird beim Typ Alter(n)svorbild ein anderer Zugang zum subjektiven chronologischen Alterserleben gewählt als bei den beiden vorangegangenen Typen. Bei diesem Typ spielt subjektives chronologisches Alterserleben keine Rolle, sondern nur das tatsächliche chronologische Alter. In vielen Anzeigen wird gezielt auf ein für die Werbung ungewöhnlich hohes chronologisches Alter der Werbefiguren hingewiesen („Jane Fonda, 70 Jahre", PR612326). Allerdings wird implizit oder explizit argumentiert, dass ungeachtet dieses offensiv kommunizierten chronologischen Alters die Person jünger wirkt als andere Personen dieser Alterskategorie und dass diese eigentlich nicht in diese Kategorie passt.

Das Alter(n)svorbild wirkt demnach nicht auf das Alter(n) ein, sondern auf das Aussehen – passend zur Floskel „für sein Alter gut aussehen". Mit dieser Redewendung beschäftigen sich Mehlmann und Ruby (2010). Sie sehen darin ein „Kompliment mit Vorbehalt und Platzanweisung gleichermaßen" (Mehlmann und Ruby 2010, S. 9). Die betreffende Person befindet sich in einem Alter, in dem sozusagen kein Anspruch mehr darauf besteht, gut auszusehen. Für Mehlmann und Ruby impliziert die Redewendung Anerkennung dafür, dass es jemandem gelingt, sein „richtiges" Alter – aus dem kein Geheimnis gemacht wird – zu unterlaufen. Es wird folglich gleichzeitig das chronologische Alter als nicht verhandelbar konstruiert, andererseits versichert, dass es trotzdem keinen Unterschied zu früheren

Lebensphasen gibt oder dass man eigentlich doch in eine andere Alter(n)skategorie gehört. Der Trumpf besteht gerade darin, chronologisch zu altern, in anderen Dimensionen des Alterserlebens aber jung zu bleiben.

Ein Alltagsbeispiel für diese Art von Alter(n)skonstruktion ist der Umgang mit dem 50. Geburtstag. Dieser stellt eine Art „magische Grenze" in der westlichen Welt dar. Diese Grenze lässt sich nicht nur in der Werbung, sondern auch in anderen Medienarten oder anhand der Analyse von Alltagsgesprächen beobachten. Nikander (2009) zeigt in einer Analyse zu Alltagsdiskursen zum 50. Geburtstag diskursive Verhandlungen zu Kontinuität und Veränderungen durch das Alter. Charakteristisch ist die Betonung der Akzeptanz des Alters, gleichzeitig die Vergewisserung, körperlich noch „jünger" zu sein als in dieser Alterskategorie üblich (Nikander 2009, S. 871).

Subjektives Alterserleben und Körper

Um den offensiven Umgang mit dem eigenen chronologischen Alter(n) als werbliches Argument nutzen zu können, das ein Nutzenversprechen beinhaltet, muss der Körper als vom Alter(n) sozusagen unantastbar konstruiert werden. Anders als beim „Alter(n)sverweigerer" oder beim Jungbrunnen stehen gravierende Veränderungen des Körpers durch das Alter(n) gar nicht erst zur Debatte.

Für die für das Alterserleben relevanten Körperkategorien Körperbiografie, Körperbild, körperliche Grenzerfahrung und Körperkontrolle (Gugutzer 2008, S. 183) ergeben sich daraus folgende Konstruktionen:

Die Körperbiografie ist hier vor allem an ein Verständnis vom eigenen Körper geknüpft, der trotz des Alter(n)s kaum von Alterserscheinungen geprägt ist. Leiblich-körperliche Schlüsselerlebnisse, die einen bedeutsamen lebensgeschichtlichen Einschnitt darstellen, der zu Selbstreflexionen Anlass gibt (Gugutzer 2008, S. 184) und deshalb die eigene Körperbiografie verändert, kommen beim Alter(n)svorbild nicht vor. Betont werden eher „chronologische Schlüsselerlebnisse", also Altersstufen oder Geburtstage, die als besonders einschneidend empfunden werden („50 na und", „ab 40 (...)"). Die Nutzenbotschaft wird so konstruiert, dass trotz dieser chronologischen Schlüsselerlebnisse die als dazugehörig konstruierten leiblich-körperlichen Schlüsselerlebnisse ausbleiben oder moderater ausfallen als erwartet.

Entsprechend wird das Körperbild als zwar gealtert, aber „für das Alter gut aussehend" konstruiert. Auch leiblich-körperliche Grenzerfahrungen und Veränderungen der Leib-Körper-Kontrolle spielen bei diesem Typ als Werbethemen keine besondere Rolle, weil die Möglichkeiten negativer Begleiterscheinungen des Alter(n)s ausgeklammert werden.

Dies mag der Grund für den häufigen Einsatz von Prominenten in der Werbung und für die „alltagsnahe" Darstellung anderer Werbefiguren sein, die eine

Art „leibhaftigen" Beweis darstellen, dass das Alter(n) dem Körper nur wenig anhaben kann.

Subjektives Alterserleben in Verhandlung mit der Umwelt

Auch intersubjektive Vergleiche mit anderen müssen bei dieser Werbestrategie anders konstruiert werden als bei den vorangehenden. Es ist Tenor dieses Typs, zum chronologischen Alter(n) offensiv stehen oder dieses bewusst erleben und „genießen" (z. B. PR 805490) zu können. Trotzdem wird der intersubjektive Alter(n)svergleich dadurch nicht gegenstandslos, setzt aber in der Logik des Alter(n)svorbilds an anderen Ansatzpunkten an als beim Alter(n)svermeider oder beim Jungbrunnen.

Statt einer Betonung des Jungseins oder Jüngerwerdens finden sich Andeutungen zu weiteren Dimensionen des subjektiven Alterserlebens, wie etwa die Veränderung des Lebensstils durch das Alter(n), ein verändertes emotionales Erleben sowie die Veränderung von Beziehungen zu anderen, wie etwa im AARC-Konzept vorgestellt (Diehl und Wahl 2010, S. 343). In den Anzeigen des Typs Alter(n)svermeider finden sich statt des Nutzenversprechens von „Jugend" Nutzenversprechen wie „Spontanität" (PR949487+PR967240), „gute Laune" (PR949479+PR960557), „Selbstbewusstsein" (PR758258+PR788978) oder „Lebensqualität" (PR758258+PR788978), demzufolge Nutzenversprechen, die auf Dimensionen wie Lebensstil, emotionales Erleben und die Beziehungen zu anderen abzielen.

Der intersubjektive Vergleich findet bei diesem Typ bezüglich solcher Dimensionen statt. Eine chronologisch gleichaltrige oder jüngere Person kann deshalb im Unterschied zum eigenen subjektiven Alterserleben als älter wahrgenommen werden, weil man selber mit denselben chronologischen oder körperlichen Voraussetzungen anders, anscheinend richtiger, mit ihrer Umwelt interagiert. Werbeaussagen wie „50 – na und" (Anzeige PR783691), „Strahlend schöne Haut ist keine Frage des Alters" (Anzeige PR996014), „Meine Weiblichkeit endet glücklicherweise nicht mit den Wechseljahren" (Anzeige PR890261+PR821436) implizieren einen positiv ausgefallenen Vergleich mit anderen, bei dem zwar kein junges, aber ein „richtiges" subjektives Alterserleben zur Schau gestellt wird.

6.1.3.6 Charakterisierung der Typen 4 und 5: „Jugendklassiker" und „Universalklassiker"

Konstruktion des Nutzenversprechens der Typen Jugendklassiker und Universalklassiker

Die Typen Jugendklassiker und Universalklassiker sind Sonderfälle, da sie in ihrem Nutzenversprechen keinen direkten Bezug zum subjektiven Alterserleben nehmen.

Beim Typ Jugendklassiker wird, wie es in der Werbung lange Zeit fast ausschließlich üblich war, eine junge Werbefigur abgebildet. Diese dient als Blickfang, ohne eine Bezugnahme auf das Thema Alter(n) an anderer Stelle. Die Werbefigur hat eine andere Funktion als bei den drei vorangegangenen Anzeigentypen. Der Jugendklassiker bezieht sich dementsprechend weder auf das subjektive chronologische Alterserleben der Zielgruppe noch auf die Bezugspunkte Körper oder Verhandlungen mit der Umwelt. Die Personendarstellung ist lediglich ein Stilmittel, um Aufmerksamkeit auf die Anzeige und weg von anderen Anzeigen oder redaktionellen Beiträgen der Zeitschrift zu lenken und um damit Aufmerksamkeit für das Produkt zu wecken.

Beim Typ des Universalklassikers wird weder im Text noch im Bild Alter(n) thematisiert. Entweder es wird in der Bilddarstellung auf eine Personendarstellung verzichtet oder aber es werden nur solche Teile des Körpers dargestellt, die kaum eine Aussage zum Alter(n) der Werbefigur zulassen (z. B. Beine, Füße). Der Universalklassiker beschränkt sich auf alter(n)sunabhängige Stilelemente und erreicht so eine Ansprache, die keine Verbindung zum Alter(n) aufweist. Allerdings muss der Universalklassiker entsprechend auch ohne die Vorteile von Personendarstellungen auskommen, also ohne das Aktivierungspotenzial von Personen- und vor allem von Gesichtsdarstellungen (siehe Kapitel 4.4.3).

Charakteristische Textbeispiele
Strahlende Blondreflexe mit der Kraft der Kamille
Die GUHL „Farbglanz Blond"-Serie mit dem Extrakt der Kamille pflegt blondes Haar gezielt, entfernt mattierende Rückstände und sorgt durch sanfte Blondintensivierung für natürlichen, facettenreichen Glanz. Die „Blond-Auffrischende Kur" mit Anti-Gelbstich Effekt schenkt durch einen speziellen Lavendel-Farb-Komplex ein sichtbar helleres, strahlendes Blond. (Anzeige PR783057+PR778362)
Eubos Med Sensible Haut Hand & Nail Gegen spröde Nägel und trockene Haut
Provitamin B5 Aloe Vera Gel + Aquarich mit Lecithin
Zur medizinischen Hautpflege
HAND &NAIL
Die optimale Ergänzung gegen spröde, brüchige Nägel und trockene, raue Hände
(Anzeige PR1018375+PR464203)

Der Universalklassiker bezieht sich demzufolge wie der Jugendklassiker weder auf das subjektive chronologische Alterserleben der Zielgruppe noch auf die Bezugspunkte Körper oder Verhandlungen mit der Umwelt. Deshalb wird auch nicht weiter auf diese Anknüpfungspunkte eingegangen. Es werden an dieser Stelle lediglich einige Beispiele für diese Typen vorgestellt.

Abbildung 14: Anzeigenbeispiel „Jugendklassiker" (Brigitte Woman 01/2010, S. 40)

Abbildung 15:   Anzeigenbeispiel „Universalklassiker" (Brigitte Woman 1/2010, S. 29)

6.1.3.7   Gesamtschau der Typen

Mittels eindimensionaler Typenbildung gemäß der dokumentarischen Methode wurden die folgenden Konstruktionstypen des subjektiven Alterserlebens im Sample herausgearbeitet: Alter(n)svermeider, Jungbrunnen und Alter(n)svorbild sowie die beiden Sonderfälle Jugendklassiker und Universalklassiker. Die verschiedenen Typen bieten jeweils spezifische Möglichkeiten des Umgangs mit den Anknüpfungspunkten „subjektives chronologisches Alterserleben", „Körper" sowie „Verhandlungen des eigenen Alter(n)s mit der Umwelt". Diese werden in Tabelle 12 schematisch dargestellt. Abschließend wird die Typologie, soweit noch nicht im Einzelfall geschehen, in den Kontext der Marketingkommunikation gesetzt. Zudem werden Parallelen zur gerontologischen Forschung zum Alterserleben gezogen und gegebenenfalls Verbindungen zu Ergebnissen anderer Untersuchungen zum Thema Altern und Marketingkommunikation aufgezeigt.

Tabelle 12: Übersicht zu den Anknüpfungspunkten des subjektiven Alterserlebens für die einzelnen Typen

Dimension subjektiven Alterserlebens / Typ	Subjektives chronologisches Alterserleben	Subjektives Alterserleben und Körper	Subjektives Alterserleben in Verhandlung mit der Umwelt
Alter(n)svermeider	junges subjektives Alterserleben	junges Körperbild und junges Idealbild fallen zusammen	im intersubjektiven Vergleich jünger als andere, Abgrenzung gegenüber Älteren
Jungbrunnen	junges subjektives Alterserleben kann wieder erreicht werden	eine nicht mehr stimmige Körperbiografie wird verändert	im intersubjektiven Vergleich (wieder) jünger als andere
Alter(n)svorbild	subjektives chronologisches Alterserleben entspricht dem chronologischen Alter	das körperliche Alter(n) spielt eine untergeordnete Rolle	offensiver Umgang mit dem chronologischen Alter(n) gegenüber anderen, Vergleich in Bezug auf andere Dimensionen des Alterserlebens fällt positiv aus
Jugendklassiker	jung bzw. nicht thematisiert	nicht thematisiert	nicht thematisiert
Universalklassiker	nicht thematisiert	nicht thematisiert	nicht thematisiert

Der Alter(n)svermeider und der Jungbrunnen weisen Parallelen zu der von Moody und Sood beschriebenen Marketingstrategie des „age denials" (siehe Kapitel 4.4.4.2.1) auf. Gemäß Moody handelt es sich dabei um eine der erfolgreichsten und am häufigsten praktizierten Silber-Marketing-Werbestrategien. Age denial greift das Gefühl, subjektiv jünger zu sein, auf, bzw. geht auf den Wunsch ein, jünger werden zu können (Moody und Sood 2010, S. 230).

In der gerontologischen Debatte zu Werbung und Alter(n) werden Maßnahmen der Marketingkommunikation, welche die Strategie des age denials verfolgen bzw. die zu den Typen Alter(n)svermeider und der Jungbrunnen gehören, häufig als Beispiel für Altersfeindlichkeit in der Werbung und für eine nicht angemessene Ansprache von Silber-Marketing-Zielgruppen angesehen (Calasanti 2007, S. 352). Insbesondere werden die meist fehlende Alter(n)sdarstellung im Bild und die mangelnde direkte Ansprache Alternder betont (siehe Kapitel 1.2.3).

Ob nun aber das Gefühl, subjektiv jünger zu sein als das tatsächliche chronologische Alter, oder der Wunsch danach ein Indiz für Alter(n)sfeindlichkeit ist, wird unterschiedlich eingeschätzt. Auf der einen Seite stehen Befunde, die eine stärkere Kongruenz zwischen subjektivem und chronologischem Alter(n) als das Ergebnis der Etablierung „positiver Altersbilder" interpretieren. Auf der anderen Seite wird gerade ein vom chronologischen Alter abweichendes junges subjektives Alter als Zeichen eines positiv verlaufenden Alter(n)sprozesses interpretiert (z. B. Sowarka und Au 2008, S. 9). Und in der Tat konnte empirisch gezeigt werden, dass, wie in Kapitel 3.3.1 vorgestellt, ein subjektives Jüngerfühlen zu einer höheren physischen Leistungsfähigkeit führt (Stephan et al. 2012), allgemein das Wohlbefinden fördert (Westerhof und Barrett 2005) und dass sich sogar das Sterblichkeitsrisiko verschiebt, je jünger man sich fühlt (Kotter-Grühn et al. 2009). Schafer und Shippee (2009) beobachten umgekehrt, dass ein älteres subjektives Alter mit einer pessimistischeren Einschätzung der eigenen kognitiven Leistung einhergeht.

Es lässt sich deshalb nicht eindeutig klären, ob der Alter(n)svermeider und der Jungbrunnen als Indiz von Altersdiskriminierung gewertet werden sollten oder ob diese Typen den Altersverlauf positiv beeinflussen.

Der Typus Alter(n)svorbild zielt nicht auf ein solches subjektives chronologisches Jüngerfühlen ab. In diesem Typus wird das subjektive Alterserleben ähnlich den Vorschlägen von Moody und Sood zum „age-affirmative branding" konstruiert. Marken, die nach dem Muster des „age affirming" arbeiten, konstruieren den Alter(n)sprozess als zu bejahenden, bewusst zu erlebenden und aktiv zu gestaltenden Prozess (Moody und Sood 2010, S. 242).

In der gerontologischen Debatte zu Werbung und Alter(n) werden Maßnahmen der Marketingkommunikation, welche der Strategie des Alter(n)svorbilds folgen, häufig als gelungene und beispielhafte Darstellung des Alter(n)s in der Werbung und der Ansprache der Silber-Marketing-Zielgruppe angeführt. Allen voran ist hier die Kampagne der Marke Dove zu nennen, in der z. B. Kühne (2005, S. 272) eine Erweiterung des inhaltlichen Spektrums sowohl von Alter als auch von Schönheit sieht.

Allerdings fokussiert das Alter(n)svorbild stark auf den Umgang mit dem chronologischen Alter(n). Gerade auf die Frage nach dem Umgang mit dem körperlichen Alter(n) gibt das Alter(n)svorbild keine Antwort – weil das Alter(n) in dieser Konstruktion keine nennenswerten Auswirkungen auf den Körper hat.

Der Typ des Alter(n)svorbilds kann auch als ein Anhaltspunkt für die allgemeine Flexibilisierung und Vervielfältigung chronologischer Alter(n)sgrenzen und Alter(n)snormen verstanden werden, statt ihn als Entwurf eines tatsächlichen neuen Umgangs mit dem Alter(n) selbst zu sehen. Es wurde bereits dargelegt (Kapitel 2.3.2), dass das chronologische Alter(n) als Bezugspunkt für das subjektive Alterserleben zunehmend aus dem Fokus rückt, wie es z. B. aus den Beobachtungen von Blaikie (1999, S. 73), der von einem „Lockern der chronologischen Fesseln" spricht, hervorgeht. Wird dieses Aufweichen des Alterserlebens aber nur als

Abweichung vom chronologischen Alter konstruiert, bleiben trotz dieser Ausdifferenzierung und Flexibilisierung die bestehenden Alter(n)snormen als Orientierungsrahmen gültig und werden vielleicht gerade dadurch stabilisiert (Graefe 2010, S. 36). Aus dieser Sichtweise heraus zeigt das Alter(n)svorbild nur scheinbar eine Alternative des Alterserlebens zu den anderen Typen auf.

Ein ergänzender Hinweis stammt von Kolland und Kahri (2004). Sie sehen im normativen Anspruch des erfolgreichen oder aktiven Alter(n)s, das im Typus des Alter(n)svorbilds seinen Niederschlag findet, einen Wegbereiter für eine stärkere „Vermarktlichung des Alters". Erfolgreiches Altern orientiere sich am fitten, gesunden Körper, der mit steigendem Alter jedoch immer schwieriger zu haben sei (Kolland und Kahri 2004, S. 168). Es kann auf Grundlage dieser Überlegung argumentiert werden, dass das Alter(n)svorbild so neue Konsumanlässe und Bedürfnisse, insbesondere im Bereich Fitness- und Kosmetikprodukte, schafft und die Idee, neue Alter(n)skonzepte zu vermitteln, nur vorschiebt.

Die Typen Universalklassiker und Jugendklassiker, die das Alterserleben aussparen, ähneln den „alter(n)s-unscharfen Marketing-Strategien" (Moody und Sood 2010, S. 229). Für Moody und Sood ist dieses Aussparen skeptisch zu sehen. Nach ihrer Einschätzung bedarf es statt einer solchen Ausweichstrategie einer gezielten Positionierung zum Alterserleben. Darin besteht für sie der Schlüssel zum Erfolg auf demografisch und sozial veränderten Absatzmärkten (Moody und Sood 2010, S. 244 f.).

Vorbedingung dieser Einschätzung ist jedoch, dass das Alterserleben ein bewusster und als wesentlich erlebter Prozess ist. Aus der gerontologischen Forschung zum subjektiven Alterserleben ergibt sich das nicht unbedingt. Zwar betrachten einige das Erleben des Älterwerdens als eine einschneidende Erfahrung im Erwachsenenalter (Diehl und Wahl 2010, S. 340), an anderer Stelle wird jedoch argumentiert, dass von einer Relevanz des Älterwerdens für das eigene Leben nicht per se ausgegangen werden könne (Graefe et al. 2011, S. 299).

Auch in der Silber-Marketing-Forschung wird Altern vielfach nicht als an sich relevant für ein erfolgreiches Silber-Marketing angesehen. Wie in Kapitel 4.4.3 aufgeführt, scheint eine nach dem Alter differenzierte Ansprache von der Zielgruppe nicht gewünscht zu sein, sondern es werden Alternativen wie eine intergenerationale bzw. eine universale Ansprache vorgezogen. Natürlich ist es auch je nach Produkt unterschiedlich, ob eine Bezugnahme zum Alterserleben als sinnvoll oder notwendig anzusehen ist, manche Produkte haben direkt mit dem Alter(n) zu tun, andere nicht.

Abschließend lässt sich festhalten, dass die unterschiedlichen Konstruktionstypen des Alterserlebens in der Werbung für jeweils unterschiedliche Strategien im werblichen Umgang mit den Anknüpfungspunkten „subjektives chronologisches Alterserleben", „Alterserleben und Körper" sowie „Alter(n)sverhandlungen mit der Umwelt" stehen. Mit der Typisierung und Charakterisierung dieser Typen ist das erste Ziel dieser Arbeit, ein Sichtbarmachen solcher Konstruktionen und Charakterisierung der gefundenen Typen, erreicht. Auf Basis dieser eindimensionalen Typenbildung sollen nun die Typen in einen außerhalb des Samples liegenden Kontext eingebunden werden. Damit werden im nächsten Abschnitt den im Sample gewonnenen Erkenntnissen weitergehende Informationen zu Konstruktionen des Alterserlebens in der Werbung hinzugefügt.

6.2   Ablauf und Ergebnisse der mehrdimensionalen Typenbildung

6.2.1   *Mehrdimensionalität: Ergänzung der Typologie*

Mit der mehrdimensionalen Typenbildung der dokumentarischen Methode wird die Typologie sozusagen nach außen geöffnet. Es geht bei diesem Schritt um die systematische Einbeziehung weiterer Sinnebenen, die zu neuen Erkenntnissen für das Sample führen, indem sie zeigen, wie das Sample innerhalb eines größeren Kontextes gelagert ist. Dafür tritt der einzelne Fall in den Hintergrund und das Sample wird in seiner Gesamtheit betrachtet (Nentwig-Gesemann 2007, S. 297). Hier ist dieser größere Kontext die Verbreitung der Werbeanzeigen des Samples in Zeitschriften, die sich gerade nicht an die Zielgruppe „Frauen ab dem mittleren Lebensalter" richten. Durch diese Kontrastierung lässt sich feststellen, ob bei der Konstruktion des subjektiven Alterserlebens in der Anzeigenwerbung für andere Zielgruppen andere Schwerpunkte gesetzt werden als bei der Ansprache der Zielgruppe des Samples.

Ziel des Verfahrens der mehrdimensionalen Typenbildung, also der Rückbindung von Ergebnissen auf der konkret untersuchten Ebene in einen größeren Kontext, ist in der Regel die Bildung neuer Theorien oder Hypothesen. Dieser Anspruch ist bei der Dokumentenart Werbeanzeige, die hier ja vor allem als illusionäres Medienprodukt mit eigenen Gesetzmäßigkeiten verstanden wird, zumindest nicht direkt einzulösen. Die Konstruktionen des Alterserlebens in Werbeanzeigen erlauben keine direkten Rückschlüsse auf das Alterserleben von Personen außerhalb des Kontextes Marketingkommunikation. Auch wenn hier angenommen wird, dass das subjektive Alterserleben von gesellschaftlichen Konstruktionen, wie sie unter anderem in der Werbung vorkommen werden, mitbestimmt wird, bleiben die Ergebnisse der mehrdimensionalen Typenbildung erst einmal auf den Geltungsbereich von Werbung beschränkt. Sie beziehen sich auf das Bezugssystem Werbung. Wie schon bei der eindimensionalen Typenbildung wird hier die Frage nach der „structure" gestellt, also danach, welche Bedingungen des subjektiven Alterserlebens vorgefunden werden. Im Fokus steht weniger eine

„agent"-Frage, also die Frage danach, wie subjektives Alterserleben tatsächlich erfahren wird.

Ansätze zur Theoriebildung oder zumindest der Möglichkeit der Hypothesenbildung ergeben sich eher aus einer Marketingperspektive. Da die Leitwissenschaft hier jedoch die sozialwissenschaftliche Gerontologie ist und die Marketingwissenschaft als Ergänzung fungiert, ist dies eher perspektivisch zu sehen und an anderer Stelle detailliert auszuarbeiten.

Aus der Perspektive der sozialwissenschaftlichen Gerontologie handelt es sich bei der mehrdimensionalen Typenbildung um eine ausführlichere Beschreibung der alter(n)srelevanten Umwelt, als dies durch die eindimensionale Typenbildung allein möglich ist. Durch diesen Abgleich wird der Blick auf das erarbeitete Modell der Konstruktion des subjektiven Alterserlebens für die Zielgruppe des Samples, Frauen ab dem mittleren Lebensalter, noch einmal geschärft und kontrastiert mit Konstruktionen subjektiven Alterserlebens, die für andere Zielgruppen von Werbung eingesetzt werden.

An dieser Stelle werden Fragen nach der Fallanzahl der einzelnen Typen relevant, um ihr Vorkommen im Sample mit dem Vorkommen in anderen Werbeträgern in Bezug setzen zu können. Hiermit wird keine nachträgliche Quantifizierung des vorher durchgeführten rekonstruktiven Forschungsprozesses angestrebt. Stattdessen handelt es sich um die Kombination verschiedener Forschungsmethoden im Rahmen eines integrativen Forschungsdesigns, hier in Form eines Aufeinanderfolgens von rekonstruktiven und quantitativen Methoden. Die mehrdimensionale Typenbildung ist ein eigenständiger, auf der rekonstruktiven Analyse aufbauender Forschungsschritt, für den die quantitative Vorgehensweise adäquat ist. Rekonstruktive und quantitative Anteile der Untersuchung sind also in Form eines sequenziellen rekonstruktiv-quantitativen Designs hintereinandergeschaltet. Dabei ist der rekonstruktive Teil keine vorbereitende Stufe zum quantitativen Teil, sondern beide Auswertungsarten stehen nebeneinander und liefern jeweils andere Informationen auf der Grundlage von Daten unterschiedlicher Herkunft und bezogen auf unterschiedliche Fragestellungen. Die quantitative Herangehensweise ergänzt folglich die rekonstruktiven Informationen. Wie dieser Forschungsschritt abläuft, soll im nächsten Abschnitt vorgestellt werden.

6.2.2 Ergänzende Fragen und Materialien

Eine quantitative Weiterbearbeitung rekonstruktiver Daten gestaltet sich bisweilen als schwierig, weil sich die aus rekonstruktiven Arbeiten gewonnenen Erkenntnisse häufig auf Menschen und deren Einstellungen sowie Bewältigungsstrategien beziehen, weshalb eine Übertragung der Ergebnisse auf andere Populationen nicht ohne Weiteres möglich ist.

Im Fall der untersuchten Dokumentenart „Werbeanzeigen" bestehen diese Schwierigkeiten nicht, denn anders als bei Fragestellungen, die sich direkt auf

Menschen und ihr Verhalten und ihre Einstellung beziehen, bei denen von Unterschieden von Person zu Person ausgegangen werden kann, erfolgt hier die Bezugnahme auf beliebig vervielfältigbare Werbeanzeigen. Sie sind in aller Regel in identischer Form in verschiedenen Trägermedien vertreten. Auch die Botschaft, die sie transportieren, ist entsprechend immer dieselbe. Es ist demzufolge möglich, die zu einem Typ zusammengefassten einzelnen Werbeanzeigen auch in anderen Trägermedien aufzuspüren. Diese Bestandsaufnahme soll zunächst die quantitative Verbreitung der einzelnen Typen zeigen. Danach werden die Produktarten, für die mit den unterschiedlichen Typen geworben wird, dargestellt. Abschließend werden die Anzeigenbudgets, die für die jeweiligen Anzeigentypen aufgewendet werden, dargelegt.

Durch die quantitative Vorgehensweise ist es möglich, Strukturen begrenzter Reichweite – hier die rekonstruktiv ermittelten Typen von Konstruktionen subjektiven Alterserlebens – durch die quantitativen Ergänzungen in einem größeren Zusammenhang sichtbar zu machen (Kelle 2008b, S. 279). Zu beachten ist bei der quantitativen Analyse, dass es sich bei den rekonstruktiv ermittelten Typen um Nominal- und nicht um Realtypen handelt. Selbstverständlich wäre eine andere oder weitere Unterteilung möglich gewesen, die zu einer anderen mengenmäßigen Verteilung der Typen geführt hätte. Ziel dieser quantitativen Analyse ist deswegen nicht eine Darstellung der absoluten Häufigkeit des Vorkommens der verschiedenen Typen an sich, sondern die Darstellung ihrer Verhältnisse zueinander und die Wandlungen dieser je nach analysierter Gruppe von Zeitschriften, die sich dadurch unterscheiden, an welche Zielgruppe sie sich wenden. Es geht demnach auch bei der mehrdimensionalen Analyse um den Vergleich und die Kontrastierung der verschiedenen Typen in den unterschiedlichen Dimensionen und um deren Relation zueinander.

Die zu vergleichenden Anzeigengruppen, die auch in Abbildung 16 dargestellt werden, sind:

- das Sample, bestehend aus zwei Zeitschriften mit der Zielgruppe „Frauen ab dem 40. Lebensjahr" mit 150 Anzeigenschaltungen der typisierten Anzeigen

- die in Deutschland im Jahr 2009 erschienenen anderen Frauenzeitschriften (Klassifikation nach TMC) ohne Sample bestehend aus 55 Zeitschriften mit 1 147 Anzeigenschaltungen der typisierten Anzeigen

- die in Deutschland erschienenen weiteren Publikumszeitschriften (Klassifikation nach TMC) ohne Frauenzeitschriften und Sample bestehend aus 264 Zeitschriften mit 470 Anzeigenschaltungen der typisierten Anzeigen

Insgesamt wurden 2009 von der Agentur TMC 321 Publikumszeitschriften, davon 57 Frauenzeitschriften beobachtet. Einige wenige Zeitschriften mögen nicht erfasst sein, etwa Eigenproduktionen ohne Verlagsbindung, doch es ist anzunehmen, dass diese für das Silber-Marketing eine zu vernachlässigende Rolle spielen.

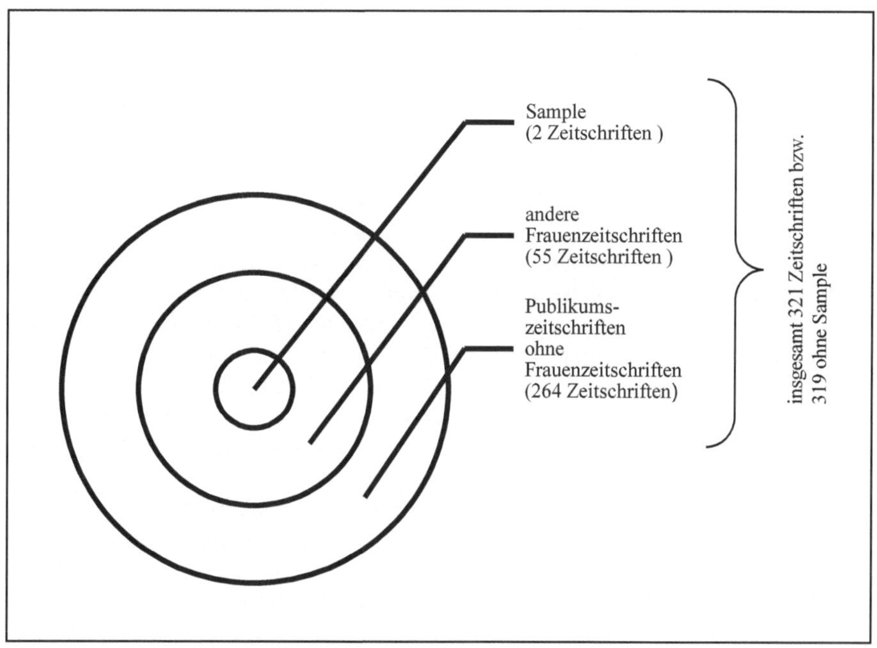

Abbildung 16: Vergleichsgruppen der mehrdimensionalen Typenbildung

Die konkreten Forschungsfragen, die durch die Verknüpfung der Betrachtung der Anzeigentypen im Sample mit anderen Publikumszeitschriften beantwortet werden sollten, um die ermittelten Typen in Bezug auf die quantitative Verteilung der Typen, Produkte und Anzeigenbudgets mehrdimensional zu beschreiben, waren:

- Wie verteilen sich die ermittelten Typen auf die Anzeigen im Sample, wie im Vergleich dazu auf die anderen Zeitschriftengruppen?
  ($\rightarrow$ Kapitel 6.2.3, Mehrdimensionalität 1)

- Welche Produkte werden mit welchem Anzeigentyp beworben?
  ($\rightarrow$ Kapitel 6.2.4, Mehrdimensionalität 2)

■ Welche Werbebudgets werden für welchen Typ in welcher der Gruppen aufgewandt? (→Kapitel 6.2.5, Mehrdimensionalität 3)

■ Darüber hinaus interessiert als zusätzliche Fragestellung, wie sich die rekonstruktive Interpretation mit der Rezeption durch die Zielgruppe deckte, und
zwar am Beispiel der Kategorienausprägungen des subjektiven chronologischen Alterserleben in der Bildansprache
(→Kapitel 6.2.6, Mehrdimensionalität 4).

Daten zur Beantwortung dieser ergänzenden Forschungsfragen ergaben sich aus
Informationen aus den sogenannten „Media Schedules" zu den einzelnen Anzeigen. Hier wurden die von der Agentur TMC erstellten Schedules verwendet. Solche Media Schedules enthalten Informationen wie Datum des Erscheinens der jeweiligen Anzeige, eine Auflistung der Trägermedien, in denen die Anzeige
erschienen ist, sowie Informationen dazu, auf welcher Seite und zu welchem Lis-
tenpreis. Beispiele für solche Media Schedules wurden im Materialband archiviert. Um Daten für die Beantwortung der zusätzliche Frage nach der Rezeption
durch die Zielgruppe zu gewinnen, wurde eine Umfrage in der Zielgruppe des
Samples, mit Frauen ab dem mittleren Lebensalter, durchgeführt.

Die erste Frage ermittelte, ob es Unterschiede bei den in der Werbung verwendeten Konstruktionen des Alterserlebens in der Ansprache von Zielgruppen
mit dem Alter(n)skonstrukt „ab 40" im Vergleich zu anderen Zielgruppen gibt.

Die zweite Frage sollte zeigen, ob es Produktgruppen gibt, für die bestimmte
Typen besonders häufig eingesetzt werden. Die dritte Frage liefert Informationen
über die für die einzelnen Typen aufgewandten Werbebudgets und die vierte Frage
schließlich schließt an die Wahrnehmung der Rezipientinnen an.

6.2.3   Mehrdimensionalität 1: Verbreitung der Typen

Die Beantwortung der ersten auf die Mehrdimensionalität der Typen bezogenen
Forschungsfrage gibt einen Überblick zur Verbreitung der einzelnen Typen im
Sample und in den anderen Zeitschriftengruppen und zu den Unterschieden in der
Verteilung in den Gruppen.

Es zeigte sich, wie in Abbildung 17 grafisch dargestellt, dass der Typus des
„Alter(n)svorbilds" im Sample prozentual am häufigsten vertreten ist (41 % der
Anzeigen), etwas weniger häufig (36 % der Anzeigen), aber immer noch häufiger
als andere Typen in anderen Frauenzeitschriften (Gruppe b), und noch weniger
häufig (26 % der Anzeigen) in den Publikumszeitschriften, die nicht als Frauenzeitschriften klassifiziert wurden. Auf dem Gesamtzeitschriftenmarkt (ohne
Sample) ist der prozentuale Wert des „Alter(n)svorbilds" ein Durchschnitt aus den
vorangegangenen Gruppen, er liegt prozentual gleichauf mit dem „Jugendklassiker" (jeweils 33 %).

Auch die Häufigkeit des Typs „Jungbrunnens" sinkt vom Sample (19 %), in der er noch die zweithäufigste Gruppe ausmacht, auf 15 % in der Gruppe der anderen Frauenzeitschriften und schließlich auf 6 % in der Gruppe der Publikumszeitschriften ohne Frauenzeitschriften. Für die Gruppe aller Zeitschriften ohne Sample ergibt sich ein Wert von 12 %.

Auch der Alter(n)svermeider findet sich genauso wie das Alter(n)svorbild und der Jungbrunnen am häufigsten im Sample (10 %), gefolgt von der Gruppe der anderen Frauenzeitschriften (7 %) und am seltensten in der Gruppe der Publikumszeitschriften ohne Frauenzeitschriften (5 %). Allerdings ist er mit einem Anteil von 6 % auf dem Gesamtmarkt für Publikumszeitschriften der insgesamt am seltensten vorkommende Typ.

Für den Typ des Jugendklassikers stellten sich die Häufigkeitsverhältnisse vergleichen mit den vorangegangenen drei Gruppen beinahe spiegelverkehrt dar. Im Sample kommt der Jugendklassiker vergleichsweise selten vor (17 %), während er in der Gruppe der anderen Frauenzeitschriften mit 29 % an zweiter Stelle nach dem Alter(n)svorbild steht und in der Gruppe der anderen Zeitschriften den größten Anteil hat (41 %). In der Gesamtgruppe aller Zeitschriften ohne Sample bildet er nach dem Alter(n)svorbild mit 31 % die zweithäufigste Gruppe.

Schließlich ist der Universalklassiker als insgesamt dritthäufigster Typ (15 % in der Gruppe aller Publikumszeitschriften ohne Sample) recht häufig vertreten in der Gruppe der Publikumszeitschriften, die sich nicht an die Zielgruppe Frauen wenden (21 %), im Sample weist er 14 %, bei den anderen Frauenzeitschriften 13 % auf.

Diese Verschiebungen der Relationen der einzelnen Typen zueinander in den jeweiligen Gruppen sind ein Hinweis darauf, dass tendenziell versucht wird, die Zielgruppe „Frauen ab dem mittleren Lebensalter" mit anderen Konstruktionen des Alterserlebens zu gewinnen als andere Zielgruppen.

Einen Überblick zu den prozentualen Verhältnissen in den einzelnen Gruppen gibt Abbildung 17. Tabelle 13 liefert die dazugehörigen absoluten Zahlen, wobei, wie einleitend erwähnt, zu beachten ist, dass es sich bei den Typen um Ideal- und nicht um Realtypen handelt. Es hätten demnach noch beliebige weitere Untergruppen von Typen gebildet werden können. Auch sind die einzelnen Gruppen von Zeitschriften unterschiedlich groß, so dass die absolute Anzahl des Vorkommens der jeweiligen Typen für sich genommen wenig aussagekräftig, sondern vor allem für die Ermittlung der prozentualen Werte hilfreich ist.

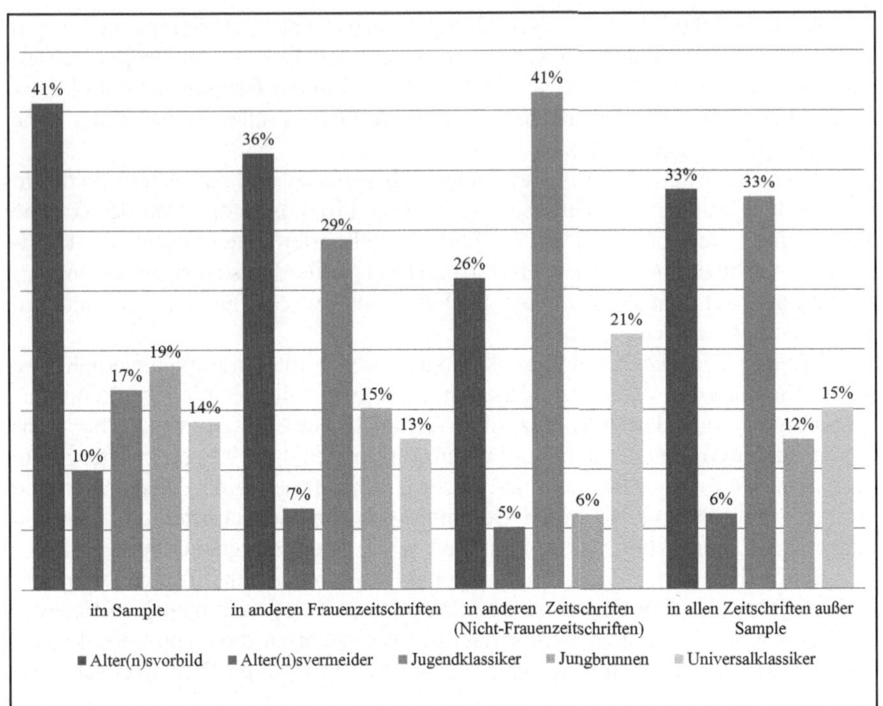

Abbildung 17:   Prozentuale Verteilung der Typen pro Vergleichsgruppe

Tabelle 13:   Absolute Verteilung der Typen pro Vergleichsgruppe

Ermittelter Typ von Konstruktion vom Alterserleben	im Sample	in anderen Frauenzeitschriften	in anderen Zeitschriften (Nicht-Frauenzeitschriften)	in allen Zeitschriften außer Sample
Alter(n)svorbild	61	418	122	540
Alter(n)svermeider	15	77	24	101
Jugendklassiker	25	335	195	530
Jungbrunnen	28	173	29	202
Universalklassiker	21	144	100	244
Gesamtergebnis	150	1147	470	1617

Im zweiten Schritt sollten diese am prozentualen Ergebnis sichtbaren Unterschiede der Verteilung statistisch überprüft werden. Da Daten zur Gesamtheit der in Deutschland erschienenen Publikumszeitschriften in Form der von der Agentur TMC erstellten Media Schedules vorlagen, konnten hier Analysewerkzeuge der deskriptiven Statistik zur Anwendung kommen. Anders als die induktive Statistik, die zur Prüfung von Hypothesen dient, ist es Aufgabe der deskriptiven Statistik, Strukturen und Zusammenhänge in den Daten zu finden und übersichtlich darzustellen. Das für Typisierungsansätze charakteristische Element, Unterschiede zwischen Typen und Verhältnisse zueinander zu beschreiben, anstatt hypothesenprüfende Fragen zu beantworten (Saake 2006, S. 134), bleibt also, trotz einer quantifizierenden Vorgehensweise, hier als Prinzip der Analyse auch im quantitativen Teil der Arbeit als Fortsetzung der rekonstruktiven Vorgehensweise erhalten.

Konkret wurde dargestellt, ob die in den einzelnen Gruppen ermittelten Verteilungen zu den anderen Gruppen statistisch unabhängig sind oder nicht. Es wurde davon ausgegangen, dass bei statistischer Abhängigkeit die Verteilung in den einzelnen Gruppen der Verteilung in der Gesamtgruppe der Zeitschriften entsprechen müsste. Um dies zu messen wurden der sogenannte P-Wert und die Effektstärke mit Cramer-V ermittelt.

Stellt man das Sample mit allen anderen Zeitschriften in Bezug ergibt sich das in Tabelle 14 gezeigte Ergebnis.

Tabelle 14: Statistische (Un-)Abhängigkeit Sample und andere Publikumszeitschriften

	im Sample	in allen Zeitschriften außer Sample	Summe
Alter(n)svorbild	61 (40,7%)	540 (33,4%)	601 (34,0%)
Alter(n)svermeider	15 (10,0%)	101 (6,2%)	116 (6,6%)
Jugendklassiker	25 (16,7%)	530 (32,8%)	555 (31,4%)
Jungbrunnen	28 (18,7%)	202 (12,5%)	230 (13,0%)
Universalklassiker	21 (14,0%)	245 (15,1%)	265 (15,0%)
Gesamtergebnis	150 (100%)	1617 (100%)	1767 (100%)
Statistik			
p-Wert nach Chi-Quadrat nach Pearson	< 0,001		
Cramer-V	0,108		

Hier kann man schon anhand der relativen Verteilung erkennen, dass im Sample der Anteil des Alter(n)svorbilds am höchsten ist. Der p-Wert ist zwar signifikant, doch die gemessene Effektstärke (Cramer-V) mit 0,11 schwach, man kann also von einer Unabhängigkeit der beiden Gruppen voneinander ausgehen. Beim Vergleich zu den anderen Frauenzeitschriften ergibt sich ein ähnliches Bild (Tabelle 15).

Tabelle 15: Statistische (Un-)Abhängigkeit Sample und andere Frauenzeitschriften

	im Sample	in anderen Frauen-zeitschriften	Summe
Alter(n)svorbild	61 (40,7%)	418 (36,4%)	479 (36,9%)
Alter(n)svermeider	15 (10,0%)	77 (6,7%)	92 (7,1%)
Jugendklassiker	25 (16,7%)	335 (29,2%)	360 (27,8%)
Jungbrunnen	28 (18,7%)	173 (15,1%)	201 (15,5%)
Universalklassiker	21 (14,0%)	144 (12,6%)	165 (12,7%)
Gesamtergebnis	150 (100%)	1147 (100%)	1297 (100%)
Statistik			
p-Wert nach Chi-Quadrat nach Pearson	0,022		
Cramer-V	0,094		

Beim Vergleich mit den Publikumszeitschriften ohne die Gruppe der Frauenzeitschriften ist ein Unterschied sowohl in den prozentualen Werten als auch in den statistischen Kennzahlen erkennbar. Die Effektstärke ist zwar immer noch nicht stark, liegt aber über den vorherigen Analysen (Tabelle 16).

Überraschend dabei ist, dass die Unabhängigkeit der Verteilung der Typen zwischen Sample und anderen Frauenzeitschriften größer ist als die Unabhängigkeit zwischen Sample und sonstigen Publikumszeitschriften, die nicht direkt der Kategorie Frauenzeitschriften zuzuordnen sind.

Das bedeutet, die Unterschiede der werblichen Konstruktionen subjektiven Alterserlebens für Frauen ab dem mittleren Lebensalter sind größer gegenüber den Konstruktionen subjektiven Alterserlebens für andere Zielgruppen von Frauenzeitschriften als gegenüber den Konstruktionen subjektiven Alterserlebens für ein allgemeines Publikum.

Gründe dafür konnten aus dem Datenmaterial nicht ermittelt werden. Eine mögliche Erklärung ist, dass z. B. der Typ des Alter(n)svorbilds und des Jugendklassikers vor allem in den Werbestrategien großer Konzerne vorkommen. Diese haben hohe Werbebudgets und deswegen die Möglichkeit, ihre Werbeanzeigen breit zu streuen. Sie müssen in ihrer Zielgruppenauswahl nicht allzu wählerisch sein und können entsprechende Anzeigen breit gestreut und nicht nur spezifisch für die Zielgruppe der Frauen veröffentlichen.

Eine anderer Grund könnte sein, dass weniger das Geschlecht als vielmehr das Alter der Zielgruppe ausschlaggebend ist für die Wahl eines Trägermediums. Auch kann es sein, dass häufig der Altersdurchschnitt als Maßgabe herangezogen wird, auch wenn die Altersstreuung dabei hoch sein kann. Und es gibt eine ganze Reihe von Publikumszeitschriften, deren Leserschaft einen vergleichsweise hohen Altersdurchschnitt hat, ob durch eine Veröffentlichung darin jedoch eine spezifisch weibliche alternde Zielgruppe erreicht werden kann, ist nicht klar.

Tabelle 16: Statistische (Un-)Abhängigkeit Sample und andere Zeitschriften (außer Frauenzeitschriften)

	im Sample	in anderen Zeitschriften (Nicht Frauenzeitschriften)	Summe
Alter(n)svorbild	61 (40,7%)	122 (26,0%)	183 (39,5%)
Alter(n)svermeider	15 (10,0%)	24 (5,1%)	39 (6,3%)
Jugendklassiker	25 (16,7%)	195 (41,5%)	220 (35,5%)
Jungbrunnen	28 (18,7%)	29 (6,2%)	57 (9,2%)
Universalklassiker	21 (14,0%)	100 (21,3%)	121 (19,5%)
Gesamtergebnis	150 (100%)	470 (100%)	620 (100%)
Statistik			
p-Wert nach Chi-Quadrat nach Pearson	< 0,001		
Cramer-V	0,297		

6.2.4 Mehrdimensionalität 2: Produktspektrum der Typen

Für welche Art von Kosmetikprodukten wird mit den einzelnen Typen geworben? Diese Frage wird im Rahmen der nächsten Analyse beantwortet.

Dabei wurde zwischen den folgenden Produktgruppen gemäß der Klassifikation von TMC Media unterschieden:

- Dekorative Kosmetik

- Körperpflege

- Haarpflege

- Pharmazeutische Kosmetik

- Pflegende Kosmetik

- Intimpflege

- Parfüms

- Deodorants

- Mundpflege

Jede der Anzeigen im Sample wurde ihrer Produktgruppe zugeordnet, diese Information war ebenfalls den Media Schedules zu entnehmen. Diese wurden wiederum den erarbeiteten Typen zugeordnet. Abbildung 18 zeigt, wie sich die einzelnen Typen auf die Produktgruppen verteilen. Diese Verteilung ist nicht regelmäßig: Für manche Produktgruppen werden mehrere Typen von Konstruktionen des subjektiven Alterserlebens eingesetzt, bei anderen gibt es nur eine Form der Ansprache. Einen tabellarischen Überblick zu den Typenkombinationen in den Produktgruppen gewährt Tabelle 17. Insbesondere im Bereich der pflegenden und pharmazeutischen Kosmetik gibt es demnach ein sehr breites Spektrum der Ansprache mit den unterschiedlichsten Typen von Konstruktionen, während sich andere Produktgruppen auf spezifischere Konstruktionen oder auf die Sonderfälle Jugendklassiker und Universalklassiker beschränken.

Vor allem für den Jugendklassiker und den Universalklassiker zeigt sich hier am konkreten Beispiel, was in Kapitel 4.4.3 und bei der Charakterisierung der Typen im Rahmen der eindimensionalen Typenbildung theoretisch dargelegt worden ist. Für bestimmte Produktgruppen, hier die Produktgruppen Deodorants (ausschließlich beworben durch den Jugendklassiker) und Mundpflege (ausschließlich beworben durch den Universalklassiker), scheint es sich anzubieten, eine altersunabhängige Ansprache zu wählen. Für manche Produktgruppen scheinen also Nutzenversprechen im Zusammenhang mit dem Alterserleben sinnvoll zu sein, an anderer Stelle wird ein Altersbezug wahrscheinlich als heikel angesehen und das Auslassen anscheinend eher als zielführend betrachtet.

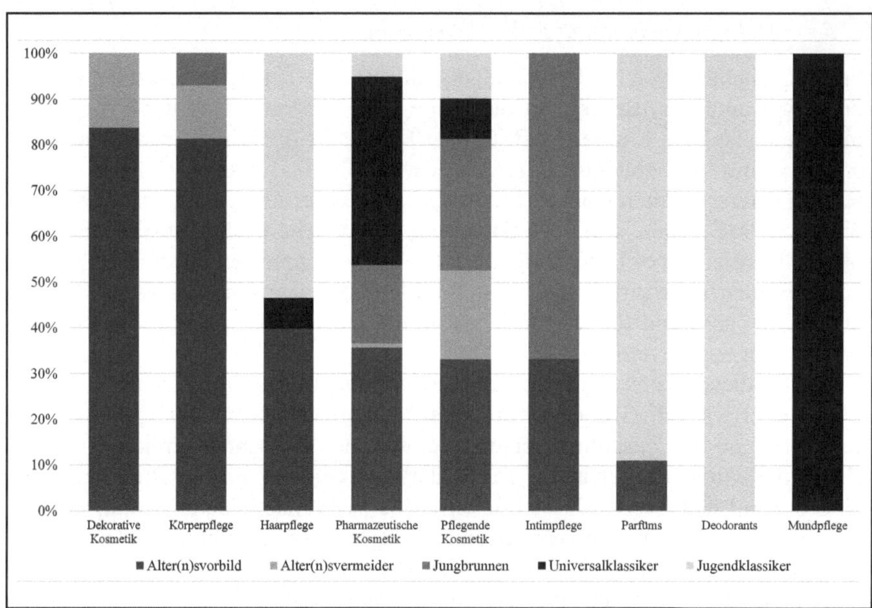

Abbildung 18: Typenkombinationen nach Branche

Tabelle 17: Vorkommen der typisierten Anzeigen pro Branche

Branche	Alter(n)s-vorbild	Alter(n)s-vermeider	Jung-brunnen	Universal-klassiker	Jugend-klassiker	Gesamt-ergebnis
Dekorative Kosmetik	31	6	0	0	0	37
Körperpflege	35	5	3	0	0	43
Haarpflege	250	0	0	43	336	629
Pharmaz. Kosmetik	85	2	41	98	12	238
Pflegende Kosmetik	176	103	152	47	52	530
Intimpflege	17	0	34	0	0	51
Parfüms	7	0	0	0	56	63
Deodorants	0	0	0	0	99	99
Mundpflege	0	0	0	77	0	77
Gesamtergebnis	601	116	230	265	555	1767

6.2.5   Mehrdimensionalität 3: Werbeausgaben

Die Frage danach, welche Werbebudgets für welchen Typ in den einzelnen Gruppen aufgewandt werden, ergänzt die Frage nach der Verteilung der Typen nach Anzeigenanzahl aus Kapitel 6.2.3. Gib es Typen, für die besonders viel oder besonders wenig Werbebudget aufgewendet wird? Da die Anzeigen je nach Trägermedium unterschiedlich viel kosten, lassen sich aus der Anzahl der Anzeigen noch keine Schlüsse ziehen, wie hoch das damit verbundene Budget ausfällt. Es interessiert überdies, ob es Unterschiede bei den Anzeigenpreisen für das Sample, für andere Frauenzeitschriften sowie für Publikumszeitschriften, die keine Frauenzeitschriften sind und für welche Konstruktionstypen des Alterserlebens welche Budgets eingesetzt werden.

Auch diese Daten waren, zumindest für die Listenpreise, aus den Media Schedules ersichtlich. Gründe für Preisunterschiede von Werbeanzeigen sind z. B. die Größe und die Zusammensetzung der von der Zeitschrift erreichten Leserschaft (hier wird der sogenannte „Tausenderkontaktpreis", also der Preis einer Anzeige pro tausend Leser, als Vergleichsgröße verwendet), deren Kaufkraft und Konsumverhalten. Auch innerhalb eines Trägermediums gibt es Unterschiede. Anzeigen, die auf den Außenseiten („Mantelseiten") platziert werden, sind in der Regel wesentlich teurer als Anzeigen im Inneren eines Heftes. Selbstverständlich spielt auch die Anzeigengröße eine Rolle, und auch für sogenannte „Beileger" werden andere Preise abgerechnet als für Anzeigen innerhalb des Heftes.

Aus der Aufstellung in Abbildung 19 lässt sich ersehen, dass die Zielgruppe des Samples „Frauen ab dem 40. Lebensjahr" bislang vergleichsweise günstig mit Printanzeigenwerbung zu erreichen ist. Die durchschnittlichen Anzeigenpreise liegen unter denen für den sonst hochpreisigen Markt für Werbeanzeigen in Frauenzeitschriften (siehe Kapitel 5.2.2.1.3) und auch unter dem Durchschnittswert für andere Publikumszeitschriften.

Diese vergleichsweise niedrigen Anzeigenpreise dienen dem Verlag Gruner + Jahr als Verkaufsargument für Anzeigenkunden der Brigitte Woman. Sie weisen ihre Anzeigenkunden gezielt auf einen niedrigen Tausenderkontaktpreis hin und darauf, dass ihre Leserschaft gleichzeitig im Vergleich zur Leserschaft anderer Zeitschriften ein hohes Einkommen und Bildungsniveau aufweist (Gruner + Jahr AG & Co. KG 2009, Stand 17.11.2012).

Für die einzelnen Typen konnte analysiert werden, dass in fast allen Gruppen für den Jugendklassiker durchschnittlich am meisten Anzeigenbudget investiert wird, am wenigsten für den Alter(n)svermeider. Rein nach den durchschnittlichen Ausgaben betrachtet dominiert der Jugendklassiker nach wie vor die Werbung. Für die gezielte Ansprache von Silber-Marketing-Zielgruppen wird gemäß dieser Daten also durchschnittlich weniger investiert als für die Ansprache anderer bzw. breiterer Zielgruppen.

Eine Auffälligkeit zeigt die Gruppe der Publikumszeitschriften ohne Frauenzeitschriften, also Nachrichtenmagazine usw. Dies ist die einzige Gruppe, in der nicht der Jugendklassiker, sondern das Alter(n)svorbild durchschnittlich mit dem größten Budget beworben wird. Aufgrund der vielen unterschiedlichen Faktoren, die für die Höhe von Anzeigenpreisen ausschlaggebend sind, kann nur darüber spekuliert werden, worauf dieses eher für das Sample oder für die Gruppe der Frauenzeitschriften zu erwartende Ergebnis zurückzuführen ist. Es könnte auch hier wie in Abschnitt 6.2.3 damit zu tun haben, dass die Werbestrategie des Alter(n)svorbilds bislang vor allem von großen Konzernen mit hohen Werbebudgets verwendet wird. Diese können sich hohe Anzeigenpreise leisten und sich damit ein hochwertiges Umfeld für ihre Marketingkommunikation erkaufen. Außerdem haben sie eher als kleinere Unternehmen die Möglichkeit, neue Werbekonzepte auszuprobieren, die Akzeptanz dieser Werbekonzepte zu prüfen und gegebenenfalls wieder durch andere zu ersetzen. Unternehmen, die mit kleineren Budgets operieren, können solche Risiken nur begrenzt eingehen und haben es entsprechend auch schwerer, die damit verbundenen Chancen zu nutzen.

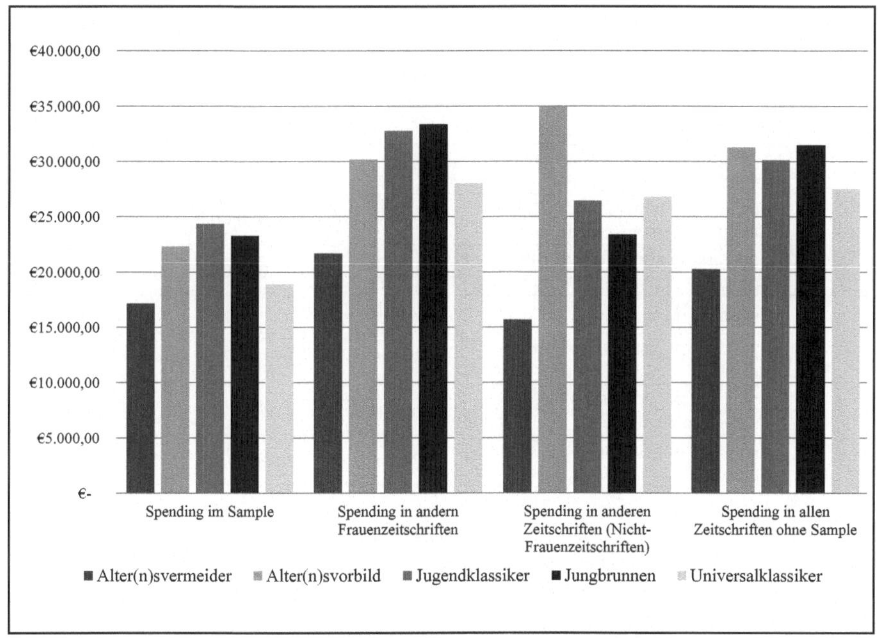

Abbildung 19: Durchschnittliche Listenpreise pro Anzeige pro Typ

Tabelle 18: Ausgaben pro Gruppe – Mittelwert, Minimum, Maximum

Typus	Zeitschriftengruppe	Mittelwert	Minimum	Maximum
Alter(n)svermeider	Spending im Sample	17.156,37 €	13.133,33 €	21.490,00 €
	Spending in anderen Frauenzeit-schriften	21.677,02 €	9.487,50 €	28.290,00 €
	Spending in anderen Zeitschriften (Nicht-Frauenzeitschriften)	15.671,17 €	7.822,86 €	26.181,82 €
	Spending in allen Zeitschriften ohne Sample	20.259,00 €	10.206,00 €	26.870,00 €
Alter(n)svorbild	Spending im Sample	22.314,11 €	5.150,00 €	59.060,00 €
	Spending in anderen Frauenzeit-schriften	30.184,82 €	13.896,62 €	74.000,00 €
	Spending in anderen Zeitschriften (Nicht-Frauenzeitschriften)	34.957,11 €	17.150,63 €	66.960,00 €
	Spending in allen Zeitschriften ohne Sample	31.283,00 €	15.313,00 €	70.480,00 €
Jugendklassiker	Spending im Sample	24.329,64 €	19.500,00 €	39.860,00 €
	Spending in anderen Frauenzeit-schriften	32.754,23 €	14.000,00 €	58.313,33 €
	Spending in anderen Zeitschriften (Nicht-Frauenzeitschriften)	26.406,16 €	16.729,67 €	43.600,00 €
	Spending in allen Zeitschriften ohne Sample	30.121,00 €	14.000,00 €	54.635,00 €
Jungbrunnen	Spending im Sample	23.254,98 €	13.135,00 €	59.948,00 €
	Spending in anderen Frauenzeit-schriften	33.365,54 €	19.600,00 €	86.825,00 €
	Spending in anderen Zeitschriften (Nicht-Frauenzeitschriften)	23.369,08 €	15.070,00 €	34.680,67 €
	Spending in allen Zeitschriften ohne Sample	31.470,00 €	19.600,00 €	86.825,00 €
Universalklassiker	Spending im Sample	18.900,13 €	8.280,00 €	32.740,00 €
	Spending in anderen Frauenzeit-schriften	27.986,19 €	17.273,33 €	38.300,37 €
	Spending in anderen Zeitschriften (Nicht-Frauenzeitschriften)	26.798,50 €	11.727,11 €	44.448,00 €
	Spending in allen Zeitschriften ohne Sample	27.505,00 €	14.846,00 €	38.763,00 €

Nach dieser ausführlichen Betrachtung, wie sich der Anzeigenmarkt für die Konstruktionstypen verhält, soll im nächsten Abschnitt – wenn auch nur in Ansätzen – die Sichtweise der Zielgruppe des Samples auf die werblichen Konstruktionen des Alterserlebens dargestellt werden.

6.2.6   Mehrdimensionalität 4: Rezeption der Werbebilder

Um die Wahrnehmung der Zielgruppe zu erfassen, wurde eine Befragung mit 73 Teilnehmerinnen, die der Zielgruppe der ausgewählten Zeitschriften zuzuordnen waren (weiblich, über 40 Jahre alt), durchgeführt. Die Teilnehmerinnen wurden gebeten, Bildelemente der Werbeanzeigen den bei der Bildinterpretation entwickelten Kategorienausprägungen subjektiven Alterserlebens in einem sogenannten „Sorting Task" zuzuordnen. Weil Befragung und Interpretation parallel abliefen, wurde für die Befragung das Kategorienschema „jung", „älter", „alterslos" und „keine Altersdarstellung" verwendet. Erst zu einem späteren Zeitpunkt wurde die Kategorienausprägung „älter" in „alternd" umbenannt und die Ausprägung „alterslos" in „mehrdeutig" überführt. Hierbei spielten auch die Erfahrungen aus der Durchführung der Befragung eine Rolle. Die Kategorienausprägung „alterslos" war zwar für die Teilnehmerinnen verständlich, aber viele Anzeigen, die von manchen als „alterslos" eingeschätzt wurden, wurden von anderen als „jung" oder „alt" bewertet, so dass „mehrdeutig" handhabbarer erschien.

Angelehnt wurde diese eigentlich aus der Kognitionspsychologie stammende Vorgehensweise des Sorting Tasks an die Vorgehensweise von Williams et al. (2010a). Auch Williams et al. bedienen sich zur Ergänzung ihrer eigenen rekonstruktiven Interpretation von Silber-Marketing-Werbeanzeigen eines solchen Sorting Task. Ziel ist es, die eigene Interpretation mit der Wahrnehmung der Rezipierenden abzugleichen und so die eigenen Ergebnisse in einen Kontext mit der subjektiven Sichtweise der Zielgruppe der Werbeanzeigen zu setzen. Damit lässt sich ein umfassenderes Verständnis für das untersuchte Phänomen erreichen (Williams et al. 2010a, S. 90). Es wird also keine Analyse der Werbewirkung angestrebt – ob eine solche möglich ist, ist sowieso umstritten –, sondern es soll lediglich ein ergänzender Blick auf die Daten geschaffen werden.

Als Materialkorpus wurden für die Befragung die Bildelemente verwendet, die bei der Interpretation auf ikonografischer Ebene als Träger der Kernbotschaft identifiziert wurden.

Um die Konzentrationsfähigkeit und das Engagement der Teilnehmerinnen sicherzustellen, wurde ein Zeitaufwand von etwa 10 Minuten für die Befragung anvisiert.

Um diese Zeitvorgabe einzuhalten, musste der Materialkorpus von 88 Bildelementen reduziert werden. Es wurden zu dem Zweck solche Bildelemente, die Produktdarstellungen zeigen, von vornherein aus dem Materialkorpus ausgeschlossen. Auch Bildelemente, die nur geringfügig unterschiedlich in mehreren Anzeigen vorkamen, wurden nur jeweils einmal in die Befragung aufgenommen. Auf diese Weise konnten die 88 auf der ikonologischen Bildebene als Kernbotschaften identifizierten Bildelemente auf 54 zu kategorisierende Elemente reduziert werden, so dass ein immer noch umfangreicher, aber überschaubarer Bilderkatalog zur Einordnung der analysierten Werbebilder in unterschiedliche Alter(n)skategorien vorgelegt werden konnte.

Die Befragung wurde sowohl computergestützt (über eine per E-Mail verschickte oder durch einen Internet-Link abrufbare Datei) als auch in Papierform mit Hilfe eines Ausdrucks dieser Datei durchgeführt.

Die Teilnehmerinnen wurden teilweise durch persönliche Ansprache, teilweise durch eine Anfrage in einem Internetforum der Zeitschrift Brigitte bzw. Brigitte Woman (http://bfriends.brigitte.de/foren/persoenlichkeit/) gewonnen. Den Teilnehmerinnen wurde der Katalog mit den Werbebildern vorgelegt bzw. wurde ihnen per E-Mail zugesendet oder von ihnen im Internet abgerufen. Für jedes Bild konnte eine Entscheidung zur Kategorisierung gemäß den oben genannten Kategorienschemata getroffen werden. Der Katalog enthielt auch erläuternde Hinweise zu den verwendeten Kategorien, wie etwa den, dass die Kategorie „älter" (später im Rahmen der rekonstruktiven Interpretation in „alternd" umbenannt) im Bezugssystem der Werbung zu verstehen ist. Es wurde darauf hingewiesen, dass das Attribut „älter" im Vergleich zu anderen Werbefiguren älter wirkende Personen charakterisieren soll, auch wenn diese in anderen Zusammenhängen möglicherweise nicht als „älter" bezeichnet werden würden.

Die Anzahl der Umfrageteilnehmerinnen (n = 73) erschien für die Weiterbearbeitung ausreichend, weil mit der Befragung nicht angestrebt wurde, umfangreiche repräsentative statistische Aussagen zu den Anzeigenbildern zu erarbeiten, sondern lediglich ein Abgleich mit der Perspektive der Zielgruppe als Ergänzung zur rekonstruktiv ermittelten Kategorisierung erfolgen sollte.

Die Befragung wurde in zwei Etappen im April 2011 und im Mai 2012 durchgeführt. Bei der ersten Etappe wurde bei der Ansprache der Teilnehmerinnen erwähnt, dass aufgrund entsprechender Alter(n)skonstruktionen der Trägerzeitschriften nach Teilnehmerinnen gesucht werde, die der Gruppe der über 40-Jährigen zuzuordnen seien. Dies weckte bei vielen potenziellen Teilnehmerinnen ausführlichen Diskussionsbedarf über Sinn und Zweck einer solchen Altersgrenze und über das eigene Erleben des Älterwerdens, was die Befragung zwar interessant, die Beantwortung der eigentlichen Fragestellung aber äußerst zeitaufwendig machte.

Deshalb wurde in der zweiten Befragungsrunde im Jahr 2012 die Ansprache allgemein gehalten. Weil bei dieser Befragung die Teilnehmerinnen durch persönliche Ansprache gewonnen wurden und es deswegen leichter zu steuern war, passende Adressatinnen anzusprechen, verlief der Rücklauf in der Zielgruppe reibungsloser als in der ersten Befragungsrunde. Um sicherzugehen, dass das Kriterium „ab 40" tatsächlich erfüllt wurde, wurde das Alter als – angebliche – „soziodemografische Variable" erfragt. Es kann zwar nicht weiter in die Auswertung einfließen, aber es erscheint doch erwähnenswert, dass bei dieser Vorgehensweise keine Rückfragen der Teilnehmerinnen eingingen. Nur bei der Erwähnung der Grenze „über 40" entspannte sich regelmäßig die oben beschriebene Diskussion zu Altersstufen und dem eigenen Alterserleben. Auch dann, wenn die Befragte, z. B. als Ruheständlerin oder Großmutter, die 40er-Grenze bereits Jahrzehnte überschritten hatte, blieben solche Diskussionen nicht aus. Diese Beobachtung ist für die Fragestellung nicht unmittelbar relevant, gibt aber durchaus Hinweise darauf, dass bei aller Lockerung „demografischer Fesseln" Altersgrenzen und -zuschreibungen noch immer wirksam zu sein scheinen.

Ebenfalls nicht direkt für die Fragestellung relevant, aber durchaus aufschlussreich für die Thematik, waren Bemerkungen der Teilnehmerinnen, die den Sorting Task in einem ergänzenden Freitextfeld der verschickten Datei oder des Ausdrucks dieser Datei kommentierten. Als weiteres Nebenprodukt der Befragung entspann sich im Internetforum, in das der Link zur Befragung eingestellt wurde, eine Diskussion zum Alterserleben sowohl beim Betrachten von Werbung als auch im eigenen Erleben. Auch diese Inhalte wurden, weil sie nicht direkt der Forschungsfrage zuzuordnen waren, keiner systematischen Analyse unterzogen. Als Teil der Sichtweise der Zielgruppe auf das Alter(n) sollen hier jedoch schlaglichtartig einige charakteristische Beispiele zu den geäußerten Einstellungen und Vorstellungen vom Alter(n) im Rahmen der Befragung aufgeführt werden.
Zur Auswertung der eigentlichen Befragung wurden die Bewertungen durch die Teilnehmerinnen mit den rekonstruktiven Kodierungen auf der ikonologischen Sinnebene (Kapitel 5.2.3.4.3) abgeglichen. Dabei deckten sich insbesondere für die Kategorienausprägungen „jung" und „alternd/älter" die Einschätzungen der Teilnehmerinnen mit den rekonstruktiven Interpretationen im Wesentlichen. Für die Kategorienausprägungen „alterslos" und „keine Altersdarstellung" zeigte sich einmal mehr, dass die Einführung der Ausprägung „mehrdeutig" angebracht war, weil auch die Teilnehmerinnen die entsprechenden Anzeigen in der Regel eher unterschiedlich bewerteten (siehe Tabelle 19). Für die Kategorien „jung" und „älter/alternd" wurden, wie ebenfalls in Tabelle 19 ersichtlich, häufig hohe Übereinstimmungen zu einer Kategorie erreicht.

Die Ergebnisse geben einen Hinweis darauf, dass die Alter(n)shinweise in Werbeanzeigen auf ein in der Zielgruppe geteiltes Verständnis von Jugend und Alter(n) treffen. Die Kategorie „mehrdeutig" lässt die Richtung der Kategorienausprägung offen und erlaubt eher eine subjektiv stimmige Interpretation als „jung", „älter/alternd", „alterslos" oder ein Aussparen der Thematik – je nach persönlicher Präferenz.

> *Teilnehmerinnenanmerkungen zur Befragung:*
> „Ein entspanntes Vorbild wäre jemand, der der Realität viel zu nahe kommt, z. B eine nicht-retuschierte Iris Berben oder Jane Fonda."
> „Aber Jane Fonda sieht so viel jünger als sie ist gar nicht aus, Iris Berben ebenfalls, und auch Madonna sieht man die 50 an – wenn man genau hinsieht, erkennt man, dass an diesen ganzen Jugendlichkeitsmythen wenig dran ist."
> „Eine 60-jährige Iris Berben, die immer noch komplett dunkelbraune Haare hat und für Haarfärbemittel Werbung macht... mich spricht das überhaupt nicht an, weil ich nichts daran authentisch finde."
> „Einige Fotos in der Werbung wirken stark retuschiert, so als wolle man die Person jünger darstellen."
> „Ich finde es erschreckend, dass ‚ältere' Frauen, die man aus Film und Fernsehen kennt, so alterslos dargestellt werden."
> „Man ‚darf' natürlich älter werden, aber um Himmels willen nichts davon sehen. Und wenn doch, "muss das ja heute nicht mehr sein", schließlich gibt es Botox und OPs."
> „Und zu viele dieser Versuche, wenigstens jünger auszusehen, gehen halt spektakulär schief. Nee, danke."
> „Und so spricht mich auch Werbung eher an, wenn sie mir junge, gesunde und attraktive Menschen zeigt – alt und faltig sehe ich genug... Ich finde dieses ‚alt' ist doch auch wunderschön, auch wenn du faltig bist, Altersflecken hast, unbeweglich bist und dir die Haare ausgehen!! Eben an jenen herbeigezogen und wiederum etwas unentspannt – genau wie krankhaften Jugendwahn."
> „Manche mögen im alten Menschen ‚Schönheit' erkennen können. Ich kann's jedenfalls nicht, Falten finde ich hässlich, Altersflecken auch, graue Haare mag ich auch nicht, oder ganz und gar Glatze. Ist halt Geschmacksache. Aber wenn Du mich fragst: die meisten Menschen sähen gerne jung und vital statt alt und matt aus. Aber zum Glück ist das Aussehen ja nur ein Teil eines Menschen."

Tabelle 19: Abgleich von Sorting Task und Kodierungen

| | **Sorting Task mit 73 Teilnehmerinnen (Modalwert ist markiert)** | | | | | | |
Anzeigen-nr.	jung	älter	alterslos	keine Alters-dar-stellung	gesamt	Zustim-mung in % zum höchsten Wert	Kodierung (wenn dem Modalwert entspre-chend markiert)
PR612326	0	53	19	1	73	73	alternd
PR781265	23	13	36	1	73	49	mehrdeutig
PR714928	32	10	12	19	73	44	mehrdeutig
PR762387	42	8	23	0	73	58	jung
PR743175	30	7	10	26	73	41	mehrdeutig
PR783057	67	4	1	1	73	92	jung
PR789497	1	59	13	0	73	81	alternd
PR783691	9	40	24	0	73	55	alternd
PR785067	0	67	6	0	73	92	alternd

PR788974	60	3	6	4	73	82	jung
PR807971	37	10	21	5	73	51	jung
PR821559	36	6	14	17	73	49	mehrdeutig
PR828606	15	17	39	2	73	53	mehrdeutig
PR783691	4	42	25	2	73	58	alternd
PR835393	0	53	20	0	73	73	alternd
PR840305	41	11	21	0	73	56	mehrdeutig
PR838849	5	58	10	0	73	79	alternd
PR846116	62	4	6	1	73	85	jung
PR847145	1	57	14	1	73	78	alternd
PR859404	33	8	30	2	73	45	mehrdeutig
PR866306	0	68	5	0	73	93	alternd
PR860235	39	9	12	13	73	53	jung
PR859007	32	7	9	25	73	44	mehrdeutig
PR877870	25	22	25	1	73	36	mehrdeutig
PR666921	0	68	5	0	73	93	alternd
PR884900	67	3	3	0	73	92	jung
PR884373	54	3	13	3	73	74	jung
PR816666	71	1	1	0	73	97	jung
PR914154	57	7	7	2	73	78	jung
PR919248	68	0	2	3	73	93	jung
PR920893	33	18	17	5	73	45	mehrdeutig
PR920893	3	41	11	18	73	56	mehrdeutig
PR942951	7	11	9	46	73	63	mehrdeutig
PR949479	22	20	30	1	73	41	alternd
PR961587	34	13	23	3	73	47	mehrdeutig
PR959689	71	1	0	1	73	97	jung
PR966679	27	8	5	33	73	45	mehrdeutig
PR949487	12	43	18	0	73	59	alternd
PR969090	13	22	36	2	73	49	mehrdeutig
PR984589	69	1	2	1	73	95	jung
PR989312	43	8	21	1	73	59	jung
PR990221	36	3	1	33	73	48	mehrdeutig
PR996014	4	56	12	1	73	77	alternd
PR996387	57	0	12	4	73	78	jung
PR838849	11	39	15	8	73	53	alternd
PR829129	30	20	21	2	73	41	mehrdeutig
PR996395	52	5	14	2	73	71	mehrdeutig
PR1002945	0	58	15	0	73	79	alternd
PR997350	69	0	4	0	73	95	jung
PR1017476	21	25	20	7	73	34	mehrdeutig
PR464203	68	1	3	1	73	93	jung
PR959954	0	67	6	0	73	92	alternd
PR1048261	70	1	1	1	73	96	jung
PR1048446	5	36	30	2	73	49	alternd

6.3   Zusammenfassung der Ergebnisse und Fazit

Durch die Typologie sowohl auf der eindimensionalen Ebene der untersuchten Anzeigen als auch auf der mehrdimensionalen Ebene unterschiedlicher Trägermedien mit unterschiedlichen Zielgruppen werden ökonomische Konstruktionen des subjektiven Alterserlebens exemplarisch herausgearbeitet und auf unterschiedlichen Stufen sichtbar gemacht.

Auf der eindimensionalen Ebene gibt es wie in Kapitel 6.1 beschrieben die fünf folgenden Typen: Alter(n)svermeider, Alter(n)svorbild, Jungbrunnen sowie Jugendklassiker und Universalklassiker. Alter(n)svermeider, Alter(n)svorbild und Jungbrunnen stehen für jeweils unterschiedliche Entwürfe vom eigenen Alter(n), wie sie in der Silber-Marketingkommunikation, hier in Werbeanzeigen, vermittelt werden. Nicht immer wird in der Gestaltung der zu den Typen passenden Werbeanzeigen von dem Stilmittel der alternden Werbefigur Gebrauch gemacht, denn auch jung aussehende Werbefiguren oder der Verzicht auf das Stilmittel der Werbefigur können für Varianten von Konstruktionen des subjektiven Alterserlebens stehen. Auch ein durchgängig junges Selbstbild kann als eine Variante des Alterserlebens angesehen werden. Aller Wahrscheinlichkeit nach ist ein solches – andernfalls würde es nicht nach wie vor bei der Ansprache durch das Silber-Marketing verwendet werden – auch als Werbekonzept für Alternde erfolgreich.

Die mehrdimensionale Typenbildung zeigt ergänzend, wie sich diese Gruppen von typisierten Werbeanzeigen zueinander verhalten und sich von Anzeigen in Publikationen, die sich nicht gezielt an Alternde richten, unterscheiden. Es kann gezeigt werden, dass die verschiedenen Typen von Konstruktionen des Alterserlebens in der Marketingkommunikation für Kosmetikprodukte für verschiedene Zielgruppen unterschiedlich häufig eingesetzt werden und dass bestimmte Typen für einige Produkte öfter in Anspruch genommen werden als für andere. Zudem lässt sich feststellen, dass für die Silber-Marketing-Zielgruppen bislang noch ein vergleichsweise geringes Anzeigenbudget aufgewendet wird. Außerdem zeigt ein Abgleich der rekonstruktiven Vorgehensweise mit der Wahrnehmung der Zielgruppe, dass die Kategorisierung der Bilder im Zuge des Interpretationsprozesses bezüglich der Altersdarstellung im Wesentlichen der Wahrnehmung durch die Zielgruppe entspricht.

Alles in allem handelt es sich bei dieser Typisierung um mehr als eine bloße Neu-Klassifizierung von bereits Vorliegendem.

Zum einen liegt das daran, dass noch so wenig über subjektives Alterserleben bekannt ist, dass auch eine Ordnung der Materie über eine Bestandsaufnahme hinaus einen inhaltlichen Mehrwert mit sich bringt. Der Blick auf das Silber-Marketing als Einflussgröße auf das Alter(n) und auf das Alterserleben im Sinne einer kulturellen Ökonomie des Alter(n)s wird durch die erarbeiteten Typen geschärft.

Es kann nicht nur gezeigt werden, dass es Konstruktionen subjektiven Alterserlebens in der Silber-Marketingkommunikation im untersuchten Bereich gibt, sondern auch, dass diese differenziert und variabel sind. Es gibt nicht eine durchgängige ökonomische Konstruktionsform des subjektiven Alterserlebens, sondern es sind unterschiedliche Ausprägungen erkennbar.

Da subjektives Alterserleben hier als über das subjektive chronologische Alterserleben hinausgehendes multidimensionales Phänomen verstanden wird, werden die Typen mit darüber hinausgehenden Anknüpfungspunkten des Alterserlebens in Bezug gesetzt. Durch die parallele Betrachtung der Anknüpfungspunkte „subjektives chronologisches Alterserleben", „subjektives Alterserleben und Körper" und „subjektives Alterserleben und Umwelt" ist eine gewissermaßen plastische Sicht auf die Eigenschaften der Konstruktionen der verschiedenen Typen möglich.

Damit wird Orientierungswissen dazu zur Verfügung gestellt, welche Grundmuster ökonomischer Konstruktionen subjektiven Alterserlebens über das subjektive chronologische Alterserleben hinaus erkennbar sind.

Dieses Orientierungswissen kann als eine Art Raster verstanden werden, um die Komplexität des subjektiven Alterserlebens als Marketing-Thema besser greifbar zu machen. Dass es „das Alter(n)" als immer gleich ablaufendes Phänomen nicht gibt, dass Alter(n) in der Werbung und damit auch das Alterserleben vielfältig und individuell ist, ist hinreichend bekannt. Die hier verwendeten Anknüpfungspunkte und deren Kombinationen können einen Beitrag dazu leisten, dieses Wissen über die Vielfalt des Alter(n)s in der Werbung über eher allgemeine Aussagen hinaus mit Inhalten zu füllen. Damit sollen keine Stereotype verfestigt werden, sondern gerade die verschiedenen Schattierungen des Alterserlebens herausgearbeitet werden.

Ein Nebeneffekt dieser Vorgehensweise, Konstruktionen des subjektiven Alterserlebens unter Berücksichtigung mehrerer Anknüpfungspunkte zu beschreiben, ist, dass die Gefahr eines unbeabsichtigten „bipolar Ageism" minimiert wird. Durch die parallele Betrachtung mehrerer Anknüpfungspunkte wird eine Klassifizierung in „positive" und „negative" Konstruktionen verhindert. Bekanntermaßen können als positiv empfundene Alterskonstruktionen negative Wirkung entfalten und sogenannte negative auch positive (Amrhein und Backes 2007, S. 105). Zudem ist es unklar, welche Kriterien für eine positive und welche für eine negative Alterskonstruktion sprechen. Durch die Berücksichtigung mehrerer perspektivisch unterschiedlicher Anknüpfungspunkte ist eine pauschale Einteilung in eine der beiden Gruppen kaum möglich und auch nicht notwendig, wodurch die Gefahr solcher unerwünschten Effekte reduziert wird.

Eine Leerstelle bilden bei den Typen werblicher Konstruktionen des subjektiven Alterserlebens Strategien für den Umgang mit Abbau und Verlust durch das

Alter(n). Abbau und Verlust durch das Alter(n) sind entweder als vermeidbar (Alter(n)svermeider und Jungbrunnen) oder aber als zu vernachlässigen (Alter(n)svorbild) konstruiert. Gemäß der sachlichen Ausblendungsregel ist dies in der Dokumentenart Werbeanzeigen tendenziell nicht verwunderlich, doch trotzdem fällt auf, dass trotz der teilweise offensiven Betonung des Themas Alter(n) diese zum Alter(n) dazugehörigen Erscheinungen in den betrachteten Anzeigen komplett ausgespart werden. Dies deckt sich mit anderen Perspektiven auf den derzeitigen Umgang mit dem Alter(n). Individuelle Gestaltungsspielräume des Alter(n)s werden herausgestellt, Eigenverantwortung und Selbstbestimmung sind Leitvorstellungen auch für das Alter(n) (Perrig-Ciello und Höpflinger 2009, S. 22), doch dabei bleibt offen, wie nach einem aktiven und selbstbestimmten dritten Alter mit den Anteilen von Abbau und Verlust umgegangen werden kann. Man kann die Frage stellen, ob die starke Betonung auf die Ressourcen des Alters nicht zu einer eher steigenden Geringschätzung des Erlebens von Verletzlichkeit, die auch mit dem Alter(n) einhergehen kann, führen kann, sei es von Seiten der Alternden selbst, sei es von Dritten.

Ergänzend zu diesen inhaltlichen Themen ist zum anderen zu betonen, dass hier nicht die bereits üblichere „agent"-Perspektive auf das subjektive Alterserleben, also Personen und deren Alterserleben, im Mittelpunkt stehen, sondern Konstruktionen des Alterserlebens, die durch „structure" geschaffen werden, hier in Form von ökonomischen Konstruktionen vom Alterserleben. Anders ausgedrückt liegt der Fokus, um die Terminologie des Lebenslagenkonzeptes zu verwenden, auf den in Wechselwirkung mit dem Verhalten stehenden Verhältnissen, unter denen subjektives Alterserleben stattfindet.

Zwar kann und soll aus dieser Perspektive heraus nicht beantwortet werden, ob und wie stark diese ökonomisch hervorgebrachten Konstruktionen des Alterserlebens das Alterserleben der Zielgruppe tatsächlich beeinflussen. Ausgehend von einer zunehmenden Ökonomisierung des Alter(n)s ist zu erwarten, dass sich der Einfluss der Werbung mit ihrem spezifischen Entstehungskontext (z. B. doppelte Ausblendungsregel als Grundmuster, siehe Kapitel 5.2.3.2) auf das Alterserleben verstärkt hat und weiter verstärken wird.

Dies gilt ganz besonders, weil davon ausgegangen wird, dass bislang strukturgebende Muster des Alter(n)s immer unschärfer werden und es eine Entwicklung hin zu einer Vielzahl unterschiedlicher Formen des Alter(n)s gibt (Backes und Clemens 2001, S. 10). Es ist naheliegend, dass die Produzenten von Waren und Dienstleistungen für das Alter(n) diese neue Vielfalt für sich und ihre Interessen zu nutzen versuchen.

Speziell für die Marketingkommunikation, insbesondere die Anzeigenwerbung ist zu ergänzen, dass sich die häufig getroffene Annahme einer mangelnden Ansprache Alternder durch die Marketingkommunikation mit Blick auf die verschiedenen Typen des Alterserlebens nicht bestätigen lässt, weil mit Blick auf das

Alterserleben das explizite Vorkommen von Alter(n) bei der Werbefigur nicht als notwendige Voraussetzung für die Ansprache einer alternden Zielgruppe angesehen wird. Besonders die bildliche Darstellung einer alternden Werbefigur ist mit Blick auf das subjektive Alterserleben lediglich ein möglicher Weg der Zielgruppenansprache für das Silber-Marketing, keine notwendige Voraussetzung. Da wenig über die Werbewirkung bekannt ist, ist es auch schwierig einzuschätzen, welcher dieser Wege wirksamer für die Ziele der Werbung ist als andere und ob einer der Wege für die Zielgruppe einen positiven oder negativen Effekt auf das eigene Alterserleben hat.

Je nach eigenem Alterserleben ist es möglich, dass die Antworten darauf individuell unterschiedlich ausfallen. Mit Blick auf das Alterserleben erscheinen Forderungen nach einer verstärkten Ansprache Alternder eher einseitig, denn das Alterserleben ist nicht an eine bestimmte sozusagen altersadäquate Version vom Alter(n) gebunden.

Gleichzeitig zeigen die verschiedenen Typen, wie unterschiedlich an die angebliche Aufgabe, am Altern zu arbeiten, durch die Marketingkommunikation appelliert wird. Denn nicht selten wird ein „Jugendwahn" der Werbung beanstandet. Die modellhafte Darstellung von verschiedenen Strategien, die unterschiedliche Wege aufzeigen, mit denen Alterserleben skizziert wird, zeigt, dass auch hier eine differenzierte Sicht auf den scheinbar so offensichtlichen „Jugendwahn" notwendig ist.

Im Sinne eines transdisziplinären Zugangs ist es weiterhin angezeigt, den Anschluss dieser gerontologischen Ergebnisse zum Silber-Marketing an die Marketingforschung herzustellen, auch im Hinblick auf die Nutzbarkeit der Ergebnisse für diese. Dies ist möglich, indem die hier ermittelte Typologie als Basis für eine Systematisierung und Erweiterung der Kommunikationsstrategien des Silber-Marketings angesehen wird.

Die Marketingliteratur legt nahe, dass eine bewusste Beschäftigung mit dem Alterserleben und der gezielte Einsatz von mit dem Alterserleben verknüpften Nutzenversprechen in der Marketingforschung noch wenig etabliert sind.

Aus der Marketingpraxis lassen sich jedoch, wie hier gezeigt worden ist, zahlreiche Hinweise darauf, vielleicht auch unbeabsichtigte, erschließen. Eine Verknüpfung dieser Praxis mit der Marketingtheorie steht bislang noch aus. Durch eine wissenschaftliche Fundierung könnte der Einsatz von Konzepten des Alterserlebens in der Marketingkommunikation systematischer und zielgerichteter erfolgen.

Dieser Gedanke ist auch im Hinblick darauf, dass Daten über Konsumenten und deren Konsumverhalten immer ausführlicher und leichter zur Verfügung stehen, weiter zu entwickeln. Denn wahrscheinlich wird es in Zukunft weniger darum gehen, Daten über Zielgruppen zu sammeln, sondern vielmehr darum, Instrumente zu entwickeln, die Ansatzpunkte für den Umgang mit der schon vorhandenen und immer weiter anwachsenden Datenfülle zu Konsumenten bieten. Für das Silber-Marketing scheint es dabei angezeigt, Konzepte, die über die Frage nach dem subjektiven chronologischen Alterserleben hinausgehen, aufzugreifen, wofür gerade die hier entwickelte Typologie Anhaltspunkte geben kann.

Leitender Zugang ist und bleibt hier jedoch die sozialwissenschaftliche Gerontologie. Deswegen soll noch einmal die Rückübersetzung der erst einmal nicht sozialwissenschaftlichen Kategorie „Marketingkommunikation" hin zur sozialwissenschaftlich relevanten Kategorie „Konstruktionen des subjektiven Alterserlebens" verdeutlicht werden.

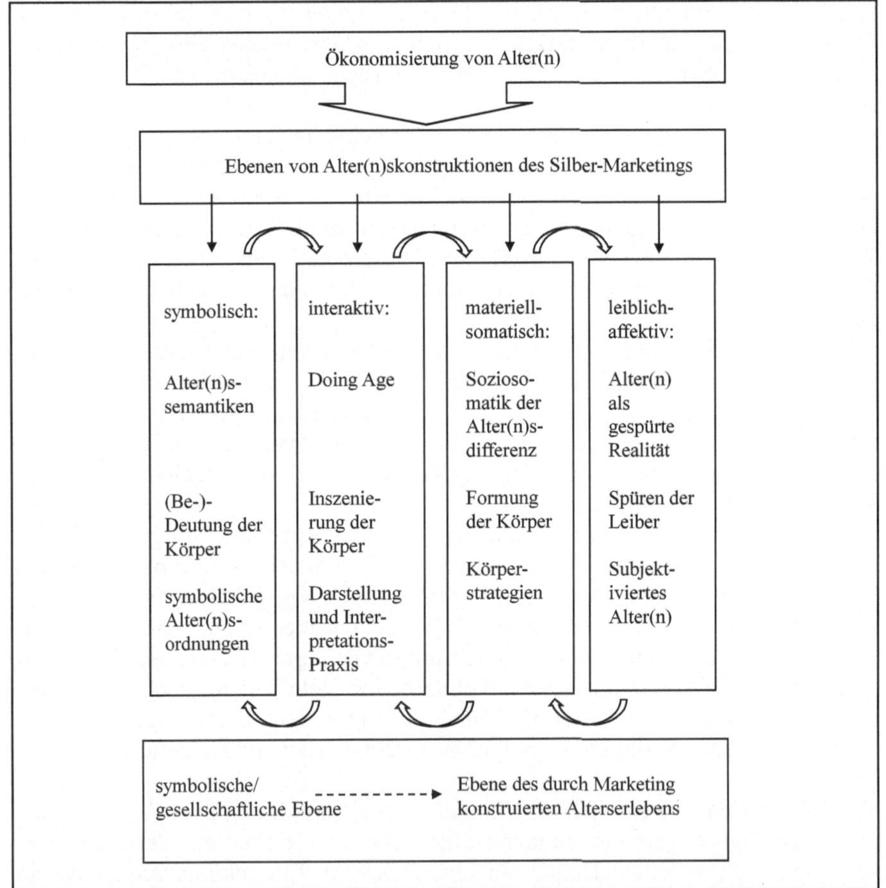

Abbildung 20: Ebenen von Alter(n)skonstruktionen des Silber-Marketings (angelehnt an Schroeter 2008b, S. 237)

Aus diesem Grund wird an dieser Stelle erneut der in Abbildung 6 aufgezeigte Zusammenhang zwischen den unterschiedlichen Ebenen von Alter(n)skonstruktionen aufgegriffen und ergänzt durch Hinweise auf ökonomische Konstruktionen subjektiven Alterserlebens (Abbildung 20).

Damit soll noch einmal verdeutlicht werden, dass die verschiedenen Ebenen in Wechselwirkung zueinander stehen, und dass auch ökonomische Konstruktionen auf einer erst einmal persönlichen Ebene nach diesem Modell strukturelle Wirkung entfalten können.

Vergegenwärtigt man sich, dass sich Marketing lange Zeit auf jugendliche Zielgruppen konzentrierte, so lassen sich die Ergebnisse der Typologie als empirischer Indikator für den theoretischen Befund deuten, dass gesellschaftliche Trends, wie unter anderem das Aufkommen der Konsumkultur, zu einer Zunahme von Optionen für das Alterserleben beigetragen haben, gleichzeitig aber die Einflussmöglichkeiten der Ökonomie auf das Alterserleben vielfältiger geworden sind.

6.4   Limitierungen

Als Limitierung dieser Arbeit ist – wenngleich es sich eher um ein Charakteristikum einer rekonstruktiven Arbeit als um eine Limitierung handelt – zunächst die für die rekonstruktive Forschung typische Fallbezogenheit zu nennen. Die hier ermittelten Antworten auf die Forschungsfrage der eindimensionalen Typenbildung beziehen sich in ihrem Geltungsbereich nur auf das ermittelte Sample „Werbeanzeigen der Kosmetikbranche in Publikumszeitschriften, die sich an Frauen ab dem mittleren Lebensalter richten". Sie sind nicht als repräsentativ für das Silber-Marketing in seiner Gesamtheit zu sehen, sondern in seinem branchen-, zielgruppen- und zeitraumspezifischen Zusammenhang. Auch für die mehrdimensionale Typenbildung ist kein Anspruch auf Gültigkeit über den untersuchten Bereich hinaus zu erheben, der allerdings fast den gesamten deutschen Publikumszeitschriftenmarkt im Jahr 2009 umfasst.

Ebenfalls als Limitierung kann der interpretatorische Spielraum, der zur Kategorisierung der Anzeigen vorhanden war, angesehen werden. Dieser ist eine mögliche Quelle für Fehler und Verzerrungen, allerdings ist er ebenfalls ein Wesensmerkmal der rekonstruktiven Sozialforschung, die vor Fehlermöglichkeiten durch Missverständnisse und vorurteilsbehaftete Einschätzungen nicht gefeit ist (Schirmer 2009, S. 31). Auf den interpretatorischen Zugang kann jedoch trotz dieser Einschränkung nicht verzichtet werden, wenn, wie hier, nicht nur direkt explizierte und damit in jeder Hinsicht objektiv greifbare Inhalte zum Gegenstand der Analyse gemacht werden sollen. Daneben wäre auch deshalb der Versuch einer exakten Quantifizierung unangemessen, weil der Untersuchungsgegenstand selbst nicht exakt ist. Begriffe wie ein „junges" oder ein „alterndes" Alterserleben haben einen gewissen Orientierungswert, aber es ist wie auch bei anderen gesellschaftlichen Konstrukten nicht zielführend, diese zu exakt zu operationalisieren, weil zu viele Nuancen verloren gingen. Da die Interpretationen beschrieben und dokumentiert sind, hier und im Materialband, besteht die Möglichkeit, Interpretationen nachzuvollziehen und mit den eigenen, gegebenenfalls davon abweichenden Schlüssen abzugleichen.

Auch fehlen einige Parameter zur Entstehung der Werbung, die das Ergebnis beeinflussen können. Werbung entsteht nicht nur in einem kreativen Prozess, sondern es spielen Vorgaben des Auftraggebers und werbegestalterische Rahmenbedingungen eine Rolle, die ebenfalls die Inhalte von Werbung bedingen und durch eine interpretatorische Analyse der Anzeigen nicht erfasst werden können. Hierzu zählen z. B. der finanzielle Rahmen der Werbekampagne, die Wettbewerbssituation oder die angestrebten Vertriebswege des Produktes (Janich 2010, S. 51). Solche Einflussgrößen konnten nur teilweise auf einer allgemeinen Ebene durch die Darstellung und Berücksichtigung des Entstehungskontextes von Werbeanzeigen einbezogen werden, nicht jedoch für den jeweiligen konkreten Einzelfall.

Auch Fragen der Rezeption durch die Zielgruppe konnten nur in Ansätzen bearbeitet werden, da der Schwerpunkt der Arbeit auf der rekonstruktiven Analyse lag. Dies gilt für die Interpretation der Werbeanzeigen selbst, aber auch für die Anknüpfungspunkte „subjektives chronologisches Alterserleben", „subjektives Alterserleben und Körper" und „subjektives Alterserleben in Verhandlung mit der Umwelt". Der Zusammenhang zwischen Typen und Anknüpfungspunkten wurde hier so hergestellt, dass die Typen zu den Anknüpfungspunkten stimmig sind. Ob sich der Umgang mit diesen Punkten für die Zielgruppe so darstellt, muss dahingestellt bleiben. Und natürlich ist es auch möglich, dass das Alterserleben situativ changiert.

Ein grundsätzlich bei der Diskussion um Konstruktionen des Alter(n)s noch wenig herausgearbeitetes und wie schon erwähnt auch in dieser Arbeit nur am Rande behandeltes Thema ist der Blick auf das hohe Alter. Es ist auffällig, dass das subjektive Alterserleben mit seinen angenommenen Wahlmöglichkeiten und verschiedenen Dimensionen vorrangig ein Phänomen ist, das auf das sogenannte dritte Lebensalter bezogen ist. Je näher man dem vierten Alter rückt, umso mehr fallen Wahlmöglichkeiten der Lebensgestaltung weg, und der eigene interpretatorische – subjektive – Spielraum des Alterserlebens wird kleiner. Es ist nicht klar, wie sich dieser Übergang zum hohen Alter gestaltet (Sowarka und Au 2008, S. 12). Diese theoretische und empirische Lücke, die für die Frage nach dem subjektiven Alterserleben insgesamt gilt, ist auch für diese Arbeit anzuerkennen, da sich aus dem Sample keine Hinweise auf den Umgang mit dem vierten Alter ausmachen lassen.

6.5 Ausblick

Da Marketing ein dynamischer Prozess ist und Marketingkommunikation laufend neu konzeptioniert wird, ist die Frage nach ökonomischen Konstruktionen des Alterserlebens in der Werbung eine, die dauerhaft aktuell bleiben wird. Es gilt, weiter zu beobachten, wie sich der Umgang mit dieser Kategorie als Thema der Silber-Marketingkommunikation fortsetzt.

Und nicht nur die Marketingkommunikation verändert sich, auch das Alter(n) und damit das Alterserleben sind im Fluss, so dass eine abschließende Bearbeitung der Thematik nicht zu erwarten ist. Eine Dauerbeobachtung des Strukturwandels des Alter(n)s hat Backes bereits 1997 (S. 121) gefordert, und diese Forderung hat weder an Aktualität noch an Bedeutung verloren.

Daneben bietet es sich an, den hier nur in Ansätzen bearbeiteten Fokus auf die Rezeption durch die Zielgruppen des Silber-Marketings weiterzuentwickeln. Fragen nach der Rezeption des Alter(n)s in der Werbung sind bislang – vielleicht auch mangels theoretisch gehaltvoller Ansatzpunkte – kaum bearbeitet worden. Auch hierfür stellt die „theoretische Linse" der Kategorie Alterserleben einen vielversprechenden Ansatz dar. So könnten Fragen, die über das „Gefallen" von Werbung durch eine alternde Zielgruppe oder den Verkaufserfolg von Produkten als Indikator für eine angemessene Alter(n)sdarstellung hinausweisen, in Rezeptionsstudien bearbeitet werden.

Weitere Forschungsmöglichkeiten bieten solche Werbeanzeigen für andere Zielgruppen als die hier bearbeiteten Anzeigen, also etwa für eine männliche Zielgruppe oder für beide Geschlechter.

Im Anschluss an die ethnomethodologischen Wurzeln der dokumentarischen Methode drängt es sich geradezu auf, Vergleiche mit den Konstruktionen des subjektiven Alterserlebens in der Marketingkommunikation in anderen kulturellen Zusammenhängen, z. B. in Ländern, in denen der demografische Wandel noch weniger oder weiter fortgeschritten ist, durchzuführen. Für das Alterserleben selbst ist dies bereits geschehen (Westerhof et al. 2012). Dabei konnten sogar für Länder, die kulturell nicht weit auseinanderliegen, Unterschiede im Alterserleben ausgemacht werden. Dieses Ergebnis lässt vermuten, dass auch in werblichen Konstruktionen des Alterserlebens erhebliche kulturelle Differenzen auszumachen sind.

Auch Längsschnittuntersuchungen über den Zeitverlauf zur Entwicklung des Silber-Marketings bieten Anschlussmöglichkeiten, hier ließen sich weitere Faktoren, z. B. die Einkommensentwicklung der alternden Konsumentengruppe, in die mehrdimensionale Typenbildung mit einbeziehen – ein Aspekt, der angesichts der prognostizierten Veränderungen der Einkommensverhältnisse Alternder in Zukunft an Relevanz gewinnen wird.

Auch der soziale Wandel mit seinen Veränderungen der Geschlechterrollen lässt vermuten, dass weitere Verschiebungen im Umgang mit dem Altern gerade für Frauen zu erwarten sind. Mehr und mehr Frauen sind über ihre gesamte Biografie hinweg am Erwerbsleben beteiligt und auch herausragende berufliche Positionen von Frauen verlieren langsam ihr exotisches Flair. Es bleibt abzuwarten, ob sich damit nicht auch Stück für Stück die angenommenen strengeren Maßstäbe an das weibliche Alter(n) verschieben werden und eine Kompensation durch Macht und Einfluss oder zumindest durch Unabhängigkeit von einem Versorger einfacher wird. Denkbar ist jedoch auch, dass diese Kompensationsmöglichkeiten sich eher den Frauen eröffnen, die – in Verhandlung mit der Umwelt – nicht als „alt" angesehen werden und deshalb möglicherweise eher wahrgenommen und respektiert werden.

Nicht zu vergessen ist, dass die Untersuchung weiterer Marketingkommunikationsformen andere, neue Ausprägungen des subjektiven Alterserlebens zu Tage fördern könnte. Zu denken ist hier etwa an neue Werbeformen im Internet, z. B. in den nach wie vor in ihrer Bedeutung wachsenden sozialen Netzwerken. Es wird davon ausgegangen, dass es sich bei den sozialen Netzwerken um neue kommunikative Möglichkeiten mit z. B. veränderten Raum-Zeit-Verhältnissen und anderen Mustern von Erreichbarkeit handelt (Faßler 2003, S. 255). Auch für werbliche Konstruktionen des Alterserlebens könnten hier ganz neue Ansatzpunkte liegen. Zudem ist hierbei auf die neuen Formen der Selbstpräsentation in diesen Medien hinzuweisen, die eine massenhafte Verbreitung und Reproduktion auch privater Situationen nicht nur zulassen, sondern beinahe einfordern.

Der Blick auf das vierte Lebensalter ist wie erwähnt anhand der bisherigen empirischen und theoretischen Befunde zum Alterserleben und aufgrund des hier vorliegenden Materials in dieser Arbeit ausgespart worden, perspektivisch aber trotzdem interessant.

Ein Ansatzpunkt für die Spurensuche nach dem vierten Lebensalter im Silber-Marketing könnte die Marketingkommunikation der Versicherungswirtschaft sein. Denn hier gibt es seit kurzem Produktangebote, welche die finanziellen Risiken des vierten Lebensalters in Form privater Pflegeversicherungen eindämmen sollen. Bei deren Vermarktung ist der Bezug auf das vierte Alter unumgänglich.

Sowarka und Au (2008, S. 12) geben hierzu den Hinweis, dass es gerade die Konsumentenrolle der Kunden unterstützender Dienstleistungen sein könnte, die das vierte Lebensalter stärker in den Mittelpunkt des Interesses rückt. Deswegen könnte es trotz theoretischer und empirischer Lücken lohnenswert sein, bei entsprechenden Produkten nach Verknüpfungen zwischen Alterserleben, Konsumentenrolle und dem vierten Lebensalter Ausschau zu halten. Insbesondere im Zusammenhang mit der Entwicklung von gerontotechnologischen Produkten, die eine Abfederung der Einschränkungen des vierten Lebensalters bezwecken, sind solche Verknüpfungen denkbar. Schließlich werden z. B. unter dem Stichwort „Ambient

Assistet Living" bekannte Produkte als zentrale Entwicklungsfelder des Silber-Marketings in Deutschland angesehen. Dazu zählen z. B. technische Assistenzsysteme, die einen längeren unabhängigen Verbleib in der eigenen Wohnung ermöglichen, oder die Entwicklung technologiegestützter Kommunikationssysteme zur Unterstützung von Pflegepersonen (Eitner et al. 2011, S. 319).

Ein Anwendungsbezug ist also denkbar, gleichzeitig ist zu berücksichtigen, dass, vergegenwärtigt man sich die Breite des Forschungsfeldes „subjektives Alterserleben" und seine noch lückenhafte Bearbeitung, die Möglichkeit eines Anwendungsbezugs nicht zur alleinigen Voraussetzung für weitere Forschung gemacht werden sollte.

Hier sei noch einmal der Gedanke von Saake aufgegriffen (2006, S. 142), die Parallelen zwischen Jugend- und Altersforschung zieht und darauf hinweist, dass es in der Jugendforschung eine selbstverständliche Tradition gibt, Phänomene der Jugendkulturen aufzuspüren und zu beschreiben, während die Altersforschung häufig eher versucht, den Umgang mit dem Alter(n) zu bewerten und alternative Alter(n)skonzepte zu etablieren.

Es erscheint ebenso gerechtfertigt, seinen Blick auch ohne die Legitimation eines direkt ersichtlichen Anwendungsbezugs auf das Alter(n) zu richten, wie es auch für andere Lebensphasen selbstverständlich ist.

Alter(n)sforschung – und auch hier haben die Anmerkungen von Backes nicht an Bedeutung verloren – darf nicht nur als Forschung zur Lösung von Problemen, die in sozialen Arbeitsfeldern vorkommen verstanden werden, sondern darf und soll auch grundsätzliche Fragen des Alter(n)s bearbeiten (1997, S. 118). Es erscheint angezeigt, der Versuchung zu widerstehen, Forschung zum Alter(n) nur dann als relevant einzuschätzen, wenn sie Lösungen zu in der Allgemeinheit wahrgenommenen Problemstellungen bietet.

Auch das Herausarbeiten bisher weniger beachteter Alter(n)saspekte, was durch beschreibende Forschung geschieht, kann als für sich bereits gewinnbringend angesehen werden.

In einem zweiten Schritt kann die Frage gestellt werden, ob das, was in der Marketingkommunikation zum subjektiven Alterserleben konstruiert wird, einfach dem Marktgeschehen überlassen werden soll, oder ob anzustreben ist, Marketing aus gerontologischer Warte heraus zu begleiten. Für die Konstruktion von Gender-Rollen in der Werbung z. B. hat sich längst sogar eine öffentliche Diskussion etabliert, für das Alterserleben gibt es ein vergleichbares Bewusstsein bisher nicht. Bislang beschränken sich die Diskussionsbeiträge im Wesentlichen auf den Appell, mehr Alternde in der Werbung zu zeigen und dabei „positive" Darstellungsformen zu wählen.

Hartung und Schorb (2009, S. 104) haben darauf hingewiesen, dass die Gefahr besteht, dass ohne eine differenziertere Beobachtung des Marktgeschehens Alternde unhinterfragt zu Objekten von Unternehmensinteressen gemacht werden könnten. Diese mögliche Tendenz könnte durch weitere, differenzierte Beobachtung der Marketingkommunikation durch die Gerontologie besser in den Blick genommen werden. Dies gilt gerade im Hinblick auf das Marketing für das vierte Lebensalter, bei dem auch Fragen des Verbraucherschutzes besonders aufmerksam zu diskutieren sind. Es ist dabei auch zu bedenken, dass, gemäß dem Modell von Schroeder (Abbildung 6 und Abbildung 20), nicht nur die strukturelle Ebene von Alter(n) einen Einfluss auf das subjektive Alterserleben hat, sondern das subjektive Alterserleben auf die strukturelle Ebene zurückwirkt. Scheinbar nur auf den eigenen Umgang mit dem Älterwerden abzielende Marketing-Konstruktionen haben zumindest nach diesem Modell Rückkopplungen mit der strukturellen Ebene des Alter(n)s.

Darüber hinaus ist über die Möglichkeiten des Dialogs zwischen Gerontologie und Silber-Marketing nachzudenken. Der Blick auf das subjektive Alterserleben mit seinen unterschiedlichen Dimensionen erlaubt es, die „Gretchenfrage" nach dem Alter(n) in der Marketingkommunikation differenzierter zu stellen. Daraus ergeben sich für die Gerontologie neue Möglichkeiten, Silber-Marketing-Akteure, z. B. um für die unterschiedlichen Konstruktionen des Alterserlebens zu sensibilisieren, anstatt die Ergebnisse der Bemühungen der Zielgruppenansprache pauschal zu befürworten oder abzulehnen.

Eine solche Position ließe sich als eigenständige Expertise verstehen, da die sozialwissenschaftliche Gerontologie Denkansätze bereithält, welche die aus der Marketingforschung bekannten Instrumente der Silber-Marketingkommunikation aus einer eigenen fachlichen Warte heraus ergänzen können.

Parallel stellt sich für die Gerontologie die Frage, wie mit den aktuell gewonnenen Erkenntnissen zum subjektiven Alterserleben weiter umzugehen ist. Wie also soll sozusagen das Silber-Marketing der Gerontologie gestaltet werden? Wie sollen die Ergebnisse zum subjektiven Alterserleben in die gerontologische Praxis Eingang finden? Aus der Empirie der verhaltenswissenschaftlichen gerontologischen Forschung heraus spricht viel dafür, ein chronologisch junges Alterserleben zu fördern, z. B., weil sich das Gefühl, jünger zu sein, positiv auf die Gesundheit und Leistungsfähigkeit auswirkt (z. B. Stephan et al. 2012). Aus der Perspektive der sozialwissenschaftlichen Gerontologie jedoch ist zu diskutieren, ob es nicht vielmehr Konstruktionsprozesse sind, die „jung" mit „leistungsfähig" gleichsetzen, und ob die positive Wirkung, die diese Attribute auslösen, diesen Konstruktionsprozessen geschuldet sind. Dann wäre es vorstellbar, dass eine gezielte Förderung des „jungen" Alterserlebens nicht die beabsichtigte Wirkung zeigt, sondern eine bestimmte Art von Konstruktion des subjektiven Alterserlebens weiter verfestigt, anstatt Vielfalt zuzulassen oder gezielt Veränderungen anzustoßen. Wie jedoch eine solche Veränderung aussehen soll, ist ebenfalls zu diskutieren, denn es ist nicht absehbar, ob vordergründig positive oder negative Konstruktionen tatsächlich eine solche Wirkung entfalten (Amrhein und Backes 2007, S. 105), so dass der Ausgang des Versuchs einer gezielten Beeinflussung ungewiss ist. Angesichts der Multidimensionalität des Alterserlebens mag es auch für die Gerontologie angebracht sein, sich der Vielfalt von Konstruktionen zu stellen und diese zielgruppen- oder gar personenspezifisch einzusetzen.

Und schließlich ist daran anschließend zu überlegen, ob mit den Erkenntnissen aus der Analyse von Werbeanzeigen zur gerontologischen Theorieentwicklung, die sich auf über das Silber-Marketing hinausgehende Fragen des Alterserlebens bezieht, beigetragen werden kann. Eine direkte Übertragung wäre wohl zu gewagt, aber als Impulsgeber können die Konstruktionen der Marketingkommunikation sicher auch als Beitrag für die weitergehende gerontologische Beschäftigung mit dem Alterserleben verstanden werden.

Literaturverzeichnis

Aaker, Jenifer L. (1997): Dimensions of Brand Personality. In: Journal of Marketing Research 34 (3), S. 347–356.

Amann, Anton; Ehgartner, Günther; Felder, David (2010): Sozialprodukt des Alters. Über Produktivitätswahn, Alter und Lebensqualität. Wien u. a.: Böhlau.

Amann, Anton (2008): Sozialgerontologie: ein multiparadigmatisches Forschungsprogramm? In: Anton Amann und Franz Kolland (Hg.): Das erzwungene Paradies des Alters? Fragen an eine kritische Gerontologie. Wiesbaden: Verlag für Sozialwissenschaften (Alter(n) und Gesellschaft, Bd. 14), S. 44–61.

Amann, Anton; Kolland, Franz (2008): Kritische Sozialgerontologie – Konzeptionen und Aufgaben. In: Anton Amann und Franz Kolland (Hg.): Das erzwungene Paradies des Alters? Fragen an eine kritische Gerontologie. Wiesbaden: Verlag für Sozialwissenschaften (Alter(n) und Gesellschaft, Bd. 14), S. 13–38.

Amrhein, Ludwig (2004): Die zwei Gesichter des Altersstrukturwandels und die gesellschaftliche Konstruktion der Lebensführung im Alter. In: Gertrud M. Backes, Wolfgang Clemens und Harald Künemund (Hg.): Lebensformen und Lebensführung im Alter. Wiesbaden: Verlag für Sozialwissenschaften, S. 59–86.

Amrhein, Ludwig (2008): Drehbücher des Alter(n)s. Die soziale Konstruktion von Modellen und Formen der Lebensführung und -stilisierung älterer Menschen. Wiesbaden: Verlag für Sozialwissenschaften (Alter(n) und Gesellschaft, Bd. 17).

Amrhein, Ludwig; Backes, Gertrud M. (2007): Alter(n)sbilder und Diskurse des Alter(n)s. Anmerkungen zum Stand der Forschung. In: Zeitschrift für Gerontologie und Geriatrie 40 (2), S. 104–111. DOI: 10.1007/s00391-007-0445-3.

Amrhein, Ludwig; Backes, Gertrud M. (2008): Alter(n) und Identitätsentwicklung: Formen des Umgangs mit dem eigenen Älterwerden. In: Zeitschrift für Gerontologie und Geriatrie 41 (5), S. 382–393. DOI: 10.1007/s00391-008-0007-3.

Andrews, Molly (2009): The narrative complexity of successful ageing. In: International Journal of Sociology and Social Policy 29 (1/2), S. 73–83. DOI: 10.1108/01443330910934736.

Auer-Srnka, Katharina J.; Meier-Pesti, Katja; Grießmair, Michele (2008): Ältere Menschen als Zielgruppe der Werbung: Eine explorative Studie zu Wahrnehmung und Selbstbild der „Best Ager" sowie stereotypen Vorstellungen vom Alt-sein in jüngeren Altersgruppen. In: der markt (3), S. 100–117.

Auken, Stuart van; Barry, Thomas; Bagozzi, Richard (2006): A Cross-Country Construct Validation of Cognitive Age. In: Journal of the Academy of Marketing Science 34 (3), S. 439–455. DOI: 10.1177/0092070304270996.

Baars, Jan (2009): Problematic Foundations: Theorizing Time, Age, and Aging. In: Vern L. Bengtson (Hg.): Handbook of theories of aging. 2. Aufl. New York: Springer, S. 87–100.

Backes, Gertrud (1997): Alter(n) als "gesellschaftliches Problem"? Zur Vergesellschaftung des Alter(n)s im Kontext der Modernisierung. Opladen: Westdeutscher Verlag.

Backes, Gertrud M. (2003): Soziologie und verhaltenswissenschaftliche Gerontologie. In: Fred Karl (Hg.): Sozial- und verhaltenswissenschaftliche Gerontologie. Alter und Altern als gesellschaftliches Problem und individuelles Thema. Weinheim u. a.: Juventa-Verlag (Grundlagentexte Soziologie), S. 45–58.

Backes, Gertrud M. (2007): Geschlechter – Lebenslagen – Altern. In: Ursula Pasero, Klaus R. Schroeter und Gertrud M. Backes (Hg.): Altern in Gesellschaft. Ageing – Diversity – Inclusion. Wiesbaden: Verlag für Sozialwissenschaften, S. 151–183.

Backes, Gertrud M. (2008): Von der (Un-)Freiheit körperlichen Alter(n)s in der modernen Gesellschaft und der Notwendigkeit einer kritisch-gerontologischen Perspektive auf den Körper. In: Zeitschrift für Gerontologie und Geriatrie 41 (3), S. 188–194. DOI: 10.1007/s00391-008-0546-7.

Backes, Gertrud M.; Clemens, Wolfgang (2001): Zur Konstruktion sozialer Ordnungen des Alter(n)s. In: Gertrud M. Backes, Wolfgang Clemens und Klaus R. Schroeter (Hg.): Zur Konstruktion sozialer Ordnungen des Alter(n)s. Opladen: Leske + Budrich (Reihe Alter(n) und Gesellschaft, Bd. 5), S. 7–29.

Backes, Gertrud M.; Clemens, Wolfgang (2013): Lebensphase Alter. Eine Einführung in die sozialwissenschaftliche Alternsforschung. 4., überarb. und erw. Aufl. Weinheim: Beltz Juventa (Grundlagentexte Soziologie).

Backes, Gertrud M.; Clemens, Wolfgang; Künemund, Harald (2004): Lebensformen und Lebensführung im Alter – objektive und subjektive Aspekte des Alter(n)s. In: Gertrud M. Backes, Wolfgang Clemens und Harald Künemund (Hg.): Lebensformen und Lebensführung im Alter. Wiesbaden: Verlag für Sozialwissenschaften, S. 7–24.

Baltes, Paul B.; Baltes, Margret (1992): Gerontologie: Begriff, Herausforderung und Brennpunkte. In: Paul B. Baltes und Jürgen Mittelstraß (Hg.): Zukunft des Alterns und gesellschaftliche Entwicklung. Berlin u.a.: de Gruyter (Forschungsbericht/Akademie der Wissenschaften zu Berlin, 5), S. 1–34.

Baltes, Paul B.; Mittelstraß, Jürgen (1992): Vorwort. In: Paul B. Baltes und Jürgen Mittelstraß (Hg.): Zukunft des Alterns und gesellschaftliche Entwicklung. Berlin u. a.: de Gruyter (Forschungsbericht / Akademie der Wissenschaften zu Berlin, 5), S. VII–XIV.

Barak, Benny; Guiot, Denis; Mathur, Anil; Zhang, Yong; Lee, Keun (2011): An empirical assessment of cross-cultural age self-construal measurement: Evidence from three countries. In: Psychology & Marketing 28 (5), S. 479–495. DOI: 10.1002/mar.20397.

Barak, Benny; Mathur, Anil; Lee, Keun; Zhang, Yong (2001): Perceptions of age-identity: A cross-cultural inner-age exploration. In: Psychology & Marketing 18 (10), S. 1003–1029. DOI: 10.1002/mar.1041.

Barrett, Anne E. (2005): Gendered experiences in midlife: Implications for age identity. In: Journal of Aging Studies 19 (2), S. 163–183. DOI: 10.1016/j.jaging.2004.05.00.

Bass, Scott A. (2009): Toward an Integrative Theory of Social Gerontology. In: Vern L. Bengtson (Hg.): Handbook of theories of aging. 2. Aufl. New York: Springer, S. 347–374.

Belch, George E.; Belch, Michael A. (2009): Advertising and Promotion. An integrated marketing communications perspective. 8. Aufl. Boston: McGraw-Hill Irwin.

Bendel, Sylvia (2008): Werbestrategien hinterfragen statt reproduzieren – Plädoyer für eine kritische Wissenschaft. In: Gudrun Held (Hg.): Werbung – grenzenlos. Multimodale Werbetexte im interkulturellen Vergleich. Frankfurt am Main: Lang (Sprache im Kontext, 31), S. 229–244.

Bieri, Rahel; Florack, Arnd; Scarabis, Martin: Der Zuschnitt von Werbung auf die Zielgruppe älterer Menschen. In: Zeitschrift für Medienpsychologie 2006 (18), S. 19–30.

Biggs, Simon (2004): Age, gender, narratives, and masquerades. In: Journal of Aging Studies 18 (1), S. 45–58. DOI: 10.1016/j.jaging.2003.09.005.

Biggs, Simon (2005): Beyond appearances: perspectives on identity in later life and some implications for method. In: The Journals of Gerontology Series B: Psychological Sciences and Social Sciences 60 (3), S. 118–128.

Biggs, Simon; Phillipson, Chris; Leach, Rebecca; Money, Anne-Marie (2008): The Mature Imagination and Consumption Strategies: Age & Generation in the Development of a United Kingdom Baby Boomer Identity. In: International Journal of Ageing and Later Life 2 (2), S. 31–59. DOI: 10.3384/ijal.1652-8670.072231.

Blaikie, Andrew (1999): Ageing and popular culture. Cambridge: Cambridge Univ. Press.

BMFSFJ (Hg.) (2005): Fünfter Bericht zur Lage der älteren Generation in der Bundesrepublik Deutschland. Potenziale des Alters in Wirtschaft und Gesellschaft. Der Beitrag älterer Menschen zum Zusammenhalt der Generationen. Berlin. Online verfügbar unter http://www.bmfsfj.de/BMFSFJ/Service/Publikationen/publikationen,did=78114.html, zuletzt geprüft am 23.03.2012.

BMFSFJ (Hg.) (2010): Sechster Bericht zur Lage der älteren Generation in der Bundesrepublik Deutschland. Altersbilder in der Gesellschaft. Berlin. Online verfügbar unter http://www.bmfsfj.de/RedaktionBMFSFJ/Pressestelle/Pdf-Anlagen/sechster-altenbericht,property=pdf,bereich=bmfsfj,sprache=de,rwb=true.pdf, zuletzt geprüft am 23.03.2012.

Bohnsack, Ralf (2009a): Dokumentarische Bildinterpretation. In: Renate Buber und Hartmut H. Holzmüller (Hg.): Qualitative Marktforschung. Konzepte – Methoden – Analysen. 2. Aufl. Wiesbaden: Gabler, S. 951–978.

Bohnsack, Ralf (2010a): Dokumentarische Methode. In: Karin Bock und Ingrid Miethe (Hg.): Handbuch qualitative Methoden in der Sozialen Arbeit. Opladen: Budrich, S. 247–258.

Bohnsack, Ralf (2010b): Rekonstruktive Sozialforschung. Einführung in qualitative Methoden. Stuttgart: UTB GmbH (UTB L).

Bohnsack, Ralf (2011a): Bildinterpretation. In: Ralf Bohnsack, Winfried Marotzki und Michael Meuser (Hg.): Hauptbegriffe Qualitativer Sozialforschung. 3. Aufl. Opladen: Budrich, S. 18–22.

Bohnsack, Ralf (2011b): Praxeologische Wissenssoziologie. In: Ralf Bohnsack, Winfried Marotzki und Michael Meuser (Hg.): Hauptbegriffe Qualitativer Sozialforschung. 3. Aufl. Opladen: Budrich, S. 137 f.

Bohnsack, Ralf (2011c): Qualitative Bild- und Videointerpretation. Die dokumentarische Methode. 2. Aufl. Opladen: Budrich.

Bohnsack, Ralf; Nentwig-Gesemann, Iris (2011): Typenbildung. In: Ralf Bohnsack, Winfried Marotzki und Michael Meuser (Hg.): Hauptbegriffe Qualitativer Sozialforschung. 3. Aufl. Opladen: Budrich, S. 162–166.

Bohnsack, Ralf; Nentwig-Gesemann, Iris; Nohl, Arnd-Michael (Hg.) (2007a): Die dokumentarische Methode und ihre Forschungspraxis. 2. Aufl. Wiesbaden: Verlag für Sozialwissenschaften.

Bohnsack, Ralf; Nentwig-Gesemann, Iris; Nohl, Arnd-Michael (2007b): Einleitung: Die dokumentarische Methode und ihre Forschungspraxis. In: Ralf Bohnsack, Iris Nentwig-Gesemann und Arnd-Michael Nohl (Hg.): Die dokumentarische Methode und ihre Forschungspraxis. 2. Aufl. Wiesbaden: Verlag für Sozialwissenschaften, S. 9–27.

Bonfadelli, Heinz (2009): Medien und Alter. Generationen aus Sicht der Kommunikationswissenschaft. In: Harald Künemund und Marc Szydlik (Hg.): Generationen. Multidisziplinäre Perspektiven. [Martin Kohli zum 65. Geburtstag]. Wiesbaden: Verlag für Sozialwissenschaften, S. 149–169.

Boos, Linda (2008): Grau oder großartig? Westfälische Wilhelms-Universität, Münster. Online verfügbar unter http://miami.uni-muenster.de/servlets/DerivateServlet/Derivate-4829/01_diss_boos.pdf, zuletzt geprüft am 23.03.2012.

Borland, Helen; Akram, Selina (2007): Age is no barrier to wanting to look good: women on body image, age and advertising. In: Qualitative Market Research: An International Journal 10 (3), S. 310–333. DOI: 10.1108/13522750710754335.

Brandtstädter, Jochen; Greve, Werner (1994): The Aging Self: Stabilizing and Protective Processes. In: Developmental Review 14, S. 52–80.

Brauer, Kai (2010): Ageism: Fakt oder Fiktion? In: Kai Brauer und Wolfgang Clemens (Hg.): Zu alt? Wiesbaden: Verlag für Sozialwissenschaften, S. 21–60.

Brosius, Hans-Bernd; Koschel, Friederike; Haas, Alexander (2008): Methoden der empirischen Kommunikationsforschung. Eine Einführung. 4., überarb. und erw. Aufl. Wiesbaden: Verlag für Sozialwissenschaften.

Bublitz, Hannelore (2006): Sehen und gesehen werden – auf dem Laufsteg der Gesellschaft. In: Robert Gugutzer (Hg.): Body turn. Perspektiven der Soziologie des Körpers und des Sports. Bielefeld: Transcript-Verlag (Materialitäten, 2), S. 341–361.

Burgert, Carolin; Koch, Thomas (2008): Die Entdeckung der Neuen Alten? Best-Ager in der Werbung. In: Christina Holtz-Bacha (Hg.): Stereotype? Frauen und Männer in der Werbung. Wiesbaden: Verlag für Sozialwissenschaften, S. 155–175.

Bytheway, Bill (2011): Unmasking age. The significance of age for social research. Bristol: Policy Press.

Calasanti, Toni M. (2007): Bodacious Berry, Potency Wood and the Aging Monster: Gender and Age Relations in Anti-Aging Ads. In: Social Forces 86 (1), S. 335–355. DOI: 10.1353/sof.2007.0091.

Carrigan, Marylyn; Szmigin, Isabelle (1998): The usage and portrayal of older models in contemporary consumer advertising. In: Journal of Marketing Practice: Applied Marketing Science 4 (8), S. 231–248. DOI: 10.1108/EUM0000000004544.

Carrigan, Marylyn; Szmigin, Isabelle (2003): Regulating ageism in UK advertising: an industry perspective. In: Marketing Intelligence & Planning 21 (4), S. 198–204. DOI: 10.1108/02634500310480086.

Catterall, Miriam; Maclaran, Pauline (2001): Body talk: Questioning the assumptions in cognitive age. In: Psychology & Marketing 18 (10), S. 1117–1133. DOI: 10.1002/mar.1046.

Chasteen, Alison L.; Bashir, Nadia Y.; Gallucci, Christina; Visekruna, Anja (2011): Age and Antiaging Technique Influence Reactions to Age Concealment. In: The Journals of Gerontology Series B: Psychological Sciences and Social Sciences. .66 (6), S. 719–724. DOI: 10.1093/geronb/gbr063.

Chevron, Marie-France (2005): Ethnologie und Soziologie: getrennte Entwicklungen, gemeinsame Aufgaben. In: Anton Amann und Gerhard Majce (Hg.): Soziologie in interdisziplinären Netzwerken. Leopold Rosenmayr gewidmet. Wien: Böhlau, S. 164–176.

Cirkel, Michael; Enste, Peter (2009): Seniorenwirtschaft – Konturen eines Wachstumsmarkts. In: Seniorenwirtschaft 1 (1), S. 10–17.

Cirkel, Michael; Hilbert, Josef; Schalk, Christa (2006): Produkte und Dienstleistungen für mehr Lebensqualität im Alter. In: Deutsches Zentrum für Altersfragen (Hg.): Produkte, Dienstleistungen und Verbraucherschutz für ältere Menschen. Expertisen zum 5. Altenbericht der Bundesregierung. Münster: Lit (Bd. 4), S. 8–154.

Commerzbank/Initiative Unternehmerperspektive (Hg.) (2009): Abschied vom Jugendwahn. Unternehmerische Strategien für den demographischen Wandel. Frankfurt am Main (7). Online verfügbar unter https://www.unternehmerperspektiven.de/de/studie/demografischer_wandel/start.htm, zuletzt geprüft am 11.08.2009.

Coupland, Justine (2003): Ageist Ideology and Discourses of Control in Skin Care Product Marketing. In: Justine Coupland und Richard Gwyn (Hg.): Discourse, the body, and identity. Houndmills, Basingstoke: Palgrave Macmillan, S. 127–150.

Coupland, Justine (2007): Gendered discourses on the 'problem' of ageing: consumerized solutions. In: Discourse & Communication 1 (1), S. 37–61. DOI: 10.1177/1750481307071984.

Coupland, Justine (2009): Time, the body and the reversibility of ageing: commodifying the decade. In: Ageing & Society 29 (06), S. 953. DOI: 10.1017/S0144686X09008794.

Dann, Susan (2007): Branded generations: baby boomers moving into the seniors market. In: Journal of Product & Brand Management 16 (6), S. 429–431. DOI: 10.1108/10610420710823799.

Diaz-Bone, Rainer (2006): Zur Methodologisierung der Foucaultschen Diskursanalyse1. In: Forum Qualitative Sozialforschung 7 (1). Online verfügbar unter http://www.qualitative-research.net/index.php/fqs/article/view/71/145#gcit, zuletzt geprüft am 23.03.2014.

Diehl, Manfred K.; Wahl, Hans-Werner (2010): Awareness of Age-Related Change: Examination of a (Mostly) Unexplored Concept. In: The Journals of Gerontology Series B: Psychological Sciences and Social Sciences, S. 340–350. DOI: 0.1093/geronb/gbp110.

Du Gay, Paul (Hg.) (2006): Cultural economy. Cultural analysis and commercial life Reprinted. London (u. a.): Sage.

Dumas, Alex; Laberge, Suzanne; Straka, Silvia M. (2005): Older women's relations to bodily appearance: the embodiment of social and biological conditions of existence. In: Ageing & Society 25 (06), S. 883. DOI: 10.1017/S0144686X05004010.

van Dyk, Silke; Lessenich, Stephan (2009): "Junge Alte". Vom Aufstieg und Wandel einer neuen Sozialfigur. In: Silke van Dyk und Stephan Lessenich (Hg.): Die jungen Alten. Analysen einer neuen Sozialfigur. Frankfurt: Campus Verlag, S. 11–48.

van Dyk, Silke Lessenich, Stephan; Denninger, Tina; Richter, Anne (2010a): Die "Aufwertung" des Alters. Eine gesellschaftliche Farce. In: Mittelweg 36 19 (5), S. 15–33.

van Dyk, Silke; Lessenich, Stephan; Denninger, Tina; Richer, Anna (2010b): Die Regierung des Alter(n)s. In: Johannes Angermüller und Silke van Dyk (Hg.): Diskursanalyse meets Gouvernementalitätsforschung. Perspektiven auf das Verhältnis von Subjekt, Sprache, Macht und Wissen. Frankfurt a.M: Campus-Verlag, S. 207–235.

Eichler, Wolfgang (2009): Kommunikation und Sprache in der Wirtschaftswerbung. Ein Studienbuch. Hamburg: Igel Verlag.

Eitner, Carolin; Enste, Peter; Naegele, Gerhard; Leve, Verena (2011): The Discovery and Development of the Silver Market in Germany. In: Florian Kohlbacher und Cornelius Herstatt (Hg.): The Silver Market Phenomenon. Marketing and Innovation in the Aging Society. Springer: Berlin (u. a.). S. 309–324.

Ekerdt, David J. [1986] (2009): Die Ethik des Beschäftigtseins: Zur moralischen Kontinuität zwischen Arbeitsleben und Ruhestand. In: Silke van Dyk und Stephan Lessenich (Hg.): Die jungen Alten. Analysen einer neuen Sozialfigur. Frankfurt: Campus Verlag, S. 69–84.

Enomoto, Nozomi (2011): Changing Consumer Values and Behavior in Japan: Adaption of Keio Department Store, Shinjuku. In: Florian Kohlbacher und Cornelius Herstatt (Hg.): The Silver Market Phenomenon. Marketing and Innovation in the Aging Society. Springer: Berlin (u. a.), S. 175–193.

Enslin, Anna-Pia (2003): Generationen 50 plus. Die Ausgegrenzten der mobilen Informationsgesellschaft. Text- und Rezeptionsanalysen aktueller Medienwerbung. Marburg: Tectum Verlag.

Epple, Carola (2005): Ältere als Zielgruppe des Zeitschriftenmarktes. Zeitschriftenkonzepte für ältere Zielgruppen. Berlin: WVB.

Estes, Carol; Swan, James H.; Gerard, Leonore [1982] (2009): Dominierende und konkurrierende gerontologische Paradigmen: Für eine politische Ökonomie des Alters. In: Silke van Dyk und Stephan Lessenich (Hg.): Die jungen Alten. Analysen einer neuen Sozialfigur. Frankfurt: Campus Verlag, S. 53–68.

Faßler, Manfred (2003): Mediensoziologie und Kommunikationssoziologie. In: Barbara Orth, Thomas Schwietring und Johannes Weiß (Hg.): Soziologische Forschung. Stand und Perspektiven. Ein Handbuch. Opladen: Leske + Budrich (Handbücher), S. 251–276.

Featherstone, Mike; Hepworth, Mike [1991] (2009): Die Maske des Alterns und der postmoderne Lebenslauf. In: Silke van Dyk und Stephan Lessenich (Hg.): Die jungen Alten. Analysen einer neuen Sozialfigur. Frankfurt: Campus Verlag, S. 85–105.

Femers, Susanne (2007): Die ergrauende Werbung. Altersbilder und werbesprachliche Inszenierungen von Alter und Altern. Wiesbaden: Verlag für Sozialwissenschaften.

Froschauer, Ulrike; Lueger, Manfred (2009): Interpretative Sozialforschung. Der Prozess. Wien: Facultas.wuv.

Fürstenberg, Friedrich (2002): Perspektiven des Alter(n)s als soziales Konstrukt. In: Gertrud M. Backes und Wolfgang Clemens (Hg.): Zukunft der Soziologie des Alter(n)s. Opladen: Leske + Budrich (Reihe Alter(n) und Gesellschaft, Bd. 8).

Gassmann, Oliver; Reepmeyer, Gerrit (2006): Wachstumsmarkt Alter. Innovationen für die Zielgruppe Fünfzig Plus. München, Wien: Carl Hanser Fachbuchverlag.

Gildemeister, Regine (2008): Was wird aus der Geschlechterdifferenz im Alter? Über das Angleichen von Lebensformen und das Ringen um biographische Kontinuität. In: Sylvia Buchen und Maja S. Maier (Hg.): Älterwerden neu denken. Interdisziplinäre Perspektiven auf den demografischen Wandel. Wiesbaden: Verlag für Sozialwissenschaften, S. 197–215.

Gilleard, Chris (1996): Consumption and Identity in Later Life: Toward a Cultural Gerontology. In: Ageing & Society 16 (04), S. 489–498. DOI: 10.1017/S0144686X00003640.

Gilleard, Chris (2008): The Third Age and the Baby Boomers: Two Approaches to the Social Structuring of Later Life. In: International Journal of Ageing and Later Life 2 (2), S. 13–30. DOI: 10.3384/ijal.1652-8670.072213.

Gläser, Jochen; Laudel, Grit (2010): Experteninterviews und qualitative Inhaltsanalyse als Instrumente rekonstruierender Untersuchungen. 4. Aufl. Wiesbaden: Verlag für Sozialwissenschaften.

Göckenjan, Gerd (2010): Altersbilder in der Geschichte. In: Kirsten Aner und Ute Karl (Hg.): Handbuch Soziale Arbeit und Alter. Wiesbaden: Verlag für Sozialwissenschaften, S. 403–413.

Golonka, Joanna (2009): Werbung und Werte. Mittel ihrer Versprachlichung im Deutschen und im Polnischen. Wiesbaden: Verlag für Sozialwissenschaften.

Gough-Yates, Anna (2005): Understanding women's magazines. Publishing, markets and readerships. Reprint. London: Routledge.

Graefe, Stefanie (2010): Altersidentität. Zum theoretischen und empirischen Gebrauchswert einer prekären Kategorie. In: Mittelweg 36 19 (5), S. 34–51.

Graefe, Stefanie; van Dyk, Silke; Lessenich, Stephan: (2011): Altsein ist später. In: Zeitschrift für Gerontologie und Geriatrie 44 (5), S. 299–305. DOI: 10.1007/s00391-011-0190-5.

Greco, Alan J. (1989): Representation of the elderly in advertising: crisis or inconsequence? In: Journal of Services Marketing 2 (3), S. 27–34. DOI: 10.1108/eb024731.

Gugutzer, Robert (2008): Alter(n) und die Identitätsrelevanz von Leib und Körper. In: Zeitschrift für Gerontologie und Geriatrie 41 (3), S. 182–187.

Häder, Michael (2010): Empirische Sozialforschung. Eine Einführung. 2., überarb. Aufl. Wiesbaden: Verlag für Sozialwissenschaften.

Hartung, Anja; Schorb, Bernd (2009): Alter(n) und Medien. Theoretische und empirische Annäherungen an ein Forschungs- und Praxisfeld. Berlin: Vistas Verlag

Hopf, Christel; Schmidt, Christiane (1993): Zum Verhältnis von innerfamilialen sozialen Erfahrungen, Persönlichkeitsentwicklung und politischen Orientierungen. Dokumentation und Erörterung des methodischen Vorgehens in einer Studie zu diesem Thema. Online verfügbar unter http://w2.wa.uni-hannover.de/mes/berichte/TextRex93.pdf, zuletzt geprüft am 23.03.2012.

Horn, Mechthild; Naegele, Gerhard (1976): Gerontologische Aspekte der Anzeigenwerbung. Ergebnisse einer Inhaltsanalyse von Werbeinseraten für ältere Menschen und mit älteren Menschen. In: Zeitschrift für Gerontologie (6), S. 463–472.

Hunke, Guido (Hg.) (2011): Best Practice Modelle im 55plus Marketing. Bewährte Konzepte für den Dialog mit Senioren. Wiesbaden: Gabler Verlag.

Hupp, Oliver (2004): Seniorenmarketing. Informations- und Entscheidungsverhalten älterer Konsumenten. 2. unveränd. Aufl. Hamburg: Kovač.

Hurd, Laura C. (1999): "We're Not Old!" Older Women's Negotiation of Aging and Oldness. In: Journal of Aging Studies 13 (4), S. 419–439. DOI: 10.1016/S0890-4065(99)00019-5.

Hurd Clarke, Laura (2010): Facing age. Women growing older in anti-aging culture. Lanham, Md: Rowman & Littlefield (Diversity and aging).

Hurd Clarke, Laura; Griffin, Meredith (2007): The body natural and the body unnatural: Beauty work and aging. In: Journal of Aging Studies 21 (3), S. 187–201. DOI: 10.1016/j.jaging.2006.11.001.

Hurd Clarke, Laura; Griffin, Meredith (2008): Visible and invisible ageing: beauty work as a response to ageism. In: Ageing & Society 28 (05), S. 653–674. DOI: 10.1017/S0144686X07007003.

Hurd Clarke, Laura; Bundon, Andrea (2009): From 'the thing to do' to 'defying the ravages of age': older women reflect on the use of lipstick. In: Journal of Women & Aging 21 (3), S. 198–212. DOI: 10.1080/08952840903054757.

Janich, Nina (2010): Werbesprache. Ein Arbeitsbuch. 5., vollst. überarb. und erw. Aufl. Tübingen: Narr.

Jansen, Birgit; Karl, Fred; Radebold, Hartmut; Schmitz-Scherzer, Reinhard (1999): Einleitung. In: Birgit Jansen, Fred Karl, Hartmut Radebold und Reinhard Schmitz-Scherzer (Hg.): Soziale Gerontologie. Ein Handbuch für Lehre und Praxis. Weinheim: Beltz (Beltz-Handbuch), S. 9–18.

Karl, Fred (1999): Gerontologie und soziale Gerontologie in Deutschland. In: Birgit Jansen, Fred Karl, Hartmut Radebold und Reinhard Schmitz-Scherzer (Hg.): Soziale Gerontologie. Ein Handbuch für Lehre und Praxis. Weinheim: Beltz, S. 20–64.

Kastenbaum, Robert; Derbin, Valerie; Sabatini, Paul; Artt, Steven (1972): „The Ages of Me": Toward Personal and Interpersonal Definitions of Functional Aging. In: The International Journal of Aging and Human Development 3 (2), S. 197–211. DOI: 10.2190/TUJR-WTXK-866Q-8QU7.

Katz, Stephen (2000): Busy Bodies: Activity, aging, and the management of everyday life. In: Journal of Aging Studies 14 (2), S. 135–152. DOI: 10.1016/S0890-4065(00)800080.

Katz, Stephen (2001): Growing Older without Aging: Positive Aging, Anti-Ageism, and Anti-Aging. In: Generations 25 (4), S. 27–32.

Katz, Stephen (2003): New sex for old: lifestyle, consumerism, and the ethics of aging well. In: Journal of Aging Studies 17 (1), S. 3–16. DOI: 10.1016/S0890-4065(02)00086-5.

Kaufman, Gayle; Elder, Glen: (2002): Revisiting age identity. A research note. In: Journal of Aging Studies 16 (2), S. 169–176. DOI: 10.1016/S0890-4065(02)00042-7.

Kaufman, Sharon R. (1986): The ageless self. Sources of meaning in late life. Madison, Wisconsin: University of Wisconsin Press.

Kelle, Udo (2008a): Alter & Altern. In: Nina Baur, Hermann Korte, Martina Löw und Markus Schroer (Hg.): Handbuch Soziologie. Wiesbaden: Verlag für Sozialwissenschaften, S. 11–31.

Kelle, Udo (2008b): Die Integration qualitativer und quantitativer Methoden in der empirischen Sozialforschung. Theoretische Grundlagen und methodologische Konzepte. 2. Aufl. Wiesbaden: Verlag für Sozialwissenschaften.

Kelle, Udo; Kluge, Susann (2010): Vom Einzelfall zum Typus. Fallvergleich und Fallkontrastierung in der qualitativen Sozialforschung. 2. Aufl. Wiesbaden: Verlag für Sozialwissenschaften.

Kessler, Eva-Marie (2009): Altersbilder in den Medien: Wirklichkeit oder Illusion? In: Bernd Schorb, Anja Hartung und Wolfgang Reißmann (Hg.): Medien und höheres Lebensalter. Wiesbaden: Verlag für Sozialwissenschaften, S. 146–156.

Kessler, Eva-Marie; Schwender, Clemens; Bowen, Catherine E. (2009): The Portrayal of Older People's Social Participation on German Prime-Time TV Advertisements. In: The Journals of Gerontology Series B: Psychological Sciences and Social Sciences 65B (1), S. 97–106. DOI: 10.1093/geronb/gbp084.

Kleemann, Frank; Krähnke, Uwe; Matuschek, Ingo (2009): Interpretative Sozialforschung: Eine praxisorientierte Einführung. Wiesbaden: Verlag für Sozialwissenschaften.

Klein, Gabriele (2010): Soziologie des Körpers. In: Georg Kneer und Markus Schroer (Hg.): Handbuch Spezielle Soziologien. Wiesbaden: Verlag für Sozialwissenschaften, S. 457–473.

Kleinspehn-Ammerlahn, Anna; Kotter-Grühn, Dana; Smith, Jacqui (2008): Self-Perceptions of Aging: Do Subjective Age and Satisfaction With Aging Change During Old Age? In: The Journals of Gerontology Series B: Psychological Sciences and Social Sciences 63 (6), S. 377–385.

Kluge, Susann (2000). Empirisch begründete Typenbildung in der qualitativen Sozialforschung. In: Forum Qualitative Sozialforschung/Forum: Qualitative Social Research 1(1), Art. 14. Online verfügbar unter: http://nbn-resolving.de/urn:nbn:de:0114-fqs0001145, zuletzt geprüft am 15.05.2014.

Kohlbacher, Florian; Chéron, Emmanuel (2012): Understanding "Silver" consumers through cognitive age, health condition, financial status, and personal values: Empirical evidence from the world's most mature market Japan. In: Journal of Consumer Behaviour 11 (3), S. 179–188. DOI: 10.1002/cb.382.

Kolland, Franz; Kahri, Silvia (2004): Kultur und Kreativität im späten Leben: Zur Pluralisierung der Alterskulturen. In: Gertrud M. Backes, Wolfgang Clemens und Harald Künemund (Hg.): Lebensformen und Lebensführung im Alter: Wiesbaden: Verlag für Sozialwissenschaften, S. 151–169.

Koll-Stobbe, Amei (2005): Forever Young. Sprachliche Codierung von Jugend und Alter. In: Heike Hartung (Hg.): Alter und Geschlecht. Repräsentationen, Geschichten und Theorien des Alter(n)s. Bielefeld: Transcript-Verlag (Gender studies), S. 237–253.

Kondratowitz, Hans-Joachim von (2002): Entwicklung und Perspektiven einer "cultural Gerontology" – Zwischenkritik einer europäischen Bewegung. In: Gertrud M. Backes und Wolfgang Clemens (Hg.): Zukunft der Soziologie des Alter(n)s. Opladen: Leske + Budrich (Reihe Alter(n) und Gesellschaft, Bd. 8), S. 279–292.

Kothen, Wolfgang (2007): Theorie der Marken-Kommunikation. Tradierte und konstruktivistische Erkenntnisse. Universität Siegen. Siegen. Online verfügbar unter http://dokumentix.ub.uni-siegen.de/opus/volltexte/2008/344/pdf/kothen.pdf, zuletzt geprüft am 19.12.2013.

Kotler, Philip; Armstrong, Gary; Wong, Veronica; Saunders, John (2011): Grundlagen des Marketing. 5. Aufl. München: Pearson Studium.

Kotter-Grühn, Dana; Kleinspehn-Ammerlahn, Anna; Gerstorf, Denis; Smith, Jacqui (2009): Self-perceptions of aging predict mortality and change with approaching death: 16-year longitudinal results from the Berlin Aging Study. In: Psychology and Aging 24 (3), S. 654–667. DOI: 10.1037/a0016510.

Kotter-Grühn, Dana; Hess, Thomas M. (2012): The Impact of Age Stereotypes on Self-perceptions of Aging Across the Adult Lifespan. In: The Journals of Gerontology Series B: Psychological Sciences and Social Sciences 67 (5), S. 563–571. DOI: 10.1093/geronb/gbr153.

Kozar, Joy M. (2010): Women's responses to fashion media images: a study of female consumers aged 30-59. In: International Journal of Consumer Studies 34 (3), S. 272–278. DOI: 10.1111/j.1470-6431.2009.00854.x.

Kozar, Joy M.; Damhorst, Mary Lynn (2008): Older women's responses to current fashion models. In: Journal of Fashion Marketing and Management 12 (3), S. 338–350. DOI: 10.1108/13612020810889290.

Kress, Gunther; van Leeuwen, Theo (2004): Reading images. The grammar of visual design. Reprinted. London: Routledge.

Kroeber-Riel, Werner; Esch, Franz-Rudolf (2011): Strategie und Technik der Werbung. Verhaltens- und neurowissenschaftliche Erkenntnisse. 7. Aufl. Stuttgart: Kohlhammer (Kohlhammer Edition Marketing).

Kromrey, Helmut (2007): Auch qualitative Forschung braucht Qualitätsstandards. In: Erwägen, Wissen, Ethik 18 (2), S. 244–245.

Kuckartz, Udo (2007): Qualitative Datenanalyse: computergestützt. Methodische Hintergründe und Beispiele aus der Forschungspraxis. 2., überarb. und erw. Aufl. Wiesbaden: Verlag für Sozialwissenschaften.

Kühne, Bärbel (2005): Wrinkled…Wonderful? In: Heike Hartung (Hg.): Alter und Geschlecht. Repräsentationen, Geschichten und Theorien des Alter(n)s. Bielefeld: Transcript-Verlag (Gender studies), S. 253–274.

Kumlehn, Martina (2011): Alternde Frauen und „ihr ganz besonderes Lebensgefühl" – Konstrukte und Strategien gelingenden Alterns in der Zeitschrift „Brigitte Woman. Das Magazin für Frauen über 40". In: Hella Ehlers, Gabriele Linke, Beate Rudlof und Heike Trappe (Hg.): Geschlecht – Generation – Alter(n). Geistes- und sozialwissenschaftliche Perspektiven. Münster Lit (Gender-Diskussion, Bd. 12), S. 190–206.

Lamnek, Siegfried (2010): Qualitative Sozialforschung. Lehrbuch. 5., überarb. Aufl. Weinheim: Beltz.

Langguth, Sebastian; Kolz, Heinz (2007): Der ältere Konsument – Marktchancen im demographischen Wandel. In: Michael Jäckel (Hg.): Ambivalenzen des Konsums und der werblichen Kommunikation. Wiesbaden: Verlag für Sozialwissenschaften, S. 261–274.

Langner, Antje; Wrana, Daniel (2013): Diskursforschung und Diskursanalyse. In: Barbara Friebertshäuser, Heike Boller, Antja Langer und Anedore Prengel (Hg.): Handbuch qualitative Forschungsmethoden in der Erziehungswissenschaft. 4., durchges. Aufl. Weinheim: Beltz Juventa, S. 335–349.

Laslett, Peter (1995): Das dritte Alter. Historische Soziologie des Alterns. [Leicht abgeänderte dt. Fassung]. Weinheim: Juventa-Verlag (Grundlagentexte Soziologie).

Laws, Glenda [1995] (2009): Zum Verständnis von Altersdiskriminierung: Feministische und Postmoderne Einblicke. In: Silke van Dyk und Stephan Lessenich (Hg.): Die jungen Alten. Analysen einer neuen Sozialfigur. Frankfurt: Campus Verlag, S. 106–125.

Lipschultz, Jeremy Harris; Hilt, Michael L.; Reilly, Hugh J. (2007): Organizing the Baby Boomer Construct: An Exploration of Marketing, Social Systems, and Culture. In: Educational Gerontology 33 (9), S. 759–773. DOI: 10.1080/03601270701364511.

Löffler, Horst (2006): Wo sind sie denn? Auf der Suche nach den Senioren in der Anzeigenwerbung. In: Hanne Meyer-Hentschel und Gundolf Meyer-Hentschel (Hg.): Jahrbuch Seniorenmarketing 2006/2007. Erfolgsunternehmen, Expertenwissen, internationale Beiträge. Frankfurt am Main: Deutscher Fachverlag, S. 121–133.

Lumme-Sandt, Kirsi (2011): Images of ageing in a 50+ magazine. In: Journal of Aging Studies 25 (1), S. 45–51. DOI: 10.1016/j.jaging.2010.08.013.

Lund, Anne; Engelsrud, Gunn (2008): 'I am not that old': inter-personal experiences of thriving and threats at a senior centre. In: Ageing & Society 28 (05), S. 675–692. DOI: 10.1017/S0144686X07006988.

Martens, Andy; Goldenberg, Jamie L.; Greenberg, Jeff (2005): A Terror Management Perspective on Ageism. In: Journal of Social Issues 61 (2), S. 223–239. DOI: 10.1111/j.1540-4560.2005.00403.x.

Mathur, Anil; Moschis, George P. (2005): Antecedents of cognitive age: A replication and extension. In: Psychology & Marketing 22 (12), S. 969–994. DOI: 10.1002/mar.20094.

Matt, Eduard (2010): Darstellung qualitativer Forschung. In: Uwe Flick, Ernst von Kardorff und Ines Steinke (Hg.): Qualitative Forschung. Ein Handbuch. 8. Aufl. Reinbek bei Hamburg: Rowohlt Verlag (Rororo Rowohlts Enzyklopädie, 55628), S. 578–587.

Mayring, Philipp; Gläser-Zikuda, Michaela (2008): Die Praxis der qualitativen Inhaltsanalyse. 2., neu ausgestattete Aufl. Weinheim: Beltz (Pädagogik).

McHugh, Kevin E. (2003): Three faces of ageism: society, image and place. In: Ageing & Society 23 (2), S. 165–185. DOI: 10.1017/S0144686X02001113.

Meffert, Heribert; Burmann, Christoph; Kirchgeorg, Manfred (2012): Marketing. Grundlagen marktorientierter Unternehmensführung. 11. Aufl. Wiesbaden: Gabler Verlag.

Mehlmann, Sabine; Ruby, Sigrid (2010): Einleitung: „Für Dein Alter siehst Du gut aus!" Körpernormierungen zwischen Temporalität und Medialität. In: Sabine Mehlmann und Sigrid Ruby (Hg.): "Für Dein Alter siehst Du gut aus!". Von der Un/Sichtbarkeit des alternden Körpers im Horizont des demographischen Wandels ; multidisziplinäre Perspektiven. Bielefeld: Transcript-Verlag (KörperKulturen), S. 15–32.

Meuser, Michael (2011a): Gütekriterien. In: Ralf Bohnsack, Winfried Marotzki und Michael Meuser (Hg.): Hauptbegriffe qualitativer Sozialforschung. 3. durchges. Aufl. Opladen: Budrich, S. 80–82.

Meuser, Michael (2011b): Inhaltsanalyse. In: Ralf Bohnsack, Winfried Marotzki und Michael Meuser (Hg.): Hauptbegriffe qualitativer Sozialforschung. 3. Aufl. Opladen: Budrich, S. 89–91.

Meuser, Michael (2011c): Interpretative Sozialforschung. In: Ralf Bohnsack, Winfried Marotzki und Michael Meuser (Hg.): Hauptbegriffe qualitativer Sozialforschung. 3. Aufl. Opladen: Budrich, S. 140–142.

Meuser, Michael (2011d): Interpretatives Paradigma. In: Ralf Bohnsack, Winfried Marotzki und Michael Meuser (Hg.): Hauptbegriffe qualitativer Sozialforschung. 3. Aufl. Opladen: Budrich, S. 92–94.

Meyer-Hentschel, Hanne; Meyer-Hentschel, Gundolf (Hg.) (2010): Jahrbuch Seniorenmarketing 2010/2011. Strategien und Innovationen. Frankfurt am Main: Deutscher Fachverlag (Edition Horizont).

Michael, Bernd P. (2006): Warum ignoriert das Marketing die reichste Generation aller Zeiten? In: Hanne Meyer-Hentschel und Gundolf Meyer-Hentschel (Hg.): Jahrbuch Seniorenmarketing 2006/2007. Erfolgsunternehmen, Expertenwissen, internationale Beiträge. Frankfurt am Main: Deutscher Fachverlag, S. 87–120.

Miche, M.; Wahl, H.-W; Diehl, M.; Oswald, F.; Kaspar, R.; Kolb, M. (2014): Natural Occurrence of Subjective Aging Experiences in Community-Dwelling Older Adults. In: The Journals of Gerontology Series B: Psychological Sciences and Social Sciences. 69 (2), S.174–187. DOI: 10.1093/geronb/gbs164.

Michel, Burkard (2007): Fotografien und ihre Lesarten. Dokumentarische Interpretation von Bildrezeptionsprozessen. In: Ralf Bohnsack, Iris Nentwig-Gesemann und Arnd-Michael Nohl (Hg.): Die dokumentarische Methode und ihre Forschungspraxis. 2. Aufl. Wiesbaden: Verlag für Sozialwissenschaften, S. 93–123.

Montepare, Joann M. (1996): Variations in adults' subjective ages in relation to birthday nearness, age awareness, and attitudes toward aging. In: Journal of Adult Development 3 (4), S. 193–203. DOI: 10.1007/BF02281963.

Montepare, Joann M. (2009): Subjective age: Toward a guiding lifespan framework (1). In: International Journal of Behavioral Development 33 (1), S. 42–46. DOI: 10.1177/0165025408095551.

Montepare, Joann M.; Lachman, Margie E. (1989): "You're only as old as you feel": Self-perceptions of age, fears of aging, and life satisfaction from adolescence to old age. In: Psychology and Aging 4 (1), S. 73–78. DOI: 10.1037/0882-7974.4.1.73.

Moody, Harry R.; Sood, Sanjay (2010): Age Branding. In: Aimee Drolet, Norbert Schwarz und Carolyn Yoon (Hg.): The aging consumer. Perspectives from psychology and economics. New York, NY: Routledge, S. 229–245.

Moschis, George P. (2003): Marketing to older adults: an updated overview of present knowledge and practice. In: Journal of Consumer Marketing 20 (6), S. 516–525. DOI: 10.1108/07363760310499093.

Moschis, George P. (2007): Life course perspectives on consumer behavior. In: Journal of the Academy of Marketing Science 35 (2), S. 295–307. DOI: 10.1007/s11747-007-0027-3.

Muise, Amy; Desmarais, Serge (2010): Women's Perceptions and Use of "Anti-Aging" Products. In: Sex Roles 63 (1-2), S. 126–137. DOI: 10.1007/s11199-010-9791-5.

Müller, Dieter K. (2008): Kaufkraft kennt keine Altersgrenzen. In: media perspektiven 2008 (6), S. 291–298.

Müller, Kathrin Friederike (2010): Frauenzeitschriften aus der Sicht ihrer Leserinnen. die Rezeption von „Brigitte" im Kontext von Biografie, Alltag und Doing Gender. Bielefeld: Transcript-Verlag.

Mushahwar, Alexandra (2008): Thematisierung als Polarisierung? Die Akzeptanz des neuen Frauenbildes in der Werbung am Fallbeispiel DOVE. Magisterarbeit. Universität Wien. Online verfügbar unter http://othes.univie.ac.at/2694/1/2008-10-14_0103211.pdf, zuletzt geprüft am 05.12.2013.

Naegele, Gerhard (2006): Die Potenziale des Alters nutzen – Chancen für den Einzelnen und die Gesellschaft. In: Karin Böllert, Peter Hansbauer, Brigitte Hasenjürgen und Sabrina Langenohl (Hg.): Die Produktivität des Sozialen – den sozialen Staat aktivieren. Sechster Bundeskongress Soziale Arbeit. Wiesbaden: Verlag für Sozialwissenschaften, S. 147–156.

Nam, Jinhee; Hamlin, Reagan; Gam, Hae Jin; Kang, Ji Hye; Kim, Jiyoung; Kumphai, Pimpawan et al. (2007): The fashion-conscious behaviours of mature female consumers. In: International Journal of Consumer Studies 31 (1), S. 102–108. DOI: 10.1111/j.1470-6431.2006.00497.x.

Nentwig-Gesemann, Iris (2007): Die Typenbildung in der dokumentarischen Methode. In: Ralf Bohnsack, Iris Nentwig-Gesemann und Arnd-Michael Nohl (Hg.): Die dokumentarische Methode und ihre Forschungspraxis. 2. Aufl. Wiesbaden: Verlag für Sozialwissenschaften, S. 278–302.

Neugarten, Bernice L.; Moore, Joan W.; Lowe, John C. (1965): Age Norms, Age Constraints, and Adult Socialization. In: American Journal of Sociology 70 (6), S. 710–717.

Nikander, Pirjo (2009): Doing change and continuity: age identity and the micro–macro divide. In: Ageing & Society 29 (06), S. 863–881. DOI: 10.1017/S0144686X09008873.

Nyren, Chuck (2007): Advertising to baby boomers. 2. Aufl. Ithaca, NY: Paramount Market Pub.

Nyren, Chuck (2011): Advertising Agencies: The Most Calcified Part of the Process. In: Florian Kohlbacher und Cornelius Herstatt (Hg.): The Silver Market Phenomenon. Berlin (u.a.): Springer, S. 249–262.

Öberg, Peter [1996] (2009): Der abwesende Körper – ein sozialgerontologisches Paradoxon. In: Silke van Dyk und Stephan Lessenich (Hg.): Die jungen Alten. Analysen einer neuen Sozialfigur. Frankfurt: Campus Verlag, S. 138–160.

Öberg, Peter; Tornstam, Lars (1999): Body images among men and women of different ages. In: Ageing & Society (19), S. 629–644.

Okigbo, Charles; Martin, Drew; Amienyi, Osabuohien P. (2005): Our ads 'R US: an exploratory content analysis of American advertisements. In: Qualitative Market Research: An International Journal 8 (3), S. 312–326. DOI: 10.1108/13522750510603361.

Opaschowski, Horst W.; Reinhardt, Ulrich (2007): Altersträume. Illusion und Wirklichkeit. Darmstadt: Primus Verlag.

Otto, Welf-Gerrit (2011): Zwiespältige Altersbilder in Altersratgebern: Optimierung versus Akzeptanz. In: Informationsdienst Altersfragen 38 (1), S. 4–9.

Pichler, Barbara (2010): Aktuelle Altersbilder: „junge Alte" und „alte Alte". In: Kirsten Aner und Ute Karl (Hg.): Handbuch Soziale Arbeit und Alter. Wiesbaden: Verlag für Sozialwissenschaften, S. 415–425.

Perrig-Chiello, Pasqualina; Höpflinger, François (2009): Die Babyboomer. Eine Generation revolutioniert das Alter. Zürich: Verlag Neue Zürcher Zeitung.

Prahl, Hans-Werner; Schroeter, Klaus R. (1996): Soziologie des Alterns. Eine Einführung. Paderborn: Schöningh (UTB für Wissenschaft Uni-Taschenbücher, 1924).

Prieler, Michael; Kohlbacher, Florian; Hagiwara, Shigeru; Arime, Akie (2011): Silber Advertising: Older People in Japanese TV ads. In: Florian Kohlbacher und Cornelius Herstatt (Hg.): The Silver Market Phenomenon. Marketing and Innovation in the Aging Society. Berlin (u. a.): Springer, S. 239–247.

Przyborski, Aglaja; Wohlrab-Sahr, Monika (2014): Qualitative Sozialforschung. Ein Arbeitsbuch. 4., erw. Aufl. München: Oldenbourg.

Rapley, Tim; Flick, Uwe (2009): Doing conversation, discourse and document analysis. Reprinted. Los Angeles: Sage.

Reichertz, Jo (2007): Qualitative Sozialforschung. Ansprüche, Prämissen, Probleme. In: Erwägen Wissen Ethik (2), S. 195–207.

Reichertz, Jo (2010): Becker und Häkkinen beim Golfen. Das Altenbild in der Mercedeswerbung. In: Jo Reichertz (Hg.): Die Macht der Worte und der Medien. 3. Aufl. Wiesbaden: Verlag für Sozialwissenschaften, S. 117–132.

Reidl, Andreas (2007): Seniorenmarketing. Mit älteren Zielgruppen neue Märkte erschließen. 2. Aufl. Landsberg am Lech: mi-Fachverlerlag redline.

Rieger, Hans-Martin (2008): Altern anerkennen und gestalten. Ein Beitrag zu einer gerontologischen Ethik. Leipzig: Evangelische Verlags-Anstalt.

Robinson, Thomas E. (1998): Portraying older people in advertising. Magazines, television, and newspapers. New York (u. a.): Garland (Garland-studies on the elderly in America).

Robinson, Tom; Anderson, Caitlin (2006): Older Characters in Children's Animated Television Programs: A Content Analysis of Their Portrayal. In: Journal of Broadcasting & Electronic Media 50 (2), S. 287–304. DOI: 10.1207/s15506878jobem5002_7.

Robinson, Tom; Callister, Mark (2008): Body Image of Older Adults in Magazine Advertisements: A Content Analysis of Their Body Shape and Portrayal. In: Journal of Magazine and New Media Research 10 (1), S. 1–16. Online verfügbar unter http://aejmcmagazine.arizona.edu/Journal/Fall2008/RobinsonCallister.pdf, zuletzt geprüft am 15.05.2014.

Röhr-Sendlmeier, Una M.; Ueing, Sarah (2004): Das Altersbild in der Anzeigenwerbung im zeitlichen Wandel. In: Zeitschrift für Gerontologie und Geriatrie 37 (1), S. 56–62.

Rössler, Patrick (2010): Inhaltsanalyse. 2. Aufl. Konstanz: UVK (UTB Basics, 2671).

Rubin, David C.; Berntsen, Dorthe (2006): People over forty feel 20% younger than their age: Subjective age across the lifespan. In: Psychonomic Bulletin & Review 13 (5), S. 776–780. DOI: 10.3758/bf03193996.

Saake, Irmhild (2006): Die Konstruktion des Alters. Wiesbaden: Verlag für Sozialwissenschaften.

Saake, Irmhild (2008): Lebensphase Alter. In: Heinz Abels (Hg.): Lebensphasen. Eine Einführung. Wiesbaden: Verlag für Sozialwissenschaften (Hagener Studientexte zur Soziologie), S. 235–284.

Sanderson, Warren C.; Scherbov, Sergei (2010): Remeasuring Aging. In: Science 329 (5997), S. 1287–1288. DOI: 10.1126/science.1193647.

Schafer, Markus H.; Shippee, Tetyana P. (2009): Age Identity, Gender, and Perceptions of Decline: Does Feeling Older Lead to Pessimistic Dispositions About Cognitive Aging? In: The Journals of Gerontology Series B: Psychological Sciences and Social Sciences 65B (1), S. 91–96. DOI: 10.1093/geronb/gbp046.

Schaible, Stefan; Kaul, Ashok; Lührmann, Melanie; Wiest, Bertram; Breuer, Per (2007): Wirtschaftsmotor Alter. BMFSFJ (Hg.). Berlin. Online verfügbar unter http://www.bmfsfj.de/RedaktionBMFSFJ/Abteilung3/Pdf-Anlagen/endbericht-studiewirtschaftsmotor-alter,property=pdf,bereich=,sprache=de,rwb=true.pdf, zuletzt geprüft am 01.10.2010.

Schirmer, Dominique (2009): Empirische Methoden der Sozialforschung. Grundlagen und Techniken. Paderborn: Fink (Basiswissen Soziologie, 3175).

Schmitt, Eric (2004): Aktives Altern, Leistungseinbußen, soziale Ungleichheit und Altersbilder. Ein Beitrag zum Verständnis von Resilienz und Vulnerabilität im höheren Erwachsenenalter. In: Zeitschrift für Gerontologie und Geriatrie (37), S. 280–292.

Schneiders, Katrin (2012): Chancen und Risiken der Ökonomisierung des Alters. Abstract der Sektionsveranstaltung „Die ökonomische Neudeutung des demografischen Wandels und der Lebensphase Alter". 36. Kongresses der Deutschen Gesellschaft für Soziologie. Deutsche Gesellschaft für Soziologie – Sektion Alter(n) und Gesellschaft. Bochum, 03.10.2012. Online verfügbar unter http://www.dgs2012.de/wpcontent/uploads/Veranstaltungen%20DGS-Kongress/CE_Sektion_Altern%20und%20 Gesellschaft/CE_Altern%20gesellschaftliche%20komplexi/ABST_Gesell_Komplex_f inal.pdf, zuletzt geprüft am 04.02.2013.

Schoemann, Alexander M.; Branscombe, Nyla R. (2011): Looking young for your age: Perceptions of anti-aging actions. In: European Journal of Social Psychology 41 (1), S. 86–95. DOI: 10.1002/ejsp.738.

Schroeter, Klaus R. (2003): Soziologie des Alterns: Eine Standortbestimmung aus Theorieperspektive. In: Barbara Orth, Thomas Schwietring und Johannes Weiß (Hg.): Soziologische Forschung. Stand und Perspektiven; ein Handbuch. Opladen: Leske + Budrich (Handbücher), S. 49–65.

Schroeter, Klaus R. (2008a): Alter(n). In: Herbert Willems (Hg.): Lehr(er)buch Soziologie. Für die pädagogischen und soziologischen Studiengänge Bd. 2. Wiesbaden: Verlag für Sozialwissenschaften, S. 611–630.

Schroeter, Klaus R. (2008b): Verwirklichungen des Alterns. In: Anton Amann und Franz Kolland (Hg.): Das erzwungene Paradies des Alters? Fragen an eine kritische Gerontologie. Wiesbaden: Verlag für Sozialwissenschaften (Alter(n) und Gesellschaft, Bd. 14), S. 235–269.

Schroeter, Klaus R. (2009a): Die Normierung alternder Körper. Gouvernementale Aspekte des doing age. In: Silke van Dyk und Stephan Lessenich (Hg.): Die jungen Alten. Analysen einer neuen Sozialfigur. Frankfurt: Campus Verlag, S. 360–380.

Schroeter, Klaus R. (2009b): Korporals Kapital und korporale Performanzen in der Lebensphase Alter. In: Herbert Willems und Günter Burkart (Hg.): Theatralisierung der Gesellschaft. Wiesbaden: Verlag für Sozialwissenschaften, S. 163–181.

Schulz-Nieswand, Frank (2003): Die Kategorie der Lebenslage - sozial- und verhaltenswissenschaftlich rekonstruiert. In: Fred Karl (Hg.): Sozial- und verhaltenswissenschaftliche Gerontologie. Alter und Altern als gesellschaftliches Problem und individuelles Thema. Weinheim u.a.: Juventa-Verlag (Grundlagentexte Soziologie), S. 129–139.

Settersten, Richard A.; Gannon, Lynn (2005): Structure, Agency, and the Space Between: On the Challenges and Contradictions of a Blended View of the Life Course. In: Advances in Life Course Research 10, S. 35–55. DOI: 10.1016/S1040-2608(05)10001-X.

Sherman, Elaine; Schiffman, Leon G.; Mathur, Anil (2001): The influence of gender on the new-age elderly's consumption orientation. In: Psychology & Marketing 18 (10), S. 1073–1089. DOI: 10.1002/mar.1044.

Siegert, Gabriele; Brecheis, Dieter (2010): Werbung in der Medien- und Informationsgesellschaft. Eine kommunikationswissenschaftliche Einführung. 2. Aufl. Wiesbaden: Verlag für Sozialwissenschaften.

Silverman, David (2009): Interpreting qualitative data. Methods for analyzing talk, text and interaction. 3. Aufl. Los Angeles: Sage Publications.

Simcock, Peter; Sudbury, Lynn (2006): The invisible majority? Older models in UK television advertising. In: International Journal of Advertising (35), S. 87–106.

Slater, Don (2006): Capturing markets from the economists. In: Paul Du Gay (Hg.): Cultural economy. Cultural analysis and commercial life. Reprinted. London: Sage Publications (Culture, representation and identities), S. 59–77.

Slevec, Julie; Tiggemann, Marika (2010): Attitudes Toward Cosmetic Surgery in Middle-Aged Women: Body Image, Aging Anxiety, and the Media. In: Psychology of Women Quarterly 34 (1), S. 65–74. DOI: 10.1111/j.1471-6402.2009.01542.x.

Slevin, Kathleen F. (2010): "If I had lots of money... I'd have a body makeover:": Managing the Aging Body. In: Social Forces 88 (3), S. 1003–1020. DOI: 10.1353/sof.0.0302.

Sowarka, Doris; Au, Cornelia (2008): Altersidentitäten. In: Informationsdienst Altersfragen 35, S. 8–12.

Spindler, Mone (2007): Neue Konzepte für alte Körper. Ist Anti-Ageing unnatürlich? In: Heike Hartung (Hg.): Graue Theorie. Die Kategorien Alter und Geschlecht im kulturellen Diskurs. Köln: Böhlau, S. 79–101.

Spindler, Mone (2009): Natürlich alt? Zur Neuerfindung der Natur des Alter(n)s in der Anti-Ageing-Medizin und der Sozialgerontologie. In: Silke van Dyk und Stephan Lessenich (Hg.): Die jungen Alten. Analysen einer neuen Sozialfigur. Frankfurt: Campus-Verlag, S. 380–402.

Staudinger, Ursula M. (2012): Fremd- und Selbstbild im Alter: Innen- und Außensicht und einige der Konsequenzen. In: Peter Graf Kielmansegg und Heinz Häfner (Hg.): Alter und Altern. Wirklichkeit und Deutungen. Berlin, Heidelberg: Springer (Schriften der Mathematisch-naturwissenschaftlichen Klasse der Heidelberger Akademie der Wissenschaften, 22), S. 187–200.

Staudinger, Ursula M. (2008): Was ist das Alter(n) der Persönlichkeit? Eine Antwort aus verhaltenswissenschaftlicher Sicht. In: Ursula M. Staudinger und Heinz Häfner (Hg.): Was ist Alter(n)? Neue Antworten auf eine scheinbar einfache Frage. Berlin, Heidelberg: Springer (Schriften der Mathematisch-naturwissenschaftlichen Klasse der Heidelberger Akademie der Wissenschaften, 18).

Staudinger, Ursula M.; Häfner, Heinz (Hg.) (2008): Was ist Alter(n)? Neue Antworten auf eine scheinbar einfache Frage. Berlin, Heidelberg: Springer (Schriften der Mathematisch-naturwissenschaftlichen Klasse der Heidelberger Akademie der Wissenschaften, 18).

Steigleder, Sandra (2008): Die strukturierende qualitative Inhaltsanalyse im Praxistest. Marburg, Trier: Tectum Verlag.

Steinke, Ines (2010): Gütekriterien qualitativer Forschung. In: Uwe Flick, Ernst von Kardorff und Ines Steinke (Hg.): Qualitative Forschung. Ein Handbuch. 8. Aufl. Reinbek bei Hamburg: Rowohlt Verlag (Rororo Rowohlts Enzyklopädie, 55628), S. 319–331.

Stephan, Yannick; Chalabaev, Aïna; Kotter-Grühn, Dana; Jaconelli, Alban (2012): "Feeling Younger, Being Stronger": An Experimental Study of Subjective Age and Physical Functioning Among Older Adults. In: The Journals of Gerontology Series B: Psychological Sciences and Social Sciences 68 (1), S. 1–7. DOI: 10.1093/geronb/gbs037.

Steverink, Nardi; Westerhof, Gerben J.; Bode, Christina; Dittmann-Kohli, Freya (2001): The Personal Experience of Aging, Individual Resources, and Subjective Well-Being. In: The Journals of Gerontology Series B: Psychological Sciences and Social Sciences 56 (6), S. 364–373. DOI: 10.1093/geronb/56.6.P364.

Strauch, Hans-Joachim (2011): „Und sie konsumieren doch..." Die Alten von heute sind die Verbraucher von morgen. In: Guido Hunke (Hg.): Best Practice Modelle im 55plus Marketing. Bewährte Konzepte für den Dialog mit Senioren. Wiesbaden: Gabler Verlag, S. 179–192.

Strauss, Anselm L. (1991): Grundlagen qualitativer Sozialforschung. Datenanalyse und Theoriebildung in der empirischen soziologischen Forschung. 2. Aufl. 1998. München: Fink (Übergänge, 10).

Stroud, Dick (2008): The 50-plus market. Why the future is age neutral when it comes to marketing & branding strategies. Reprint. London: Kogan Page.

Sudbury, Lynn; Simcock, Peter (2009): Understanding older consumers through cognitive age and the list of values: A U.K.-based perspective. In: Psychology and Marketing 26 (1), S. 22–38. DOI: 10.1002/mar.20260.

Szmigin, Isabelle; Carrigan, Marylyn (2001): Learning to love the older consumer. In: Journal of Consumer Behaviour 1 (1), S. 22–34. DOI: 10.1002/cb.51.

Tesch-Römer, Clemens (2006): Produktivität im Alter. In: G+G Wissenschaft 6 (1), S. 14–22.

Tews, Hans P. (1993): Neue und alte Aspekte des Strukturwandels des Alters. In: Gerhard Naegele und Hans Peter Tews (Hg.): Lebenslagen im Strukturwandel des Alters. Alternde Gesellschaft – Folgen für die Politik. Opladen: Westdeutscher Verlag, S. 15–42.

Thimm, Caja (1998): Sprachliche Symbolisierung des Alters in der Werbung. In: Michael Jäckel (Hg.): Die umworbene Gesellschaft. Analysen zur Entwicklung der Werbekommunikation. Opladen: Westdeutscher Verlag, S. 113–140.

Townsend, Jean; Godfrey, Mary; Denby, Tracy (2006): Heroines, villains and victims: older people's perceptions of others. In: Ageing & Society 26 (06), S. 883–900. DOI: 10.1017/S0144686X06005149.

Tropp, Jörg (2011): Moderne Marketing-Kommunikation. System – Prozess – Management. Wiesbaden: Verlag für Sozialwissenschaften.

Twigg, Julia (2007): Clothing, age and the body: a critical review. In: Ageing & Society 27 (02), S. 285–305. DOI: 10.1017/S0144686X06005794.

Twigg, Julia (2010): How Does "Vogue" Negotiate Age? Fashion, the Body, and the Older Woman. In: Fashion Theory: The Journal of Dress, Body & Culture 14 (4), S. 471–490. DOI: 10.2752/175174110X12792058833898.

Twigg, Julia (2012): Adjusting the cut: fashion, the body and age on the UK high street. In: Ageing & Society 32 (06), S. 1030–1054. DOI: 10.1017/S0144686X11000754.

Wahl, Hans-Werner; Heyl, Verena (2004): Gerontologie – Einführung und Geschichte. Stuttgart: Kohlhammer.

Wahl, Hans-Werner; Konieczny, Christoph; Diehl, Manfred (2013): Zum Erleben von altersbezogenen Veränderungen im Erwachsenenalter. In: Zeitschrift für Entwicklungspsychologie und Pädagogische Psychologie 45 (2), S. 66–76. DOI: 10.1026/0049-8637/a000081.

Warde, Alan (2006): Production, consumption and "cultural economy". In: Paul Du Gay (Hg.): Cultural economy: cultural analysis and commercial life. Reprinted. London: Sage, S. 185–200.

Westerhof, Gerben. J.; Krauss Whitbourne, Susan; Freeman, Gillian P. (2012): The Aging Self in a Cultural Context: The Relation of Conceptions of Aging to Identity Processes and Self-Esteem in the United States and the Netherlands. In: The Journals of Gerontology Series B: Psychological Sciences and Social Sciences. 67 (1), S. 52–60. DOI: 10.1093/geronb/gbr075.

Westerhof, Gerben J. (2009): Identity Construction in the Third Age: The Role of Self-Narratives. In: Heike Hartung und Roberta Maierhofer (Hg.): Narratives of life. Mediating age. Wien (u.a.): Lit (Aging studies in Europe, Bd. 1), S. 55–69.

Westerhof, Gerben J.; Barrett, Anne E. (2005): Age identity and subjective well-being: a comparison of the United States and Germany. In: The Journals of Gerontology Series B: Psychological Sciences and Social Sciences. 60 (3), S. 129–136. DOI: 10.1093/geronb/60.3.S129.

Wilhelm, Hannah (2004): Was die neuen Frauen wollen. Eine qualitative Studie zum Mediennutzungsverhalten von Leserinnen der Zeitschrift Glamour. Münster: Lit.

Wilk, Nicole M. (2002): Körpercodes. Die vielen Gesichter der Weiblichkeit in der Werbung. Frankfurt/Main: Campus Verlag.

Willems, Herbert; Kautt, York (2002): Werbung als kulturelles Forum: Das Beispiel der Konstruktion des Alter(n)s. In: Herbert Willems (Hg.): Die Gesellschaft der Werbung. Kontexte und Texte. Produktionen und Rezeptionen. Entwicklungen und Perspektiven. Wiesbaden: Westdeutscher Verlag, S. 633–655.

Williams, Angie; Wadleigh, Paul Mark; Ylänne-McEwen, Virpi (2010a): Images of Older People in UK Magazine Advertising: Toward a Typology. In: The International Journal of Aging and Human Development 71 (2), S. 83–114. DOI: 10.2190/AG.71.2.a.

Williams, Angie; Ylänne-McEwen, Virpi; Wadleigh, Paul Mark; Chen, Chin-Hui (2007): Selling the 'Elixir of Life': Images of the elderly in an Olivio advertising campaign. In: Journal of Aging Studies 21 (1), S. 1–21. DOI: 10.1016/j.jaging.2006.09.001.

Williams, Angie; Ylänne-McEwen, Virpi; Wadleigh, Paul Mark; Chen, Chin-Hui (2010b): Portrayals of older adults in UK magazine advertisements: Relevance of target audience. In: Communications 35 (1), S. 1–27. DOI: 10.1515/COMM.2010.001.

Witt, Harald (2001): Forschungsstrategien bei quantitativer und qualitativer Sozialforschung. In: Forum Qualitative Sozialforschung/Forum Qualitative Social Research 2(1), Art. 8, Online verfügbar unter http://nbn-resolving.de/urn:nbn:de:0114-fqs010189, zuletzt geprüft am 08.03.2013.

Wolfe, David B. (1997): Older markets and the new marketing paradigm. In: Journal of Consumer Marketing 14 (4), S. 294–302.

Wolfe, David B.; Snyder, Robert E. (2003): Ageless marketing. Strategies for reaching the hearts and minds of the new customer majority. Chicago: Dearborn Trade Pub.

Wolff, Stephan (2010): Dokumenten- und Aktenanalyse. In: Uwe Flick, Ernst von Kardorff und Ines Steinke (Hg.): Qualitative Forschung. Ein Handbuch. 8. Aufl. Reinbek bei Hamburg: Rowohlt Verlag (Rororo Rowohlts Enzyklopädie, 55628), S. 502–513.

Wolfinger, Martina (2008): Soziale Bedeutungszusammenhänge von Alter(n) und Körper. (sozial)gerontologisch fundierte Thesen. In: Zeitschrift für Gerontologie und Geriatrie 41 (3), S. 195–200. DOI: 10.1007/s00391-008-0547-6.

Woodward, Kathleen (1991): Aging and its discontents. Freud and other fictions. Bloomington: Indiana University Press.

Wray, Sharon (2007): Women making sense of midlife: Ethnic and cultural diversity. In: Journal of Aging Studies 21 (1), S. 31–42. DOI: 10.1016/j.jaging.2006.03.001.

Ylänne-McEwen, Virpi; Williams, Angie; Wadleigh, Paul Mark (2009): Ageing well? Older people's health and well-being as portrayed in UK magazine advertisements. In: International Journal of Ageing and Later Life (2), S. 33–62.

Zurstiege, Guido (2002): Was wir beobachten, wenn wir die Werbung beobachten wie sie die Gesellschaft beobachtet. In: Herbert Willems (Hg.): Die Gesellschaft der Werbung. Kontexte und Texte; Produktionen und Rezeptionen; Entwicklungen und Perspektiven. Wiesbaden: Westdeutscher Verlag, S. 121–138.

Anhang: Verzeichnis der Material-Quellen

Publikumszeitschriften:

Brigitte Women Ausgaben 02/2009–01/2010, Gruner + Jahr AG & Co. KG, Hamburg. Erschienen im Zeitraum 01.01.2009–31.12.2009.

Frau im Leben: Ausgaben 2/2009–01/2010, Bayard Media GmbH & Co. KG, Augsburg. Erschienen im Zeitraum 01.01.2009–31.12.2009.

Nachweise der Bildzitate:

Werbeanzeige „Guhl Farbglanz Blond Shampoo" (Abbildung 15) entnommen aus Brigitte Woman 01/2010, S. 29, Bildzitat mit freundlicher Genehmigung der Guhl Ikebana GmbH

Werbeanzeige „John Frieda Frizz Ease" (Abbildung 14) entommen aus Brigitte Woman 01/2010, S. 40, Bildzitat mit freundlicher Genehmigung der Guhl Ikebana GmbH

Werbeanzeige „Kneipp Sensitive Derm" (Abbildung 12) entommen aus Brigitte Woman 11/2009, S. 45, Bildzitat mit freundlicher Genehmigung der Kneipp GmbH

Werbeanzeige „Neutrogena-Fußcreme" (Tabelle 9) entnommen aus Brigitte Woman 07/2009, S. 147, Bildzitat mit freundlicher Genehmigung der Johnson & Johnson GmbH

Ergänzende Datenquellen und Hintergrundinformationen:

Daten zu den Anzeigen:

IVW (Informationsgemeinschaft zur Feststellung der Verbreitung von Werbeträgern e. V.), Quartalsauflagen, Abfragezeitraum 01/2009–12/2009. Online verfügbar unter www.iwv.eu, zuletzt geprüft am 04.03.2014.

IVW (Informationsgemeinschaft zur Feststellung der Verbreitung von Werbeträgern e. V.), Anzeigenstatistik nach Nielsen, Abfragezeitraum 01/2009–12/2009. Online verfügbar unter www.iwv.eu, zuletzt geprüft am 08.10.2011.

TMC (Thomson Media Control): „Creative Report": Auflistung der in der „Brigitte Woman" und der „Frau im Leben" erschienenen Kosmetikanzeigen (Motiv, Konzern, Produkt, Slogan, Branche, und Kennziffer der Anzeige) für das Jahr 2009

TMC (Thomson Media Control): „Media Schedules" zu den Anzeigen des „Creative Reports" für das Jahr 2009 (Übersicht zu Publikationen der Medienerfassungliste, in denen die Anzeigen erschienen sind, Datum der Veröffentlichung, Seite, Größe, Anzeigenpreis)

TMC (Thomson Media Control): Medienerfassungsliste

Informationen zum Silber-Marketing, zum Kosmetikmarkt und zum Zeitschriften-markt allgemein:

Baur Media KG (2009): Best Ager Märkte Branchenreport Kosmetik. Online verfügbar unter http://www.bauermedia.de/uploads/ media/BBA_Branchenreport_Kosmetik_2009_01.pdf, zuletzt geprüft am 23.03.2012.

Bayard Media GmbH & Co. KG (2011): Frau im Leben Mediadaten 2011. Online verfügbar unter http://www.bayard-media.de/downloads/mediadaten/2011/ P12-013_Bayard_MD12_FiL_online.pdf, zuletzt geprüft am 28.10.2011.

Brechtel, David von (2011): Die unsichtbare Zielgruppe. In: Horizont (33), S. 26.

Garber, Thorsten (2012): Mit innovativer Kosmetik will L'Oréal neue Kunden gewinnen. Online verfügbar unter http://www.absatzwirtschaft.de/content/marketingstrategie/ news/mit-innovativer-kosmetik-will-l-oreal-neue-kunden-gewinnen;76565, zuletzt geprüft am 06.10.2012.

Galeria Kaufhof GmbH (07.11.2011): Ausgezeichnet generationenfreundlich: Galeria Kaufhof Köln Hohe Straße erhält Qualitätszeichen. 50. Filiale der GALERIA Kaufhof GmbH zertifiziert. Köln. Online verfügbar unter https://www.galeria-kaufhof.de/ueber-uns/presse/pressemitteilungen/pressemitteilung-111107.html, zuletzt geprüft am 18.04.2013.

GfK (2010): Kaufkraft 2010. GfK. Online verfügbar unter www.statista.com, zuletzt geprüft am 30.10.2011.

Gruner + Jahr AG & Co. KG (24.02.2002): BRIGITTE WOMAN mit neuem Auflagenerfolg in Höhe von 185.000 verkauften Exemplaren, Verlagsgruppe Brigitte. Online verfügbar unter http://www.presseportal.de/meldung/342866/, zuletzt geprüft am 28.10.2011.

Gruner + Jahr AG & Co. KG (03.08.2005): Brigitte ist die meistgelesene Zeitschrift bei Frauen in der "TOP Level 2005" - Studie des Allensbach-Instituts. Online verfügbar unter http://www.guj.de/index2.php4?/de/presse/suchergebnisse/ meld_050803_10.php4, zuletzt geprüft am 11.02.2012.

Gruner + Jahr AG & Co. KG (2007): Erfolg aus der Mitte. Wie gesellschaftlicher Status und Lebensphasen die Markensympathie beeinflussen. KA 06 Sonderauswertung Brigitte Kommunikationsanalyse. Online verfügbar unter http://www.brigitte-ka.de/de/studien/erfolgausdermitte2007/KA_Erfolg_aus_der_Mitte.pdf., zuletzt geprüft am 08.11.2012.

Gruner + Jahr AG & Co. KG (2009): Auflagen und Reichweite. Online verfügbar unter http://www.gujmedia.de/portfolio/zeitschriften/brigitte_woman/?card=auflage_ reichweite, zuletzt geprüft am 23.03.2012.

Gruner + Jahr AG & Co. KG (2009): Brigitte in der MA 2009. Online verfügbar unter http://194.12.216.68/de/studien/2009/BRIGITTEWOMAN2009/BRIGITTE_ MA_2009_2.pdf, zuletzt geprüft am 17.11.2012.

Gruner + Jahr AG & Co. KG (2010): Brigitte Woman Profil 2010. Online verfügbar unter http://www.gujmedia.de/_content/20/02/200220/BRIGITTE_WOMAN_Profil_2010.pdf, zuletzt geprüft am 28.10.2011.

Gruner + Jahr AG & Co. KG (2011): Qualitativ hochwertige Zeitschriften - Brigitte Woman. Online verfügbar unter http://www.guj.de/index2.php4?/de/produkte/zeitschrift/zeitschriftentitel/brigitte_woman.php4, zuletzt geprüft am 26.10.2011.

Gruner + Jahr AG & Co. KG (02.07.2013): Ab Herbst 2013 erscheint das Magazin viva! regelmäßig. Online verfügbar unter http://www.guj.de/presse/pressemitteilungen/ab-herbst-2013-erscheint-das-magazin-viva-regelmaessig/, zuletzt geprüft am 27.02.2014.

Gruner + Jahr AG & Co. KG: Brigitte E-Cards. Online verfügbar unter http://www.brigitte.de/e-cards/?t_action=selectCard&t_album_id=527278, zuletzt geprüft am 04.02.2012.

Gruner + Jahr Media Sales (2010): G+J Werbetrend Januar – Juni 2010. Online verfügbar unter http://www.gujmedia.de/fileadmin/redaktion/Media_Research/Deutsch/Print-Studien/Werbemarkt/GuJ_Werbetrend_2_2010.pdf, zuletzt geprüft am 25.05.2012.

Hanser, Peter (2006): Auch eine alternde Wirtschaft kann noch wachsen. In: Absatzwirtschaft (1), S. 34–39.

IKW – Industrieverband Körperpflege- und Waschmittel e. V. (2011): Definition und Abgrenzung kosmetischer Mittel. IKW – Industrieverband Körperpflege- und Waschmittel e.V. Online verfügbar unter http://www.ikw.org/pages/prodgr_details.php?info_id=278&navi_id=km&subnavi_id=presse&page_title=K%F6rperpflegemittel, zuletzt geprüft am 29.10.2011.

Meynen, Clara (2005): Erwartungen der Verbraucher an die Hersteller von Kosmetikprodukten. In: Ursula Hansen und Ingo Schoenheit (Hg.): Versprechen und Wirkung von Kosmetika. Dokumentation einer Dialogtagung. HAGE IV. Frankfurt, 09.06.2005. imug Beratungsgesellschaft,. Frankfurt, S. 63–65 Online verfügbar unter http://www.pg.com/de_DE/standpunkte/hage/HAGE_4.pdf, zuletzt geprüft am 06.05.2014.

Nielsen GmbH (2014): Erfassung von werbestatistischen Daten. Nielsen GmbH. Online verfügbar unter http://nielsen.com/de/de/datenerfassung/erfassung-von-werbestatistischen-daten.html, zuletzt geprüft am 26.02.2014.

Pimpl, Roland (2009): Beim Alter von Frauen täuscht man sich. In: Horizont (22), S. 28.

Rinsum, Helmut van (2006): Ohne viel Getöse. In: Werben und Verkaufen (21), S. 44.

Schwegler, Petra (2012): 20-59: RTL-Familie weist ab 2013 nur noch die neue Zielgruppe aus. Online verfügbar unter http://www.wuv.de/medien/20_bis_59_rtl_familie_weist_ab_2013_nur_noch_die_neue_zielgruppe_aus, zuletzt aktualisiert am 14.08.2012, zuletzt geprüft am 24.02.2014.

Statista (2009): Werbeausgaben Spezial August 2009: Kosmetik, basierend auf Daten von TMC. Online verfügbar unter http://de.statista.com/themen/146/werbeausgaben-kosmetik/, zuletzt geprüft am 30.10.2011.

Stroemer, Bernd (2005): Produkt und Wirkung – Grenzen für wirksame Kosmetikprodukte? Der gesetzliche Rahmen im Wandel. In: Ursula Hansen und Ingo Schoenheit (Hg.): Versprechen und Wirkung von Kosmetika. Dokumentation einer Dialogtagung. HAGE IV. Frankfurt, 09.06.2005. imug Beratungsgesellschaft,. Frankfurt, S. 33–36.

Unilever: Dove pro Age. Kampagnen-Information. Online verfügbar unter http://www.dove.de/neuheiten/kampagnen/pro-age/kampagnen-information.html, zuletzt geprüft am 05.12.2011.